快速5分鐘

狗狗愛吃の美味蓋飯

愛犬のためのかんたんトッピングごはん

日本 Grace 動物醫院院長 **小林豐和** ◎ 監修 **林芳兒** ◎ 譯

前言

花點小工夫，讓狗狗更健康快樂！

對狗狗來說，美味的餐點不僅是用來餵飽肚子而已，同時也是每天的樂趣所在。

就如同「醫食同源」這句話所說，飲食與健康是息息相關的。近年來由於飼養環境的改善，以及寵物醫療的發展，狗狗的平均壽命已經比過去來得長壽，同樣地，狗狗社會也正面臨急速高齡化的問題。這其中的原因之一，正是飲食生活的大幅提升。

狗狗的壽命雖然延長了，但為愛犬肥胖問題、關節疾病或其他慢性病所苦的飼主卻不減反增。為了讓飼主們更了解飲食的重要性，體認到就算飲食不能改善一切，只要每天多下一點工夫，就能提升餐點的美味度、預防疾病，於是這本書就誕生了。

如果本書能讓更多的狗狗們生活得更加健康快樂，這將是我莫大的榮幸。

Grace動物醫院 院長

小林豐和

contents

Part 2 狗狗不生病、不挑食的能量蓋飯

Part 3 預防四大疾病的元氣蓋飯

Part 4 狗狗的健康，知多少？

column

Part 1

什麼是「健康狗蓋飯」？

只要在每天的乾飼料裡添加一些「配菜」，
就是既簡單又快速的營養蓋飯囉！
快來了解它的魅力吧！

basic idea #01

什麼！狗狗也可以吃「蓋飯」？

用新鮮食材搭配乾飼料，就是美味的狗蓋飯！
簡單迅速又能馬上嘗試，快來了解狗蓋飯的魅力吧！

「手工鮮食」V.S.「乾飼料」

手工鮮食	乾飼料
必須掌握材料 避開NG食材，計算食材本身的營養成份，以維持均衡。	**簡單方便** 乾飼料本身已經具有各種營養成分，只要攝取足夠的水分，營養均衡就沒問題。
令人放心 食材由飼主親自選擇，避免來路不明的成份，安心看得到。	**不安全感** 完全無法掌握使用了什麼原料。很擔心有添加物。
事前須做足功課 為防止狗狗營養不均衡，必須事前收集許多相關資訊。	**任何人都能餵食** 飼主因為生病無法製作，或是將狗狗寄宿時都很放心。
便利性差 外出遊玩或旅行時，不方便隨身攜帶或長期保存。	**保存簡單** 只要在密閉空間確實放置妥當，有效期限相當長。

簡單、省時、好營養！適合愛犬的健康元氣料理

將少量的雞胸肉添加在飼料上等等，飼主們應該都有嘗試過。不過狗狗們和人類不一樣。**先依狗狗的消化狀況，學習正確調理法，以及選擇「適合愛犬的食材」，才能做出吸引狗狗的美味料理。**完全手工的鮮食料理雖然放心卻較麻煩，乾飼料雖然簡便卻了無趣味，「健康狗蓋飯」就是擷取兩者的優點，並且能立刻嘗試的狗狗料理！

重點！健康狗蓋飯的「基本材料」與「分量」

蓋飯基底以平時乾飼料的「八成分量」為基準，逐步添加含有大量維生素及礦物質的蔬菜類、擁有優良蛋白質的肉類與魚類。只不過，**飼料＋蔬菜＋肉類、魚類等所有食材的總熱量不要改變是製作重點。**若只添加幾乎沒有熱量的蔬菜，那就要加一些有熱量、脂肪較高的肉類及魚類，總之要隨機應變、視情況增減乾飼料的分量喔！

我想讓愛犬吃得更好！

- □ 每天都吃一樣的乾飼料很無趣，希望可以稍加變化。
- □ 想讓家裡的寶貝嚐嚐各種食材。
- □ 平常都只給乾飼料，偶爾也想讓牠吃些特別的料理。
- □ 希望藉由簡單的蓋飯來自然改善食量小、肥胖、過敏等狀況。
- □ 雖然忙碌沒空親自作飯，還是想讓狗兒嚐嚐主人做的愛心料理。

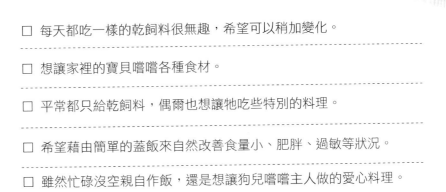

「狗蓋飯」為愛犬打造強健身體！

蔬菜
蔬菜含有大量的維生素及礦物質。但狗狗不易消化，所以要仔細挑選。

蛋白質
肉類或魚類的優良蛋白質，狗狗最愛了！除了可以提升適口性外，也能塑造強健的身體。

乾飼料
使用八成乾飼料當作蓋飯的基底。要選擇品質優良的飼料。

請選擇適合寶貝胃口的食材！

「狗蓋飯」的三大健康關鍵

提升免疫力
免疫力是狗狗健康的基本要件。添加適合愛犬的食材，可提升免疫力並維持活力！

適合愛犬的健康蓋飯！

打造理想體重
肥胖是萬病之源。請慢慢減少飼料的量、添加低熱量的食材，不僅吃得美味，還能輕鬆維持理想體重。

健康又長壽
蓋飯食材可以提升適口性、改善偏食，還能有效補充營養素，對預防老化和打造健康身體很有幫助。

basic idea #02

狗狗不能吃のNG食物

毛小孩是家中的重要成員，不過飲食上卻跟人類不同，
先確實掌握不可以餵食的食材！

對人類安全，但狗狗吃卻有問題？

「吃一點應該無所謂吧！」這樣的心態絕對不能有

狗狗和人類不同，可以吃的和不能吃的東西是非常不一樣的。

有些人可能認為不能餵狗狗吃人的食物，也有人認為無所謂，但千萬不能抱著「吃一點點應該無所謂吧！」的心態餵食愛犬。

即使人類吃了沒事，但對狗狗來說，有些可能會引發中毒、有些最好要避免狼吞虎嚥、有的則太過刺激等等。

給予各種食材來作為配菜固然重要，但為了不要誤將含有NG食材的人類食物餵食給狗狗，還是要多加留意。另外這些NG食材，除了要避免當作蓋飯食材，也要注意不要被狗狗偷吃喔！

人類不能吃的東西當然是NG！

馬鈴薯芽或生豬肉等對人類來說有毒或可能會引起感染的食材，對狗狗來說當然也是NG的。馬鈴薯食用前要將芽去除、豬肉則要確實加熱喔！

洋蔥、青蔥不能吃，會破壞狗狗的血液組織

洋蔥、長蔥等蔥科蔬菜中的特殊成分，會破壞狗狗的紅血球，引發溶血性貧血，嚴重時甚至會導致死亡。一起烹煮或炒拌的食物也不可以餵食。

巧克力含色胺酸，是致命劇毒

巧克力中的「色胺酸」對狗狗來說是一種強烈毒性，嚴重時會導致死亡。狗狗不小心吞入時必須盡快催吐，並到動物醫院就診。

尖銳的雞骨頭，會刺傷胃腸黏膜

加熱過的雞骨頭和豬、牛骨不一樣，切口很尖銳，對於常常狼吞虎嚥的狗狗來說，刺穿腸胃黏膜的危險性很高。若想餵食雞骨，請務必事先以食物調理機將生骨頭磨碎。

選擇「新鮮魚類」，魚頭或魚骨要經過處理

魚類的新鮮度很重要。狗狗如果吃了不新鮮的魚，很容易引發組織胺中毒，所以請加熱後再餵食，盡量避免生食。此外，魚頭或較大的骨頭會勾住狗狗的上顎，餵食請先用食物調理機絞碎。

海鮮會造成消化不良，甚至引發過敏、嘔吐

花枝、章魚、蝦子、螃蟹等海鮮會讓狗狗消化不良，有時甚至會原封不動殘留在胃部。對狗狗來說是沒有助益的食材，請務必避免。

NG!!

牛奶

不是每隻狗狗都適合喝牛奶！

雖然因為犬種的差異，有些狗狗可以喝牛奶，但如果不是從幼犬時期就開始餵牛奶，很可能會讓狗狗腹瀉。剛從冰箱拿出來就直接餵食，引發腹瀉的機率較大，所以最好還是避免。

NG!!

葡萄乾

葡萄乾恐引起狗狗腎衰竭，請儘量避免餵食！

在美國曾經出現狗狗因大量攝取葡萄乾，引發急性腎衰竭而死亡的案例，因此納入NG食材。也有人認為少量是無妨的，但最好還是避免。

〈 這些你越愛的食物，對狗狗越毒 〉

NG!!

辛香料

狗狗如果不慎誤食，可能會刺激腸胃，引起腹瀉。

NG!!

酒精

雖然有犬種差異，但為了避免酒精中毒，請勿讓狗狗飲酒。

NG!!

咖啡因

狗狗可能因為咖啡因中毒而引發興奮症狀，要多注意。

basic idea #03

健康狗蓋飯の推薦食材

每種食材都具備各式各樣的營養素，因此要盡量使用各種不同的食材，以適合愛犬的食材製作狗蓋飯，讓狗狗每天都精力充沛喔！

推薦食材❶

黃綠色蔬菜

除了有提高身體免疫力的維生素C，還含有大量的胡蘿蔔素或維生素、礦物質。

果膠　澱粉酶

秋葵

POINT　富含能調整腸道功能的果膠及提升消化力的澱粉酶。

ADVICE　為了幫助消化，可以水煮過後再切細餵食。

澱粉酶　氧化酶

苜蓿芽

POINT　含有促進消化機能及抗癌的成分。

ADVICE　生食或稍微汆燙之後，再切細餵食。

胡蘿蔔素　冬胺酸　維生素B1

蘆筍

POINT　冬胺酸含量豐富，有效促進新陳代謝。含有抗氧化的胡蘿蔔素。

ADVICE　為了更好消化，可以水煮過後再切細餵食。

胡蘿蔔素　維生素E　維生素A

南瓜

POINT　含有大量的能抗氧化胡蘿蔔素，以及提升免疫力的維生素A。

ADVICE　水煮或蒸煮加熱，壓碎後再餵食。

維生素B2　鉀　維生素A

毛豆

POINT　含有許多對肌膚有益的維生素B2與促進鹽分排出的鉀。

ADVICE　水煮後再以湯匙敲碎餵食。

胡蘿蔔素 維生素A

彩椒

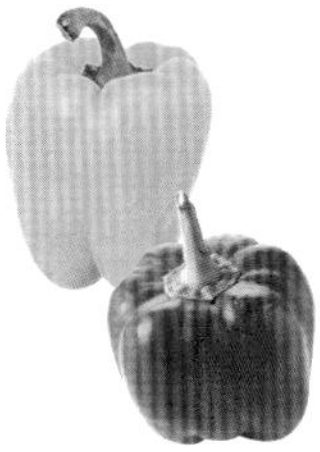

POINT 有許多具抗癌機能的胡蘿蔔素及維持皮膚或黏膜的成分。

ADVICE 為了幫助消化，可以水煮後再切細餵食。

維生素C 維生素P

青椒

POINT 含有豐富維生素C與幫助吸收維生素C的維生素P。

ADVICE 水煮後再切細餵食，讓狗狗均衡消化。

維生素C 葉酸

花椰菜

POINT 維生素C是檸檬的兩倍，而且葉酸含量也很豐富。

ADVICE 為了讓狗狗好消化，可以水煮後再切細餵食。

維生素C 花青素

綜合生菜

POINT 根部的紅色部位含有許多能保健視力的花青素。

ADVICE 直接生吃或是稍微水煮後切碎餵食。

賴氨酸 冬胺酸

軟筴豌豆

POINT 含有能促進身體新陳代謝的賴氨酸及冬胺酸。

ADVICE 水煮後切細。油炒能提升吸收率。

茄紅素 鉀 芸香素

番茄

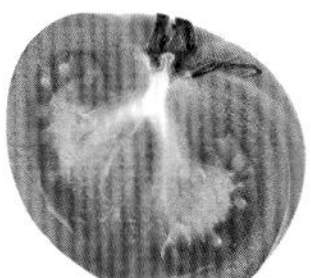

POINT 富含富茄紅素，與胡蘿蔔素效果相同，可抗氧化。

ADVICE 直接切碎或油炒能提升吸收率。

胡蘿蔔素 維生素A

胡蘿蔔

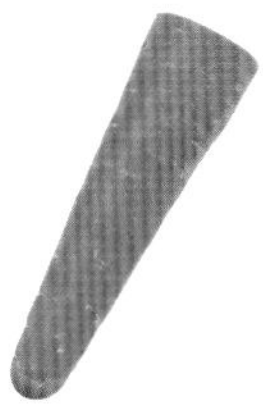

POINT 含有讓免疫力活性化的胡蘿蔔素、保護黏膜的維生素A。

ADVICE 水煮切碎再用油炒、或是直接打成泥。

推薦食材②
淺色蔬菜

含有豐富維生素及礦物質，也可恢復疲勞。與綠黃色蔬菜均衡地餵食吧！

維生素B2　鉀　維生素C

豌豆

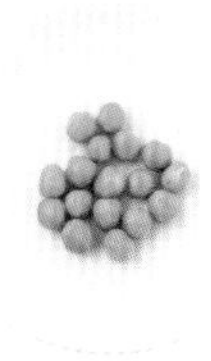

POINT　含有許多能降低血壓、對腎臟有幫助的鉀。維生素B群也很豐富。

ADVICE　水煮後，再以湯匙輕輕敲碎餵食。

膳食纖維　維生素C

芹菜

POINT　大量含有能幫助改善腸內環境的膳食纖維及維生素。

ADVICE　水煮之後再切碎。葉子會有苦澀味、所以要先摘掉。

澱粉酶　維生素C

蕪菁

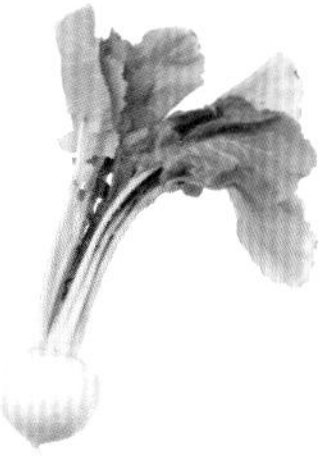

POINT　澱粉酶具備整腸作用、葉子則含有大量維生素C。

ADVICE　為了讓狗狗消化完全，可水煮後再切細餵食。

澱粉酶　維生素C

白蘿蔔

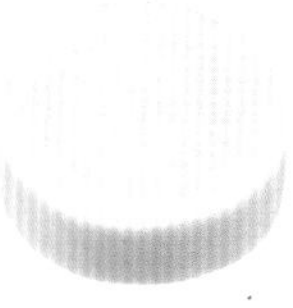

POINT　含有大量澱粉酶，能幫助消化。

ADVICE　水煮後再切細丁，或者直接磨成泥。

維生素U　維生素C

高麗菜

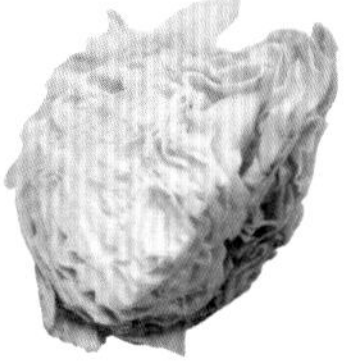

POINT　富含維生素U，可強健腸胃黏膜。

ADVICE　燙熟後再切細餵食。

膳食纖維　硒　鋅

牛蒡

POINT　含有許多能改善腸內環境的膳食纖維及抗氧化的硒。

ADVICE　水煮過後再切細餵食，可以讓狗狗更好消化。

小黃瓜

POINT　雖然有九成都是水分，但也含有各種礦物質。

ADVICE　水煮後切碎或直接切片都可以。

推薦食材❸
菇類

除了可以調整狗狗腸內環境的膳食纖維，也含有豐富的維生素及礦物質。

膳食纖維 維生素B群 鉀

鴻喜菇　舞菇　金針菇

POINT 含許多能保護皮膚及黏膜的維生素B群、鉀、鐵質。

ADVICE 可水煮後切碎，或以食物調理機攪碎後再餵食。

膳食纖維 維生素B群 維生素E

木耳

POINT 豐富的膳食纖維能調整腸內環境，維生素E可抗氧化。

ADVICE 泡水後切細丁，加熱後再餵食。

推薦食材❹
根莖類

含有大量維生素C以及膳食纖維。是能提高抗氧化作用、也可防止老化的食材。

膳食纖維 維生素C 維生素E

蕃薯

POINT 富含維生素C，能提高狗狗免疫力。

ADVICE 可水煮或蒸煮，請務必加熱後再餵食。

澱粉酶 黏液素

山藥

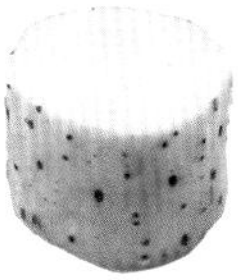

POINT 豐富澱粉酶能促進消化，黏液素能保護胃部黏膜。

ADVICE 可水煮後切碎、或直接磨成泥。

葡甘露聚醣 黏液素

蒟蒻

POINT 能提供飽足感，而且熱量低，要加量也很方便。

ADVICE 為了幫助狗狗消化，記得水煮後切碎。

推薦食材⑤

蛋白質

肌肉或臟器等身體重要部位的主要成分，是塑造健康身體不可或缺的重要營養素。

維生素B1 維生素B2 維生素E

豬肉

POINT 富含維生素B1，能幫助糖質代謝、消除疲勞。

ADVICE 建議充分加熱並切成大小適中。

維生素A 鐵質 葉酸

豬肝

POINT 維生素A能保護黏膜、抗氧化、鐵質含量豐富。

ADVICE 請充分加熱煮熟。

菸鹼酸

雞肉

POINT 擁有優良蛋白質，低脂肪的健康肉品。

ADVICE 請確實煮熟，危險骨頭請仔細去除。

維生素B12 鐵質 菸鹼酸

牛肉

POINT 低脂肪，含有許多能製造新細胞的必要維生素B12。

ADVICE 加熱後切成適當大小再餵食。

維生素A 鐵質 葉酸

雞肝

POINT 維生素A保護黏膜並抗氧化，鐵質含量豐富。

ADVICE 請充分煮熟後再給狗狗吃。

維生素B12 維生素E

牛筋

POINT 連結細胞與細胞之間，含有許多強化皮膚構造的成分。

ADVICE 雖很有咬勁，但要考量消化，加熱後再切成適當大小。

菸鹼酸 鈣

雞軟骨

POINT 含有促進代謝的菸鹼酸及鈣質。

ADVICE 直接用食物調理機攪碎，加熱後再餵食。

DHA EPA 牛磺酸 鐵質

鯖魚

POINT 富含預防老化的必需脂肪酸、牛磺酸以及鐵質。

ADVICE 可和含有大量鐵質及牛磺酸的魚肉一起加熱弄碎後再餵食。

維生素B1 肉鹼 鐵質

羊肉

POINT 維生素B1可消除疲勞，肉鹼能幫助脂肪燃燒。

ADVICE 加熱後切成適當大小。帶骨直接餵食也可以。

DHA 鉀

旗魚

POINT 高蛋白質、低脂肪，其中的鉀能調整血壓。

ADVICE 加熱後切碎或揉碎。

鈣質 鐵質 必須胺基酸

馬肉

POINT 含有許多鈣質及鐵質，以及維持健康不可或缺的必需胺基酸。

ADVICE 新鮮的話生吃也沒問題，但最好還是加熱。

牛磺酸 維生素B12

蜆、蛤蠣

POINT 含有大量牛磺酸，能提升肝臟機能。

ADVICE 加熱後將肉取出。湯汁也能好好利用。

維生素A DHA EPA

鰻魚

POINT 富含維生素A與優良脂肪酸，能提高身體抵抗力。

ADVICE 已是煮熟狀態，可直接切碎餵食。

膳食纖維 大豆異黃酮

豆渣

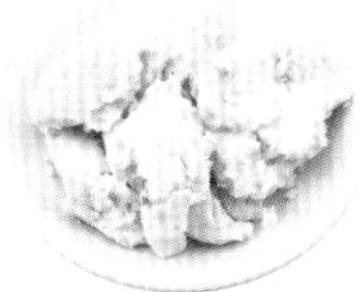

POINT 含有大量優越蛋白質，膳食纖維也很豐富。

ADVICE 先炒熟或蒸熟後再餵食。

DHA EPA 牛磺酸

白肉魚（鱈魚、鮭魚）

POINT 含有OMEGA3必需脂肪酸與抑制膽固醇的牛磺酸。

ADVICE 煮熟後切成適口大小再餵食。

膳食纖維 維生素B群 維生素E

蘋果

POINT 含有豐富的果膠，能讓腸內益生菌活性化。

ADVICE 直接切碎或是打成泥餵食。

大豆異黃酮 鈣質

豆腐

POINT 又被稱為田園的牛肉，富含蛋白質與鈣質。

ADVICE 具有冷卻身體的作用，因此要溫熱後弄碎再餵食。

維生素B1 維生素B1 鉀 膳食纖維

香蕉

POINT 含有各種優越的營養素，可當作主要營養來源。

ADVICE 直接切成適當大小來餵食吧！

納豆激酶 大豆異黃酮

納豆

POINT 可消除疲勞、具整腸作用與促進排便。

ADVICE 大豆的表皮難以消化，因此要事先碾碎。

維生素C 膳食纖維

橘子

POINT 富含防止老化的維生素C、膳食纖維。

ADVICE 橘瓣的白絲雖然有豐富的膳食纖維，但狗狗難以消化，必須先去除。

脂質 鉀

蛋

POINT 含有蛋白質等各種營養素，有利於狗狗成長所需。

ADVICE 水煮後切碎再餵食。

維生素C 鉀

西瓜

POINT 水分就佔了九成，豐富的鉀具利尿及降壓作用。

ADVICE 直接切成適口大小來餵食。

推薦食材❻

水果

有豐富的維生素C，是狗狗也超愛的食材。愉快地應用當季食材來餵食吧！

維生素A 維生素E 維生素D

無鹽奶油

POINT 有許多優良脂質，也能提升適口性。很適合維生素的補充。

ADVICE 一定要選擇無鹽的。在拌炒魚肉類或蔬菜時可做為油份使用。

推薦食材⑦

海藻

礦物質含量豐富，也可做為調味。乾燥的海藻可以敲碎後拌飯。

鈣質

茅屋起司

POINT 已去除牛奶的脂質，是低脂又豐富的鈣質來源。

ADVICE 直接淋在配菜上即可食用。

膳食纖維 鈣質 維生素A

海苔

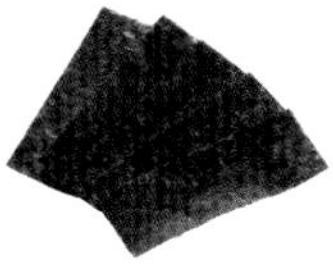

POINT 約有1／3是膳食纖維，可以調整礦物質的均衡度。

ADVICE 可撕碎，或攪碎灑在蓋飯上。

乳酸菌 鈣質

優格

POINT 含有許多能調整腸內環境的乳酸菌或製造骨骼或牙齒的鈣質。

ADVICE 直接淋在配菜上即可食用。

推薦食材⑧

調味料

除了優良的油質，可保護胃部黏膜的乳製品、鈣質豐富的小魚乾等也很推薦。

鈣質 維生素D

小魚乾

POINT 含豐富鈣質，及提高鈣質吸收率的維生素D。

ADVICE 可弄碎後使用，也可當湯頭提味用。

不飽和脂肪酸 維生素E

橄欖油

POINT 抗氧化作用佳。

ADVICE 直接餵食或是拌炒食材時都很不錯。

維生素E 不飽和脂肪酸 膳食纖維

杏仁

POINT 維生素E預防老化，脂肪酸能改善腸內環境，兩者膳食纖維都很豐富。

ADVICE 直接吃可能會造成噎食，請記得弄碎後再餵食。

膳食纖維 芝麻素 維生素E

芝麻（擂芝麻、芝麻油）

POINT 芝麻素可防止老化、維生素E可抗氧化。

ADVICE 芝麻的皮很難消化，因此可活用擂芝麻或芝麻油。

鵪鶉蛋【罐頭】

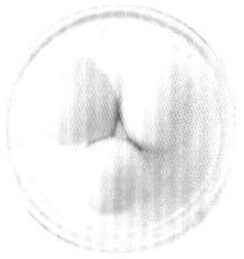

想添加動物性蛋白質時不妨使用。大小也很適合狗狗，很方便。

綜合莓果類【冷凍】

可以一次餵食好幾種莓果類。藉由冷凍保存可維持好幾天也是它的魅力所在。

麵條

只要想使用時再水煮即可，是值得常備的食材。可以折斷後再來水煮。

冬粉

想要輕鬆補充碳水化合物時可以使用。水煮後切碎放入熱湯裡即可。

推薦食材⑨

罐頭

罐頭或是經過乾燥加工的食品非常方便，試著將它們充分當作蓋飯食材來利用吧！

整顆番茄【罐頭】

在活用素材的同時，由於它已經過軟化加工處理，因此可直接使用，很方便。

干貝絲【罐頭】

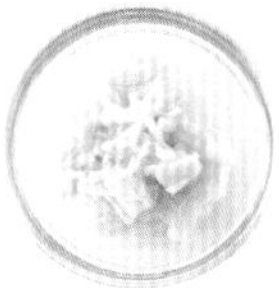

已經弄細的干貝絲使用方便，含有充分精華的湯汁也可以完整利用。

玉米奶油【罐頭】

不是玉米粒，請選擇奶油狀玉米。濃郁的風味狗狗也很愛。

綜合豆類【罐頭】

已經加以軟化，從罐頭中取出後，以湯匙輕敲即可。

basic idea #04

簡單方便の調理包&營養食品

市面上有許多調理包只要稍加處理，就是狗狗愛吃的美味料理，
接下來介紹方便的湯品及營養食品。

香鬆粉

只要在飼料上添加一些即可！

Primeks鮪魚好鈣粉

將含有許多DHA及EPA的鮪魚頭部做為原料來使用。直接把它撒在蓋飯料理上，就能輕鬆攝取到鈣質。

價格：1050日圓（約台幣310元）／容量：100g
【DATA】有限公司MAKAI企劃／TEL：050-3450-9376／HP：http://shop.sakaikikaku.com/

〈香鬆粉〉

〈煎餅〉

鹿肉

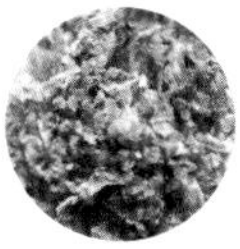

雞冠

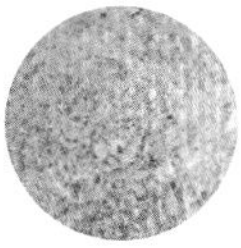

北海道冰魚

「乾肉片」系列 煎餅&香鬆粉

和牛肉與豬肉相比，使用低熱量、高蛋白質的鹿肉、具有強化肝臟機能作用的冰魚、大量玻尿酸的雞冠的「乾肉片」系列煎餅與香鬆粉。煎餅可以用手撕開撒在蓋飯上，也可直接當作零嘴，輕鬆補充營養。

價格／容量：依實際銷售為主
【DATA】e-agri株式會社／TEL：03-6202-2872／HP：http://e-agri.co.jp

Pochi蔬菜湯

大量使用白菜、大白菜、南瓜、木耳、朴樹等蔬菜的湯品。將它淋在平時吃的乾飼料上，就能輕鬆攝取到多種營養。

【DATA】PREMIUM DOG FOOD專賣店／TEL：0120-68-4158／HP：http://www.pochi.co.jp

快速湯包

能同時攝取水分、營養滿點的清爽野菜湯！

五種蔬菜雞肉湯

以雞骨湯燉煮馬鈴薯、胡蘿蔔、高麗菜、蕪菁、蘆筍五種蔬菜，配料豐富的湯品。超有飽足感！

價格：315日圓（約台幣95元）／容量：100g
【DATA】PREMIUM DOG FOOD專賣店 TEL：0120-68-4158／HP：http://www.pochi.co.jp

Dotwan Soup

以牛大腿骨慢慢熬煮的天然湯品。營養均衡，很適合用來補給營養或在狗狗沒有食慾時餵食。

價格：577日圓（約台幣170元）
容量：50g（1包10gx5包入）
【DATA】株式會社pure box／Tel：086-274-7071／HP：http://www.dotwan.jp/

紅豆力量

粉末狀的紅豆即溶食品。直接撒上去或是用水泡過之後再餵食皆可。粉末細緻，狗狗也容易消化。

價格：1580日圓（約台幣460元）
容量：140g
【DATA】帝塚山houndcom／Tel：06-6673-2112／HP：http://www.houndcom.com

Gourmet Life彩色蔬菜湯

由雞肉與蔬菜燉煮的蔬菜湯。大量熬煮了紅色、黃色、綠色、白色四種蔬菜。剛剛好的容量設計，非常貼心。

價格：開放價格／容量：各20g
【DATA】Yeaster株式會社／TEL：0800-080-1122／HP：http://www.yeaster.co.jp/

營養食品

補充狗狗的營養！

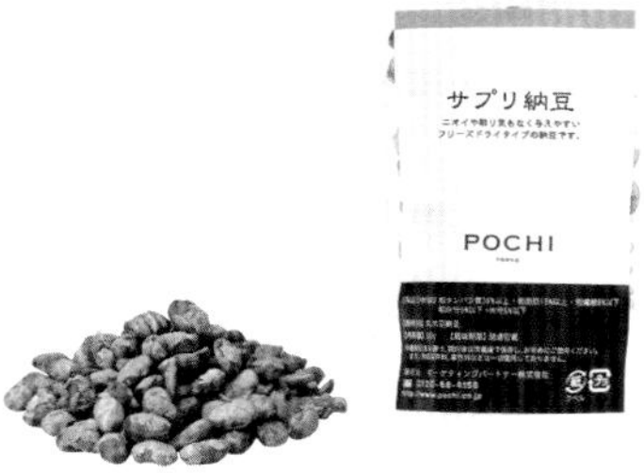

Pochi營養納豆

是沒有難聞氣味或黏膩感的冷凍乾燥型納豆。含有大豆異黃酮及納豆激酶等酵素。也可當作零嘴。

價格：315日圓（約台幣95元）／容量：30g
【DATA】PREMIUM DOG FOOD專賣店／TEL：0120-68-4158／HP：http：//www.pochi.co.jp

葡萄糖胺PLUS

芝麻素E

Pet Health ARA+DHA

為愛犬補充營養的健康食品。超過十歲的高齡犬，則推薦可以強健大腦健康的「ARA」和「DHA」。也有同樣系列，可維持元氣及年輕、光澤毛髮的「芝麻素E」、以及幫助維持關節健康的「葡萄糖胺PLUS」。

價格：3570日圓（約台幣1040元）／容量：60粒
【DATA】Suntory Wellness／TEL：0120-103-001／HP：http：//Suntory.jp/PET/

營養食品也對健康很好喲！

※註：以上產品均為日本資訊，台灣尚無販售如需購買請逕洽日本網站。

basic idea #05

乾飼料種類這麼多，該怎麼選？

乾飼料是蓋飯的基底。依犬種、年齡、配方機能等有不同的選擇方法，
快來為寶貝選擇最適合的乾飼料吧！

乾飼料の種類

依類型

配方飼料 例如抗老化、抗過敏等，把重點放在維持健康及改善體質上。

市售飼料 只要給予水分營養就會足夠、作為綜合營養食糧的標準飼料。

客製飼料 由店家或獸醫師獨家特製，為狗狗量身訂做的活力寵物餐。

依年齡

幼犬 針對一歲前的小型犬及一歲半前的大型犬，攝取必要營養素的幼犬用飼料。

成犬 約一歲起到七歲前的成犬用飼料。含有維持活動量多的成犬身體所需之營養素。

老犬 一般是指七歲開始的高齡犬，最近也有很多是針對十一歲、十三歲用等超高齡老犬的飼料。

現在市面上販售的乾飼料種類繁多，依照廠牌的不同而各有特色，到底哪一種對狗狗的身體健康最有幫助，實在無法用三言兩語就說清楚。因此，在購買前請多加留意成分、產地，盡量選擇由優質食材製成、較少添加物的產品。

進口飼料大多會以英文標示原料來源，選購時可仔細觀察，為了狗狗的健康，請不要購買來路不明或標示不清的乾飼料喔！

另外，乾飼料開封後為了防止品質劣化，請務必放置於密閉容器中保存。**建議可用小袋子分裝一周所需的份量，再逐一密封保存。**

四大重點！選擇「令人放心」の乾飼料

檢視原材料

原則上會標示包括添加物及所使用的一切原料，並以使用量多寡依序標示，大多會先標示出蛋白質來源。

確認原產地

購買時必須注意產地標示。如果飼料是在幾個不同國家加工製造的，也會清楚標示出原料產地及加工國，請確實注意，避免購買來路不明的產品。

留意保存期限

所謂的保存期限，指的是乾飼料「未開封」時，放在室溫下能保存的期間長短，並不代表「開封後」也能放置那麼久的時間。飼料開封後，請盡量在一個月內餵食完畢。

給我吃「安全又可口」的狗狗餐喔！

密封保存

跟過去相比，最近的狗飼料因為注重健康取向，較少使用乾燥劑。不過乾燥劑少，就代表品質容易惡化，開封後要妥善密封。

由獸醫師研發の特製寵物餐

依據獸醫師的專業建議，或使用當季食材客製化！

大致有兩種類型。一個是使用超人氣的當季素材所製作出來的飼料，當季的素材每個月都會更換，因此可均衡攝取到各種食材便是其魅力所在。另一個就是依據獸醫師的建議，調配出適合自家狗狗的體質或身體狀況的客製化飼料，不妨研究一下吧！

適合每隻狗狗的體質及身體狀況之客製化飼料。「Masterpiece」800g・約3000日圓起（約台幣1000元）
【DATA】http://www.grace-masterpiece.com/ct-toppingfood/

basic idea #06

「基本調理法」&「器具」

給愛犬食用的蓋飯食材，一定要先燉煮或弄碎後才能幫助狗狗消化完全。
首先就來了解基本的料理原則吧！

原則❶

準備「八成」的乾飼料做為基底

狗狗平常食用乾飼料的八成分量，就是蓋飯的基本量。請選擇適合愛犬體質、品質優良的乾飼料。

原則❷

準備蔬菜與肉類（罐頭也OK）

維生素及礦物質豐富的蔬菜類，新鮮度很重要。狗狗最愛的肉或魚類，是蛋白質的重要來源。烤一下會讓香氣四溢、也能提升適口性。

原則❸

蔬菜先水煮，再切碎幫助消化

狗狗和人類不一樣，纖維質多的蔬菜會讓牠們難以消化。為了不對腸胃造成多餘的負擔，蔬菜要先水煮後再切碎使用，也可以磨成泥。

原則❹

肉類先煮過，再切成適當大小

肉類或魚類要去骨、以水煮過。雖然新鮮食材除了豬肉外，半生的狀態也能使用，但考量衛生問題，還是確實加熱比較放心。

原則❺

加在乾飼料上就大功告成！

為了不要讓狗狗只吃配料食材，
餵食時請確實地攪拌均勻。

添加「高湯」時一定要注意！

添加少許的高湯可幫助消化，淋上自製的美味湯頭時，記得分量適中，以「不要淹過乾飼料」為標準，以免愛犬攝取過多水分。

美味狗蓋飯の好幫手

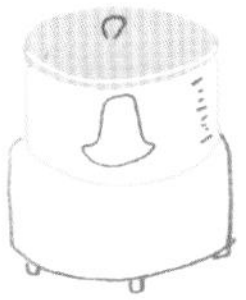

食物調理機

磨碎難以消化的食材的實用器具。也非常適合製作香鬆粉等。

壓力鍋

想熬煮高湯、或是想縮短調理時間時使用。也能讓骨頭容易軟化。

壓碎器

只要推壓一下就能將堅果類弄碎，攪碎少量且堅硬的食物時很實用。

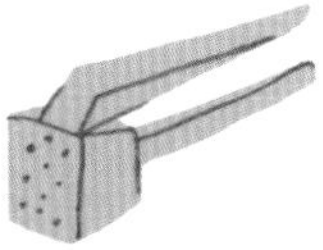

保鮮盒

蓋飯食材可一次多製作一兩餐，用保鮮盒保存後冷藏，製作時會很方便。

研磨缽

磨碎外殼較硬、狗狗難以消化的芝麻等小顆粒食材。磨碎豆類也OK。

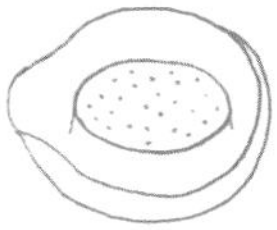

磨泥器

可將白蘿蔔、胡蘿蔔等根莖類蔬菜磨成泥。

basic idea #07

依「食材」區分の輕鬆調理法

狗狗狼吞虎嚥等進食的方式及消化機能和人類不同，
讓我們接著來看看能有效攝取各個營養素的調理方法吧！

〈 基本調理法 〉

1 切細丁

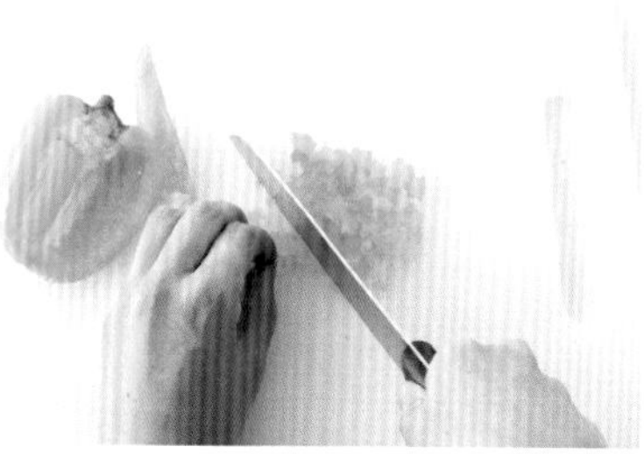

蔬菜的纖維質很多，餵食狗狗前要先將它切碎才能讓狗狗順暢吸收。建議在水煮之前就先切碎。為了不對愛犬的腸胃造成負擔，可別忘記這個小小的調理工夫。

2 磨泥

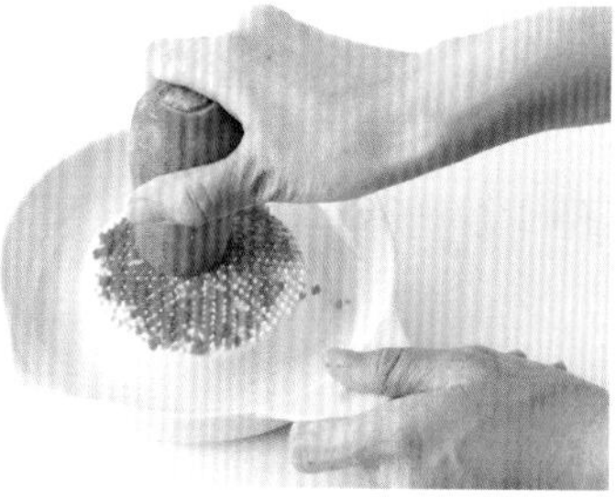

如果想要餵食胡蘿蔔、蘋果、白蘿蔔等蔬菜，就用磨泥器來處理吧！也有狗狗喜歡吃有嚼勁的棒狀蔬菜，但磨成泥對消化機能較不會造成負擔。

狗狗腸胃並不容易消化蔬菜，必須事先水煮、切細。

蔬菜記得切碎碎，
再給我吃喔！

為什麼蔬菜要先水煮？

蔬菜先水煮是為了幫助消化吸收食材的營養素，減少農藥殘留。也可以直接用食物調理機打成碎泥，再燉煮至黏稠狀。

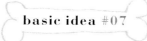

用油熱炒也很推薦喔！

蔬菜下油鍋熱炒，可以讓營養更好吸收、也能提升適口性。由於優良的植物油本身就含有營養素，所以也很推薦。

菇類要切得「極碎」

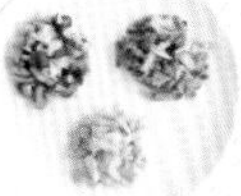

纖維豐富的菇類對狗狗來説很難消化。請煮熟後切得「極碎」再餵食。

根莖類一定要「煮熟」

馬鈴薯、地瓜、芋頭等根莖類營養非常豐富。由於是碳水化合物，請先煮熟後再餵食。

堅果、芝麻要先「研磨」

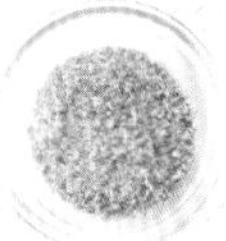

有堅硬外殼的堅果類或芝麻，若直接餵食會難以吸收。

〈 三色鮮蔬蓋飯 〉

材料 ※蔬菜的熱量很低，分量可依據狗狗的食慾或喜好增減。

狗狗體重	3kg	6kg	10kg
白蘿蔔	5g	8g	13g
胡蘿蔔	5g	8g	13g
彩椒	5g	8g	13g
高麗菜	5g	8g	13g

作法

1. 用水先將蔬菜煮軟。
2. 切成小丁。
3. 適量放在乾飼料上就完成囉！

水煮蔬菜可大量製作，冷凍保存超便利！

〈 基本調理法 〉

1 切成適當大小

肉類或魚類等蛋白質對肉食性的狗狗來說，是很容易消化的食材。不過還是要切成適口大小再餵食。

2 確實加熱

人類可以生吃的新鮮食材雖然也可以給狗狗吃，但基於衛生考量，最好還是煮熟後再餵食。

肉類

肉類或魚類適口性佳，容易讓狗狗狼吞虎嚥。不妨先切成適口大小，再加熱餵食。

避免餵食尖銳的雞骨頭

加熱過的雞骨頭非常尖銳，有傷害內臟的危險性。若要餵食，請注意務必處理安全。

豬肉要確實煮熟

雞肉或是牛肉等若夠新鮮的話，可以給半生的。不過基本上還是要過水煮一下再餵食。若是豬肉，一定要確實煮熟後再餵食。

內臟也可以試著餵食

維生素及礦物質豐富的內臟部分，也可作為蓋飯食材。可以利用食物調理機先打成糊狀再使用。

魚類

魚類擁有豐富OMEGA3脂肪酸，是非常健康營養的食材，不過餵食前必須先將魚骨仔細去除喔！

〈 基本調理法 〉

1 加熱後，去除魚骨

2 先絞碎再餵食

魚類是營養價值高、也很適合愛犬的食材，但魚骨有可能會刺傷狗狗的嘴部或是內臟。可以用水煮或是燒烤等手續後去骨餵食，或是直接用食物調理機帶骨攪碎後再給狗狗吃。

曬乾過的小魚乾也OK

魚類含有大量DHA及EPA等優良的脂肪酸。小魚乾等作為鈣質的補充也非常適合。

新鮮生魚片可直接餵食

新鮮的生魚片可直接餵食，不用擔心會有魚骨。若考量到營養素的均衡，建議可以選擇「鯖魚」餵食。

湯頭有豐富營養，可以倒在蓋飯上

水煮蔬菜及魚肉類的湯頭也含有很多營養素，可以將湯汁倒在乾飼料上。

〈 肉肉元氣蓋飯 〉

肉類可大量製作
並冷凍保存喔！

材料

狗狗體重	3kg	6kg	10kg
雞腿肉	32g	54g	80g

※雞腿肉也可以換成豬肉或牛胸肉。

作法

1. 將肉塊切成適當大小，並確實煮熟。
2. 放在乾飼料上。剩餘的肉請冷凍保存。

※每種肉類的部位、熱量皆不同，即使是一樣的部位，也有分帶皮或不帶皮的，因此就以乾飼料來調整吧！

〈 沙丁魚丸蓋飯 〉

沙丁魚丸很適合
冷凍保存！

材料

狗狗體重	3kg	6kg	10kg
沙丁魚	5g	8g	13g
山藥	5g	8g	13g
豆渣	5g	8g	13g

作法

1. 將沙丁魚和山藥放到食物調理機，加入豆渣一起攪拌。
2. 以湯匙盛裝2～2.5cm的大小，放入滾水烹煮3分鐘。
3. 全部放在乾飼料上。若有多餘分量可以冷凍保存。

※魚的熱量會依季節或漁獲場所而不同。若熱量較高的話，可以減少乾飼料來做調整。

〈 基本調理法 〉

食材煮7～8分鐘後切碎

事先大量製作並加以冷凍保存的簡便高湯，可先以蔬菜、肉類、魚類與數個種類做區分製作。做法非常簡單。將蔬菜、肉類、魚類各自煮7～8分鐘，再將食材切碎，放回湯汁裡，冷卻後再冷凍保存。

高湯

……

可完整攝取到食材營養與美味的湯品，非常適合冷凍保存。

香鬆粉也非常方便！

小魚或是乾燥海帶等制成的香鬆粉，也很適合當作保存食品。只要以食物調理機將食材都攪碎，就完成了超簡便的蓋飯食材。

〈 三大美味高湯蓋飯 〉

材料

※分量請參照p33～36的食譜分量。

狗狗體重	3kg	6kg	10kg
雞胸肉	適量	適量	適量
鱈魚、蛤蠣	適量	適量	適量
白蘿蔔、胡蘿蔔	適量	適量	適量

作法

❶ 將蔬菜高湯塊、肉類高湯塊、魚類高湯塊一起放入飼料中。

濃縮了蔬菜、肉類、魚類的美味！

今天吃蔬菜口味、明天吃鮮肉口味，每天都有不同的驚喜！

蔬菜高湯塊（胡蘿蔔、高麗菜）

雞肉高湯塊（雞胸肉）

海鮮高湯塊（鱈魚、蛤蠣）

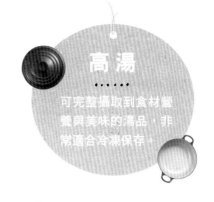

狗蓋飯食材の保存方法

糊狀、湯狀食材

糊狀或湯狀等液狀食材，可選擇製冰盒冷凍。用冰磚衡量分量很方便。試著用各種食物型態餵食也很有樂趣，像是把冰磚加熱，或是夏天直接餵食冰磚。

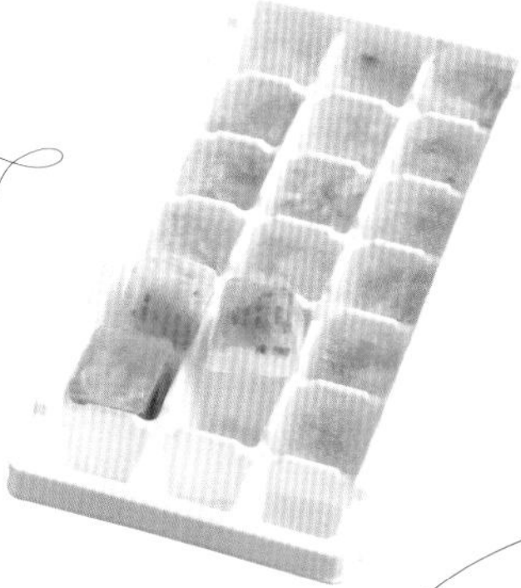

◀考量衛生問題，請選擇附蓋的製冰盒。

切成細碎狀的蔬菜

切成碎塊狀的蔬菜可以分成一兩餐，薄薄地展開成方形，舖在保鮮膜上，冷凍保存。使用時用手直接折斷，在常溫下就會自然解凍，非常方便。蔬菜要趁新鮮時趕緊製作完成。

※每一餐的分量都舖成方形冷凍。

黏稠狀的魚肉類

黏稠狀的肉類或魚類，可放入冷凍保存袋然後壓平。用筷子從袋子外表做記號，像是畫幾個方格子，將一兩餐的分量以塊狀區分冷凍。

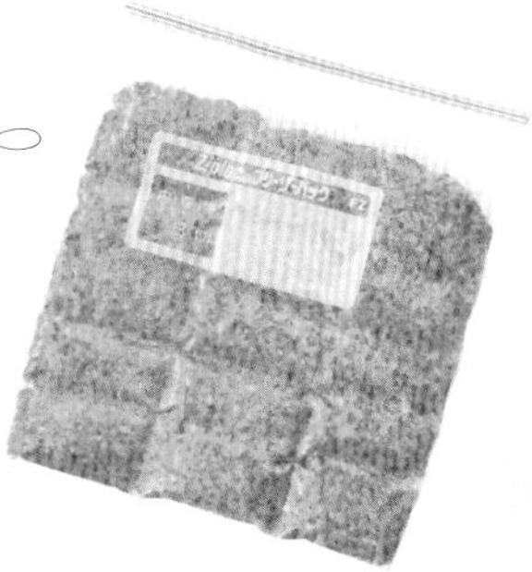

◀壓出方便使用的摺痕記號再冷凍起來！

冷藏可保存三天 冷凍請在一個月內使用完畢！

一次使用的蓋飯食材不多。正因如此，一次做起來保存才是聰明方法。不過，基本上食材冷藏只能保存2～3天、冷凍則須在一個月內餵食完畢。

全部一次做好，再確實保存喔！

basic idea #08

人類與毛小孩飲食大不同

在飲食生活上，毛小孩和人類有幾個不同之處，
請多加留意，在調理法及食材選擇上多下點工夫吧！

針對狗狗的貼心注意事項

人類		毛小孩	
靠賣相促進食慾	雖然香氣多少也有影響，但器皿及擺盤等才是用餐美味與否的一大關鍵，這是人類的獨特之處。	靠香氣促進食慾	據說狗狗的嗅覺是人類的約一百萬倍，對狗狗來說，香氣是影響食物喜好的一大重要因素。
充分咀嚼後才進食	人類會在下意識當中咀嚼嘴中的食物，嚼碎後才會送入胃中。	很容易狼吞虎嚥	放到嘴裡的食物，很容易就不經咀嚼就直接吞下。如果一次吞太多食物，就會導致嘔吐。
消化功能佳	雖會依食物而異，但由於人類是「雜食性動物」，甚麼都會充分消化。也很擅長消化蔬菜。	不擅長消化蔬菜	由於狗狗是偏肉食性的雜食性動物，所以較擅長消化肉類、不太擅長消化蔬菜類。

毛小孩愛有香味的食物，不擅於消化蔬菜

靠視覺看到賣相才會覺得好吃的人類，以及靠香氣才會誘發好奇心的狗狗，對食物的意識是不一樣的。對狗狗來說，「嗅覺」是五感中最重要的角色，「香味」就是關鍵所在。**所以狗狗沒有食慾的時候，只要在平時的飲食上添加一些香氣，就能誘發狗狗食慾。**

在消化機能及營養素的分解能力上也有一大差異。狗狗是非常不擅長消化蔬菜的動物。即使給牠們吃各種蔬菜，也無法充分吸收營養。在餵食的時候，必須先水煮、切碎後再餵食。

另外也有些食材對人類來說很安全、但狗狗吃了可能會導致中毒，因此在選擇食材上要格外小心。理解人類與狗狗的差異，確實掌握調理方法與ＮＧ食材，就沒那麼困難了！

讓最愛吃的飯飯變得美味可口又對味

蓋飯可以配合狗狗的體質來選擇食材，有效改善或預防疾病。調理方法，就是將蔬菜或魚肉類加熱、切碎，讓食材本身的香氣更濃郁並提升適口性。

健康狗蓋飯

手工鮮食必須要先了解必要營養素的計算，但只要將食材添加到乾飼料上就是簡單的蓋飯，可以輕鬆讓狗狗獲得食材營養素及樂趣。請務必以玩耍的心態來挑戰看看！

餵食毛小孩前，你該知道的五件事

吃狗蓋飯會變胖嗎？

注意熱量就不發胖

只要改變一次飲食量，總熱量就不會有問題。依據蓋飯食材，可將基底的量減為八成來做調整。

狗狗不需要鹽分嗎？

狗狗也需要攝取

雖然和人類的需要量相對較少，但狗狗也是需要鈉（鹽分）的。不過由於肉類或蔬菜已有鹽分存在、因此不需再做添加。

狗狗不需要維生素C

狗狗也是需要的

狗狗和人類不一樣，維生素C可以在體內形成。只不過形成量會隨著年齡越來越少，因此每餐還是要讓狗狗適量攝取的。

可以餵食陌生食物嗎？

一邊觀察，一邊實驗

為了健康，可以餵食各種食材。不過狗狗對第一次接觸的食材可能會出現腸胃不適的癥狀，不如一邊觀察狀況一邊慢慢餵食吧。

吃生肉應該沒問題吧？

加熱後再餵食比較安全

也有人說餵食生肉會比較好，但人類生吃沒問題的先另當別論，以衛生層面來考量，最好加熱後再餵食會比較安全。

親手料理寶貝愛吃的料理 讓每天都充滿驚喜！

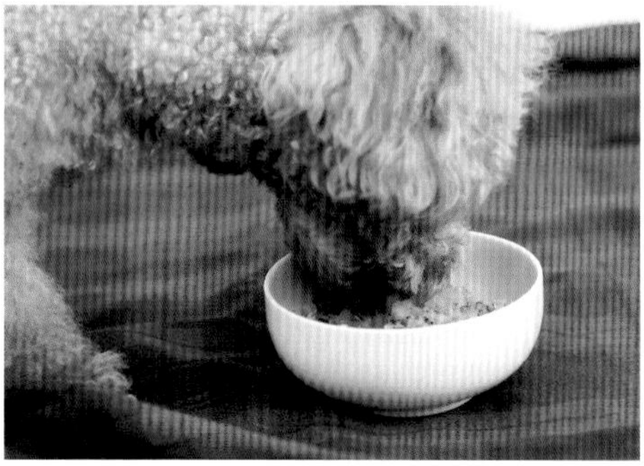

製作狗蓋飯一點都不難。只要注意每項食材的調理重點，就能夠得心應手。由於基底是乾飼料，就像手工鮮食一樣，不需特別計算營養素，在忙碌生活中，只需花上一點時間，就能為毛小孩做出豐盛又健康的蓋飯。

讓毛小孩長壽的保養之道，「肥胖」是首要關鍵。製作狗蓋飯時，不要改變每一餐的總熱量很重要。添加低熱量的蔬菜時，飼料的量要比標準的八成再多一些（可以加到九成）。若是要餵食高熱量的切片肉或是帶有油脂的魚類時，就要慎重地計算總熱量了。

其他食材就能隨心所欲，完全不用擔心。可一邊觀察愛犬的狀況、試著挑戰各種食材。如果覺得要把食材切碎很費時，可以將全部食材用食物調理機弄成糊狀。當然也可以一次多做一些、分成小袋冷凍保存。開心地為狗狗做一頓美味料理，無壓力嘗試是很重要的喔！

Part 2

狗狗不生病、不挑食の能量蓋飯

了解蓋飯的基本常識後，開始來動手製作吧！
接下來介紹針對毛小孩各種身體狀況所需的食譜，
為愛犬量身打造最營養健康的狗蓋飯！

※各食譜上所標示的分量，是一天所需的熱量。以成犬來說，請分兩三次來餵食。
※若是蔬菜水果的話，由於熱量較少，乾飼料請給予平時的九成。

01 預防肥胖

狗狗若肥胖，得到各種疾病的風險也會增加。除了適度的運動，也要攝取對的食物以降低熱量、改善體質。

以「低熱量食材」，獲得充分的滿足感！

肥胖的最大原因是飲食熱量高但基礎代謝低，攝取量與消耗量不成正比。狗狗肥胖很有可能導致關節炎、心臟病、糖尿病，平時就要多加留意。

提升新陳代謝的維生素B2和膳食纖維豐富的食材，具有預防肥胖的效果，很適合因結紮或避孕而偏胖的狗狗們。肉類內富含能燃燒脂肪的肉鹼，豆腐中的大豆異黃酮能抗氧化，都是狗狗可以積極攝取的食材。除了飲食上要留意，也要搭配適度運動來維持肌肉量，才能幫助毛小孩瘦身成功喔！

好想吃喔……

check!!

- □ 貪吃鬼、常常吃太多
- □ 運動量少、不愛動
- □ 體重超過標準
- □ 觸摸也找不到肋骨或背骨

需要特別攝取的食材

#01 **菇類**

除了維生素，膳食纖維也很豐富而且熱量低。能提供飽足感，對減重很有幫助。

#02 **高麗菜**

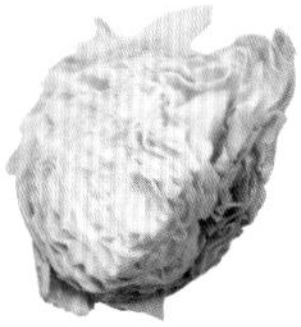

除了有豐富的維生素C及膳食纖維之外，也含有保護腸胃黏膜的維生素U。

#03 **豆腐**

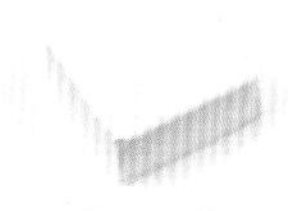

高蛋白質、低脂肪的豆腐，含有豐富的大豆異黃酮，能高效預防肥胖。

\ topping /

簡易方便，能確實攝取營養的健康菇菇蓋飯

膳食纖維　維生素B12

材料

狗狗體重	3kg	6kg	10kg
舞菇	7g	12g	18g
柳松菇	7g	12g	18g
金針菇	7g	12g	18g

作法

1. 將舞菇、柳松菇、金針菇切碎。
2. 放入鍋中煮1～2分鐘。
3. 連同湯頭一併倒在乾飼料上即完成。

point

和湯頭一起攝取，可以巧妙補充狗狗容易缺乏的水分。

point
番茄具有酸味，毛小孩有可能不喜歡，盡量選擇酸味較低的品種。
低脂肪的羊肉片與番茄是很清爽的組合
高蛋白質的雞胸肉很適合虛胖狗狗！

\topping/

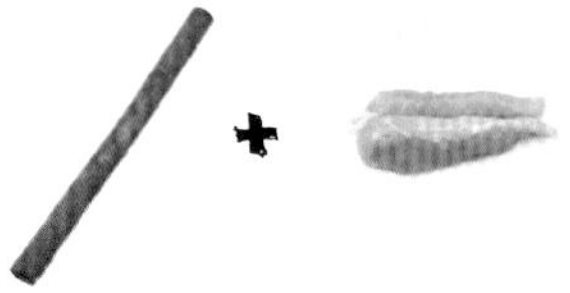

膳食纖維 高蛋白質

材料

狗狗體重	3kg	6kg	10kg
雞胸肉	35g	60g	90g
牛蒡	15g	18g	20g

作法

1. 牛蒡切成細碎狀。
2. 雞胸肉切成一口大小，和牛蒡一起倒入鍋中煮熟。
3. 連同湯頭一併倒在乾飼料上即完成。

\topping/

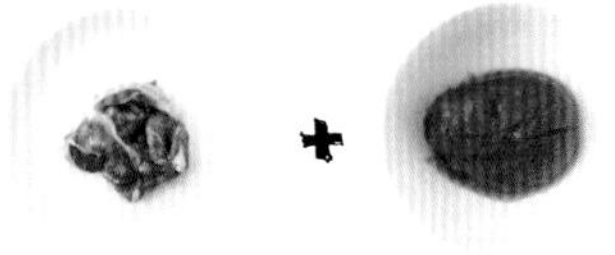

肉鹼 番茄紅素 高蛋白質

材料

狗狗體重	3kg	6kg	10kg
羊肉	18g	30g	45g
整顆番茄	10g	30g	40g

作法

1. 羊肉確實煎熟，切成適口大小。
2. 用湯匙背面將番茄壓碎。
3. 倒在乾飼料上即可。

食物纖維與大豆異黃酮 讓肚肚清爽又舒暢！

\topping/

材料

膳食纖維　大豆異黃酮

狗狗體重	3kg	6kg	10kg
蒟蒻	適量	適量	適量
豆腐	50g	85g	125g

作法

1. 蒟蒻切成適當長度。
2. 豆腐切成小骰子狀。
3. 將蒟蒻與豆腐放入鍋中煮熟。
4. 倒在乾飼料上即可。

飽足感與美味一次擁有！ 回味無窮的活力蔬菜蓋飯

\topping/

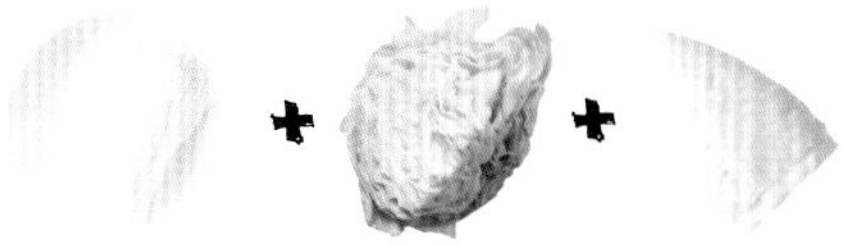

材料

膳食纖維

狗狗體重	3kg	6kg	10kg
冬粉	10g	15g	25g
高麗菜	25g	50g	70g
竹筍	25g	50g	70g

作法

1. 冬粉泡水膨脹後切細。
2. 高麗菜與竹筍切丁。
3. 將冬粉、高麗菜、竹筍一起煮熟。
4. 全部倒在乾飼料上就完成囉！

〈 效果 〉

02

提升免疫力

擁有優良的免疫力，狗狗才不會被疾病纏身。尤其是生病中或生病後的狗狗，提升免疫力是很重要的。免疫力提高同時也能預防老化及癌症。

活用抗氧化食材，讓毛小孩身強力壯

所謂的免疫力，是為了保護身體防止感染症的體內系統，當防禦機能一旦降低，罹患各種疾病的危險性就會提高。

要強化免疫力，可多攝取維生素A、C、E。維生素A具有維持肌膚及骨骼健康、保護黏膜的作用，對於預防感染症也很有效。另外，魚貝類中含有豐富的硒，可以防止身體氧化。支撐身體重要的鈣質、促進新陳代謝的鎂、保持肌膚健康的鋅也要均衡攝取喔！

汪！我想要更強壯！

check!!

- ☐ 打造不易生病的強健身體
- ☐ 促進新陳代謝
- ☐ 預防癌症、延長壽命
- ☐ 尤其適合生病或大病初癒的狗狗

需要特別攝取的食材

#01

鮪魚

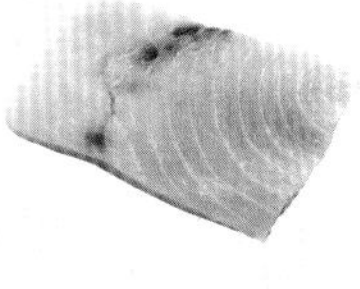

富含胜肽，能消除疲勞，是高蛋白質、低脂肪的活力食材。

#02

干貝

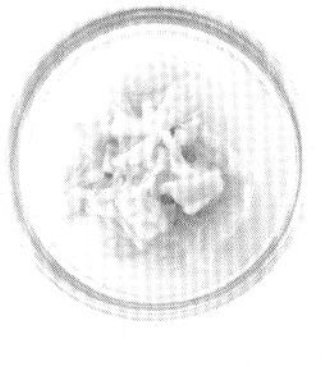

硒能幫助抗氧化，也可以抗癌，是魚貝類或雞肉中大量存在的營養素。

#03

苜蓿芽

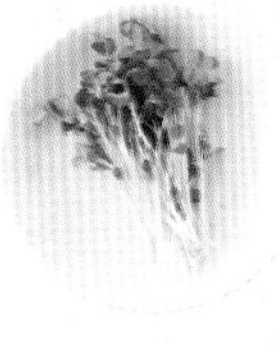

富含維生素B12、葉酸、鈣質、鎂、鋅等營養素。也有解毒及抗氧化的作用。

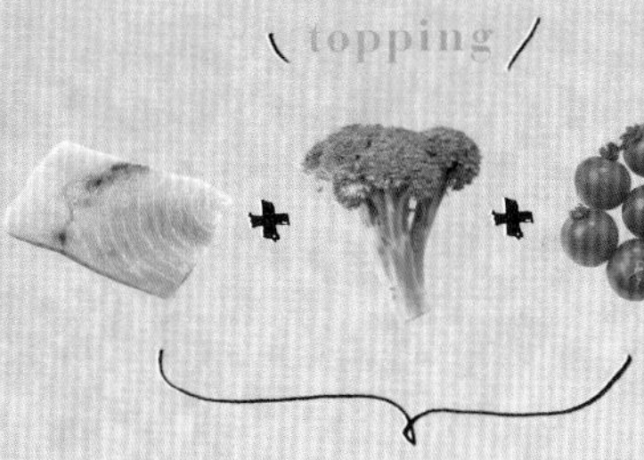

維他命E　胡蘿蔔素

材料

狗狗體重	3kg	6kg	10kg
鮪魚	30g	55g	80g
花椰菜	30g	55g	80g
小番茄	適量	適量	適量

作法

1. 將花椰菜水煮後切碎。
2. 鮪魚切成適口大小並煎熟。
3. 小番茄對切。
4. 倒在乾飼料上即可。

防止疲勞又能打造強健體魄的精力餐

point

小番茄雖然體積小，但對有些狗狗來說還是不好入口，請對切再餵食。

\ topping /

材料

維他命B1　維他命E　芝麻素

狗狗體重	3kg	6kg	10kg
豬腿肉	35g	35g	35g
芝麻（磨碎）	適量	適量	適量
芝麻油	適量	適量	適量

作法

1. 豬腿肉切細，以芝麻油煎熟。
2. 加入芝麻均勻攪拌。
3. 倒在乾飼料上即完成。

\ topping /

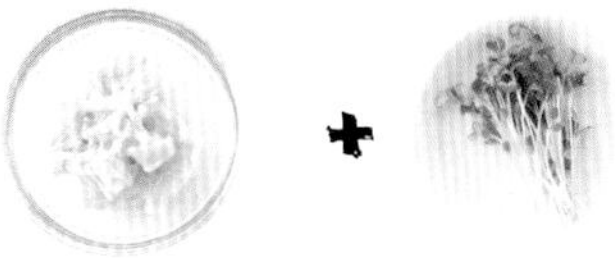

材料

硒　鈣質　鎂　鋅　維他命E

狗狗體重	3kg	6kg	10kg
干貝（罐裝）	45g	75g	100g
苜蓿芽	10g	20g	30g

作法

1. 將干貝揉碎。
2. 苜蓿芽切成 2～3 段。
3. 倒在乾飼料上即可。

Advice　苜蓿芽中的「硒」，是抗氧化作用比維生素E多六十倍的必須礦物質。

確實消化營養素很重要！蔬菜要水煮後切細、豬肉也要煮熟。
讓毛小孩容光煥發的「干貝芽菜蓋飯」
讓瘦弱狗狗不再無精打采！

point

雞肝及蕪菁都要切成愛犬的適口大小。

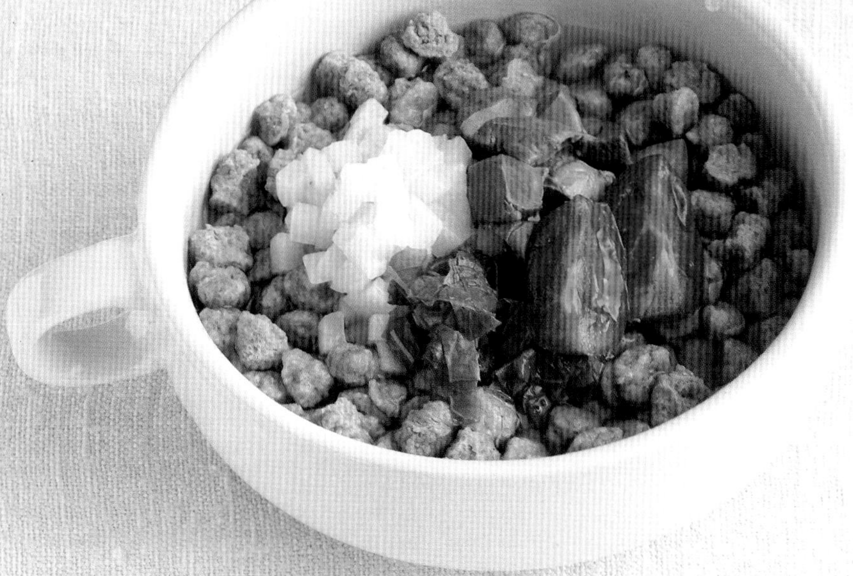

豐富的維生素A及鐵質，
讓毛小孩再也不生病

維他命A　鐵質

材料

狗狗體重	3kg	6kg	10kg
雞肝	40g	65g	100g
蕪菁	1/8	1/4	1/2
小番茄	1/2	1	1.5

topping

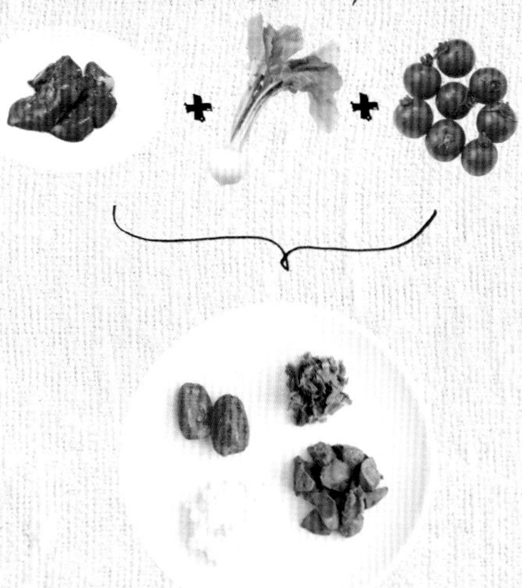

作法

1. 蕪菁切成一口大小，菜葉切碎，小番茄切成 1/4。
2. 雞肝切成適口大小。
3. 將食材全部放入鍋中煮熟。
4. 連同湯頭一併倒在乾飼料上。

Advice　雞肝能保護肌膚及加強黏膜功能，也富含維生素B、C、E、鐵質。

〈效果〉

03

腸胃脆弱

容易腹瀉，想要嘔吐的原因有很多。活用能改善腸胃機能、提升消化吸收能力的食材，慢慢幫毛小孩調整腸道環境吧！

多攝取幫助吸收的食材，改善敏感的腸道環境

腹瀉是狗狗常見的症狀，但若是頻繁發生，也許會造成腹部敏感的體質。不妨和獸醫師討論，在飲食多下功夫吧！要保護腸胃的黏膜，建議可選擇秋葵等黏稠食材，不但對胃部溫和、也能幫助消化。要改善腸內環境，乳酸菌及膳食纖維也很重要。

想改善腹瀉，像蓮藕等含有鞣質的食物，可以保護引起發炎的黏膜，避免受到刺激、具有止瀉作用。由於腸內環境和免疫力是息息相關的，因此改善腸胃，也能夠提升免疫力。

請給我吃溫和的食物喔！

check!!

- ☐ 會頻繁腹瀉及嘔吐
- ☐ 食量很小
- ☐ 很瘦小、吃不胖
- ☐ 有偏食或不接受的食材

需要特別攝取的食材

#01
豆渣

豐富的膳食纖維能讓便便凝固，清潔腸道，獲得整腸效果。抗氧化功能也很高。

#02
白蘿蔔、山藥

有大量的消化酵素澱粉酶，促進消化，對慢性腹瀉、胃酸過多、便秘也有效！

#03
蓮藕

蓮藕含有許多能抑制腸痙攣、讓便便凝固的鞣質，也有消炎、止血的作用。

膳食纖維

材料

狗狗體重	3kg	6kg	10kg
秋葵	1根	2根	3根
豆渣	10g	15g	20g

作法

1. 秋葵先煮過，切成小片星狀。
2. 將秋葵加入豆渣均勻攪拌。
3. 倒在乾飼料上即完成。

用食物讓腸胃變健康，
小肚肚不再鬧脾氣！

point

保護胃部黏膜的黏稠食材、和膳食纖維豐富的豆腐渣組合，是改善腸內環境的最佳搭檔。

\ topping /

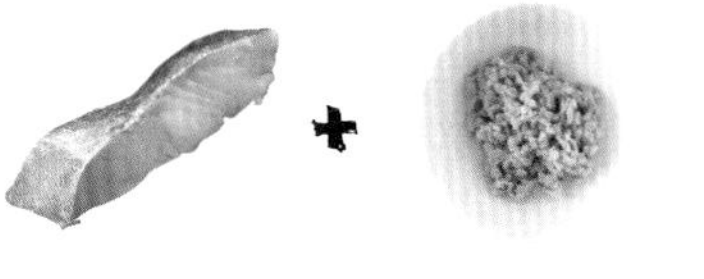

材料

蛋白質　膳食纖維　大豆異黃酮

狗狗體重	3kg	6kg	10kg
鱈魚	40g	75g	110g
納豆	8g	10g	12g

作法

1. 鱈魚煮熟後用湯匙壓鬆。
2. 將納豆加在鱈魚上拌勻。
3. 倒在乾飼料上就完成囉！

Advice　納豆可以改善腸道環境，使用時請先弄碎或切細。

納豆可整腸並促進食慾，
讓愛犬活力充沛！

\ topping /

材料

膳食纖維　乳酸菌

狗狗體重	3kg	6kg	10kg
優格（無糖）	20g	36g	56g
香蕉	20g	36g	56g

作法

1. 香蕉切成適當大小。
2. 將優格和香蕉拌勻。
3. 倒在乾飼料上就完成囉！

豐富的膳食纖維與乳酸菌
有效調整狗狗體質

地瓜的膳食纖維與蘋果的抗氧化作用是最佳組合

\ topping /

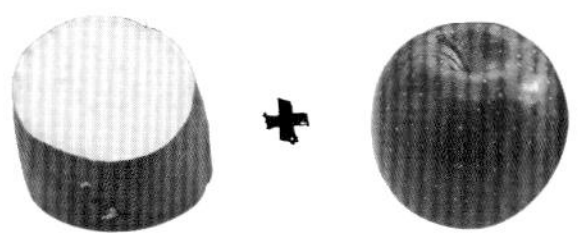

膳食纖維

材料

狗狗體重	3kg	6kg	10kg
地瓜	30g	55g	85g
蘋果	20g	36g	56g

作法

1. 將地瓜切成小塊，蒸煮到軟爛。
2. 蘋果洗淨後，帶皮打成泥狀。
3. 將地瓜及蘋果拌在一起。
4. 倒在乾飼料上就完成囉！

澱粉酶能幫助消化讓狗狗好吸收

\ topping /

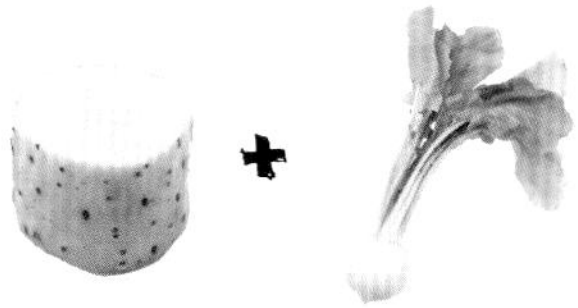

膳食纖維

材料

狗狗體重	3kg	6kg	10kg
山藥	10g	17g	28g
蕪菁	10g	17g	28g
碎海苔	適量	適量	適量

作法

1. 將山藥及蕪菁的皮削掉。
2. 將山藥和蕪菁分別打成泥狀。
3. 倒在乾飼料，再放上碎海苔。

Advice　消化酵素食材能促進消化，提升營養的吸收能力。

〈效果〉04

皮膚敏感

狗狗肌膚出現問題有可能是內臟受損的警訊！巧妙應用優良的OMEGA3與OMEGA6不飽和脂肪酸，讓狗狗擁有容光煥發的肌膚吧！

攝取鋅與脂肪酸 愛犬毛髮柔亮有光澤

皮膚敏感脆弱的狗狗，可多攝取抗發炎的食材。若毛皮沒有光澤、肌膚粗糙，非常推薦OMEGA3與OMEGA6不飽和脂肪酸。很多人都知道青魚中含有DHA及EPA，那就是OMEGA3不飽和脂肪酸。可從核桃、芝麻油、綠黃色蔬菜、豆腐等取得。

在美膚效果方面，貝類中富含的鋅則是功不可沒。能讓酵素活性化，也和蛋白質及醣份的代謝、免疫機能的維持息息相關。當然因美膚成份而眾所皆知，含有許多胡蘿蔔素及維生素C的綠黃色蔬菜也很推薦。

我也想擁有透亮有光澤的肌膚！

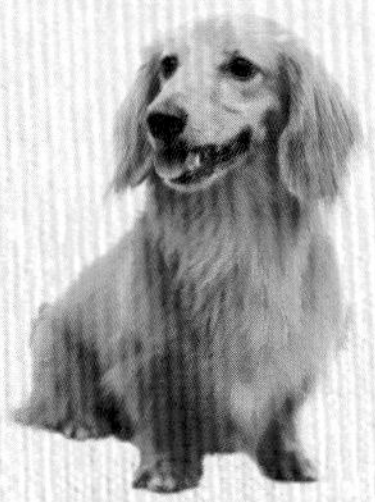

check!!

- □ 毛髮無光澤
- □ 患有過敏性皮膚炎
- □ 皮膚粗糙、容易有白屑
- □ 皮膚經常搔癢

需要特別攝取的食材

#01 蛤蠣

富含促進肌膚再生的鋅。是含有許多維生素B、鎂、鐵質等。

#02 鯖魚

富含優良脂質，維持健康肌膚所需的維生素B2、D也很豐富。

#03 彩椒

含有許多維生素及胡蘿蔔素，具有美膚效果、恢復疲勞，提升免疫力。

\topping/

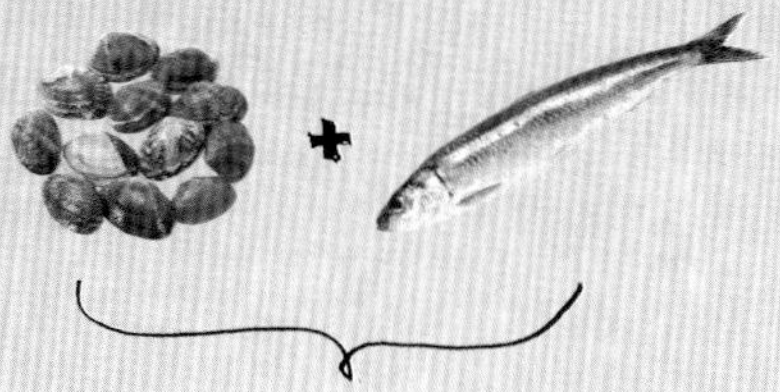

充份品嚐貝類鮮甜滋味
具美膚效果的回春蓋飯

DHC　牛磺酸　鋅

材料

狗狗體重	3kg	6kg	10kg
蛤蠣	30g	55g	85g
沙丁魚	20g	36g	56g

作法

1. 去除沙丁魚的內臟。
2. 將沙丁魚煎或烤熟、去掉魚大骨，將魚肉揉開。
3. 將蛤蠣肉煮熟後對切。
4. 倒在乾飼料上即可。

Advice　藉由的鋅與青魚的能量元素，讓身體輕鬆排毒。

point

鋅能維持肌膚機能，減緩老化的速度。

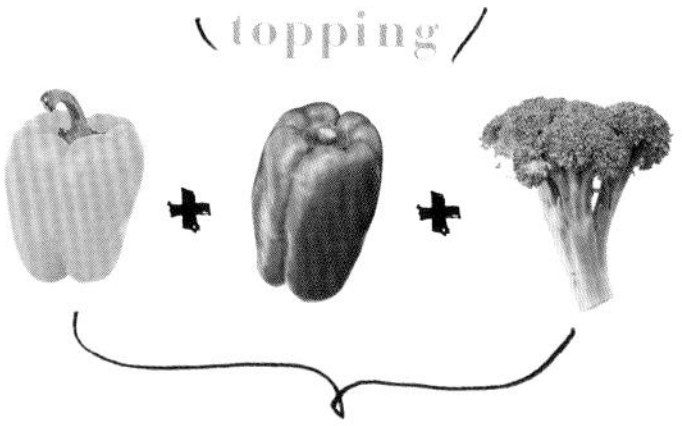

材料

胡蘿蔔素　維他命C　維他命E

狗狗體重	3kg	6kg	10kg
彩椒	5g	8g	13g
青椒	5g	8g	13g
花椰菜	5g	8g	13g
橄欖油	適量	適量	適量

作法

1. 以橄欖油油煎所有蔬菜。
2. 稍微放涼後將蔬菜切碎。
3. 倒在乾飼料上即完成。

胡蘿蔔素和維生素C，
讓愛犬變漂亮的黃綠色能量

point

純蔬菜的簡便料理。蔬菜請盡量切碎，狗狗比較好消化。

point
和湯頭一起攝取，就
可以巧妙補充水分。

以具防老化效果的「青魚之王」來塑造強健肌膚！

\topping/

 + 

OMEGA3 OMEGA6

材料

狗狗體重	3kg	6kg	10kg
鯖魚	22g	37g	54g
綜合生菜	適量	適量	適量

作法

1. 煎烤鯖魚，先將骨頭去除、再揉碎。
2. 將綜合生菜切碎。
3. 均勻平鋪在乾飼料上。

Advice　優良脂肪酸的DHA具抗炎作用，能改善肌膚敏感的問題。

含有大量的優良脂肪酸與EPA的美膚蓋飯

\topping/

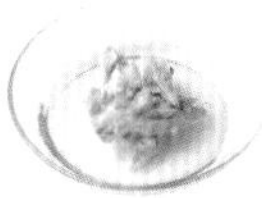 + 

OMEGA3 OMEGA6 維他命B 胡蘿蔔素 蝦

材料

狗狗體重	3kg	6kg	10kg
鮭魚背骨（罐頭）	27g	44g	65g
莢豌豆	適量	適量	適量

作法

1. 莢豌豆先煮過切碎。
2. 取出鮭魚的背骨，以湯匙輕輕敲碎。
3. 倒在乾飼料上，可加入一點罐頭湯汁。

〈 效果 〉

05

食慾不振

食量小有時是代表狗狗沒有攝取到充足的營養素。為了打造健康的身體，不妨多留意食材的選擇，讓狗狗不再沒胃口！

使用適口性高的食材，讓狗狗的胃口大開！

不太吃東西、東西剩很多沒吃完的時候，首先「確實讓狗狗進食」很重要。以蓋飯來說，添加的食材會增加適口性，很適合平時不太吃乾飼料的狗狗們。

含有大量維他命B1的豬肝，營養價值很高，打成糊狀能提升適口性，有促進食慾的效果；含有不飽和脂肪酸及肉鹼的羊肉也很推薦。

若是狗狗出現長期挑食或是突然食慾不振的現象，要多注意並諮詢獸醫師。

飯飯變好吃了耶～

check!!

- ☐ 食量很小，份量適中卻吃不完
- ☐ 有挑食的現象
- ☐ 越來越瘦
- ☐ 有些食材就是不能接受

需要特別攝取的食材

#01
豬肝

脂質少、營養價值高，維生素B1能恢復疲勞，菸鹼酸可促進代謝。

#02
羊肉

富含促進消化、維持健康的不飽和脂肪酸，鐵質、維生素B1也很豐富。

#03
綜合豆類

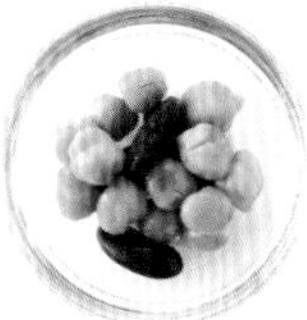

含有優良的維生素、鐵質及大量纖維質。選擇水煮罐頭可讓消化更順暢。

混合了營養豆類與低脂羊肉的開胃狗蓋飯

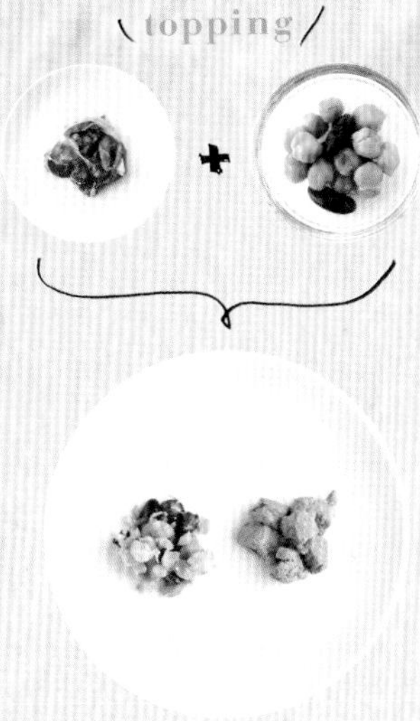

蛋白質　維他命B_1

材料

狗狗體重	3kg	6kg	10kg
羊肉	15g	25g	30g
綜合豆類（罐裝）	10g	14g	20g
花椰菜	適量	適量	適量

作法

1. 將花椰菜、羊肉切成適當大小並煮熟。
2. 綜合豆類用湯匙背面輕輕壓碎。
3. 把所有食材放在乾飼料上，再依喜好添加花椰菜。

point

羊肉富含蛋白質，由於大量攝取也不易發胖，可以多多餵食給沒食慾的毛小孩。

point
利用奶油風味的營養豬肝，讓食物變好吃吧！
肝臟營養價值高，
無鹽奶油的香氣
能促進食慾
豬絞肉的香氣，
讓毛小孩遠離厭食

\topping/

蛋白質 維他命 B

材料

狗狗體重	3kg	6kg	10kg
豬絞肉	35g	60g	90g
小麥粉	15g	18g	20g
雞蛋	適量	適量	適量
海苔絲	少許	少許	少許

作法

1. 將小麥粉及雞蛋放入豬絞肉中揉捏，增加黏性。
2. 揉成 2 公分的圓球並水煮。
3. 連同湯汁一併倒到乾飼料上，再撒上海苔絲。

\topping/

維他命 A 鐵份 菸鹼酸 維他命 B

材料

狗狗體重	3kg	6kg	10kg
豬肝	18g	30g	44g
花椰菜	適量	適量	適量
無鹽奶油	少許	少許	少許

作法

1. 奶油放在室溫融化，花椰菜水煮切碎。
2. 豬肝煮熟，用食物調理機打成糊狀。
3. 將無鹽奶油加在豬肝裡。
4. 倒在乾飼料上。

起司是狗狗最愛的食材，茅屋起司低鹽、低熱量，非常推薦！
用狗狗最愛的牛肉
來改善食慾不振
湯品對腸胃零負擔，
能確實吸收營養

\topping/

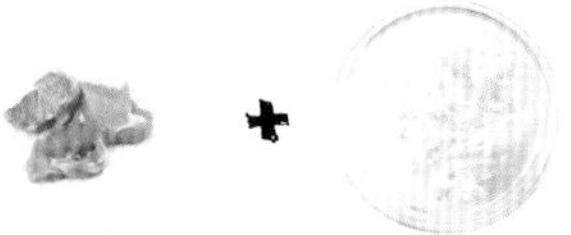

蛋白質　鈣質

材料

狗狗體重	3kg	6kg	10kg
雞胸肉	25g	45g	70g
茅屋起司	10g	15g	18g

作法

1. 雞胸肉切成一口大小，確實煮熟。
2. 連同湯汁一併倒在乾飼料上。
3. 最後放上茅屋起司即完成。

\topping/

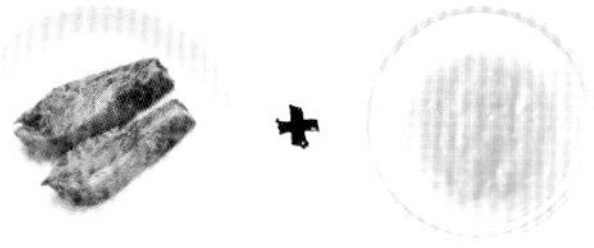

蛋白質　食物纖維

材料

狗狗體重	3kg	6kg	10kg
牛里肌肉	15g	25g	40g
奶油玉米（罐頭）	15g	20g	25g

作法

1. 將牛里肌肉切成適口大小後煎烤。
2. 將奶油玉米及牛肉倒在乾飼料上

Advice　牛肉以及甜甜的玉米都是毛小孩的最愛，適口性也會大幅提升。

< 效果 >

06

視力保健

預防視力退化，照顧毛小孩雙眼健康

隨著年紀增長，狗狗眼睛的水晶體會變得白濁，容易出現白內障或水晶體硬化等症狀。不妨添加一些對眼睛健康有幫助的食材吧。

狗狗的雙眼構造使牠看不清近物，但對於遠處移動的東西卻看得很清楚。不過變成老犬後，就會罹患白內障或是水晶體硬化、視力容易衰退。除了多攝取維他命A提升防禦能力，此外，藍莓裡的「花青素」也能防止眼疾的發生。

check!!

☐ 眼球呈白濁狀。

☐ 眼白容易充血。

\ topping /

花青素

材料

狗狗體重	3kg		10kg
綜合莓類	100g	160g	250g
混合生菜	適量	適量	適量

作法

1. 將綜合莓類冷凍後，用食物調理機打成奶昔狀。
2. 倒在乾飼料上，再放上撕碎的生菜。

添加莓類的酸甜蓋飯，讓毛小孩雙眼明亮

point

有些藍莓比較酸，對於怕酸的狗狗，可加入一點蜂蜜。

point

鰻魚富含維他命A，能促進雙眼健康，可直接食用不需調味。

鰻魚和小黃瓜的絕妙搭配！

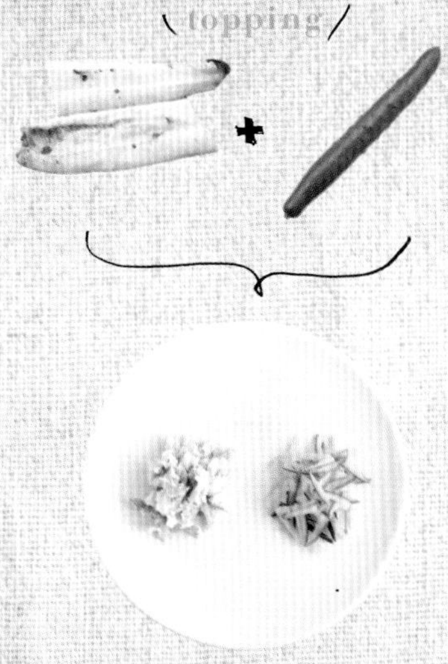

維他命A

材料

狗狗體重	3kg	6kg	10kg
鰻魚（乾烤）	11g	22g	33g
小黃瓜	5g	8g	13g
海苔絲	適量	適量	適量

作法

1. 烤鰻魚切成適口大小。
2. 小黃瓜切絲。
3. 鋪在乾飼料上，再依喜好加入海苔絲。

〈 效果 〉

07

預防牙周病

一旦罹患牙周病，會引起牙齦發炎、出現出血或是臉部腫漲。不只牙齒會脫落，也可能對心臟或腎臟等器官造成負擔。

幫毛小孩刷牙！多攝取清潔口腔食材

牙齦腫漲、口臭嚴重的牙周病，不只是牙齒的問題，有時牙周病菌會蔓延到全身而造成嚴重傷害。平時的刷牙習慣很重要，在飲食生活中，也可以多給狗狗吃雞軟骨或牛筋等能清潔口腔的食材。

check!!

- □ 口臭嚴重
- □ 牙齦腫漲
- □ 有時牙齦會出血

材料

菸鹼酸　鈣質

狗狗體重	3kg	6kg	10kg
雞軟骨	60g	110g	160g
麵粉	適量	適量	適量
蛋汁	適量	適量	適量
沙拉油	適量	適量	適量
混合生菜	適量	適量	適量

作法

1. 雞軟骨切成一口大小。
2. 將麵粉、蛋、水充分攪拌後撒在雞軟骨上，放入油鍋油炸。
3. 與乾飼料一起餵食，可依喜好加入混合生菜。

軟骨酥脆的嚼勁能幫助愛犬清潔牙齒

\topping/

牛筋咬勁十足，
能促進牙齒的健康

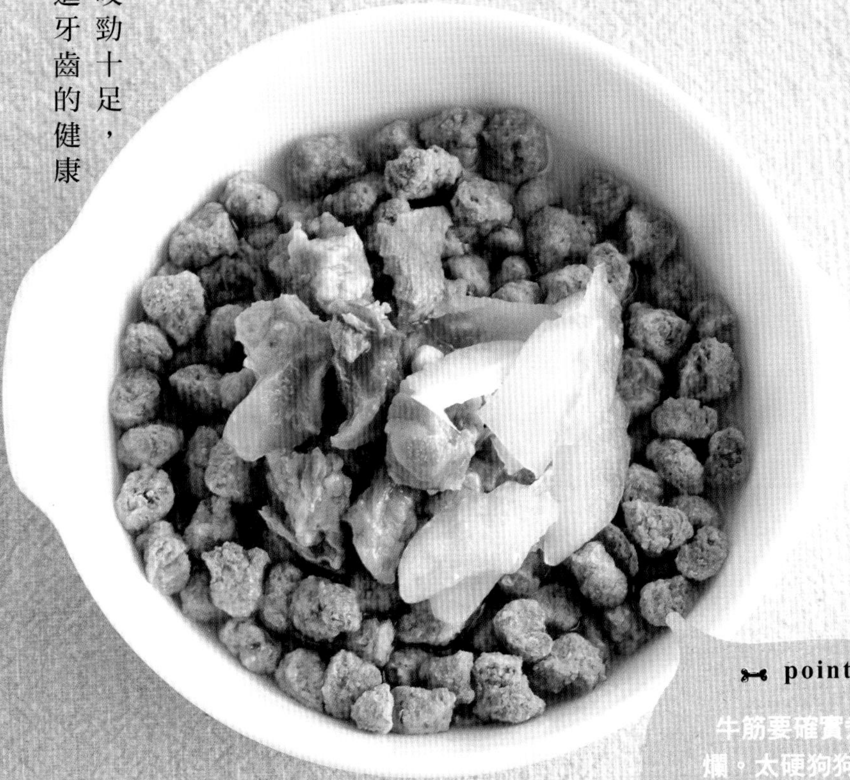

point

牛筋要確實煮至軟爛，太硬狗狗會不好消化，對牙齒不好的狗狗來說並不適合。

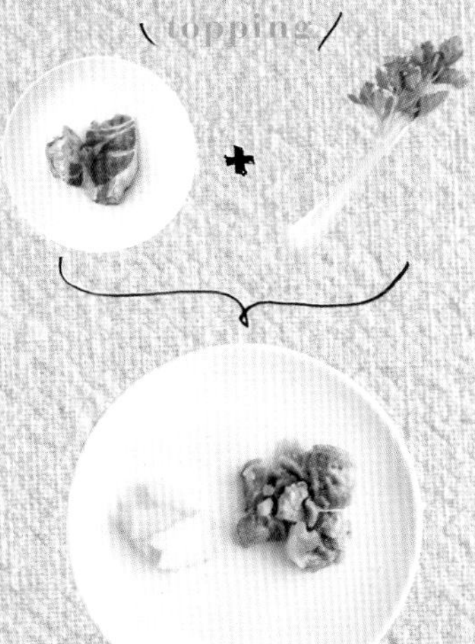

膳食纖維　維他命 B_2

材料

狗狗體重	3kg	6kg	10kg
牛筋	30g	48g	70g
芹菜	適量	適量	適量

作法

1. 芹菜薄切成適口大小。
2. 牛筋煮至變軟。
3. 連同牛筋湯頭一併倒入乾飼料中。

狗狗長大怎麼吃？

依年齡層區分の蓋飯食譜

不同年齡的狗狗，攝取的食物也不一樣。
先來了解愛犬在不同的壽命階段必須注意的事項吧！

人類和狗狗壽命大不同

了解愛犬的「壽命階段」，狗狗更健康

狗狗和人類一樣會慢慢變老，牠們老化的速度比人類快上好幾倍，因此確實關照狗狗身體的衰老及健康很重要。首先來了解狗狗的「三大壽命階段」。

狗狗在最初的一年約等於十五至二十歲，接下來的一年會增長九歲，之後則是每年增長四至七歲，然後逐漸老化。一般來說大型犬的壽命較短，小型犬的變化較慢。

小型犬與大型犬的老化進度雖有差異，但其實狗狗不到一歲就開始老化了。想和愛犬一起度過幸福晚年，從幼犬時期就注意飲食及運動是很重要的！

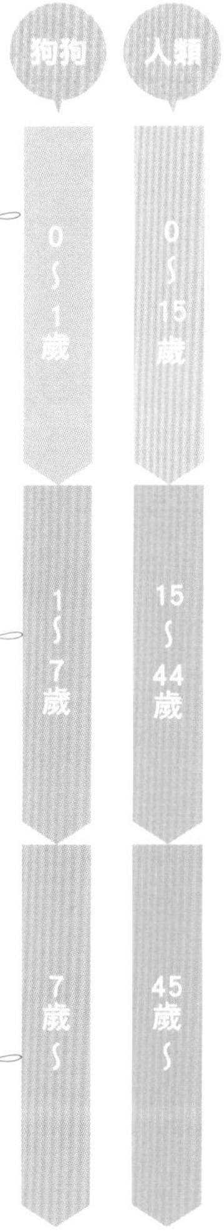

幼年期（幼犬）

出生三十天左右就開始活蹦亂跳。三個月大時開始會對各種事物產生興趣，疫苗要在這個時期施打完畢。七個月大時就會性成熟了！

青少年期（成犬）

一歲左右身體會停止成長，稱為「成犬」。三歲左右時體力會逐漸穩定。三到七歲時體力和精力都會很旺盛、是非常有活力的時期。

中老年期（老犬）

從七歲開始進入中年期，身體機能會日漸衰退。十歲左右，腳力、腰力會慢慢減弱，體力的衰退狀況越來越明顯，因此從平日就要多留意。

你家毛小孩，今年幾歲？

藉由每天的接觸，留意愛犬的身體變化

狗狗的成長年齡和實際年齡不同，老化速度也會逐漸改變。有人曾說：「狗狗只要能活七歲就很長壽了」，但現在由於醫療發達等，大型犬可以活到十歲以上、小型犬可活到十五歲以上，長壽的狗狗越來越多了。不過，依據犬種以及養育的環境，落差也很大。不能只靠數字判斷，平時就要多多留意愛犬、不放過一點變化，多重視肢體接觸的機會。

人類（歲）	中小型犬（歲）	大型犬（歲）
1	15	12
2	24	19
3	28	26
4	32	33
5	36	40
6	40	47
7	44	54
8	48	61
9	52	68
10	56	75
11	60	83
12	64	90
13	68	97
14	72	104
15	76	111

狗狗老了，會變得怎麼樣？

老化不會突如其來，是逐漸開始的！

老化症狀並非是突然出現，而是慢慢地有所變化。正因如此，必須及早留意愛犬的變化。成為老犬後，各種部分會產生變化。不只是行為，像毛髮或五官等，若和年輕時期有所出入的話，便是老化的象徵。

老犬飲食了大注意事項

- 更換成高齡犬用的飼料
- 用湯汁將食物軟化
- 以加熱等方法來提高適口性

耳朵

最快衰退的是聽力。若聽力下降，就會出現反應慢半拍，對指令沒有反應等現象。

眼睛

眼屎增加、或變得容易充血。也容易罹患白內障等眼疾。會失去方向感，容易碰撞到東西。

毛髮

毛色越來越沒光澤、容易打結，顏色愈來越白。有時掉毛現象也會增加。

鼻子

嗅覺能力逐漸降低，抵抗力會慢慢衰弱、容易罹患感染症。

口部

味覺能力降低。另外牙周病也會惡化，牙齦萎縮露出牙齒、甚至掉牙。

內臟器官

腸胃、腎臟、心臟等內臟機能逐漸降低，容易引起各種症狀。

狗蓋飯讓我變得更年輕了！

給「老犬」の蓋飯食譜

幼犬有一天也會慢慢衰老而成為老犬。為了讓愛犬健康快樂地度過老犬期，就以打造年輕有活力的身體為目標吧！

對所有狗狗都很重要的「凍齡飲食」

大型犬從七歲、小型犬從十歲開始就稱為「老犬」，基礎代謝和年輕時期相較降低、免疫力也容易衰退。

積極攝取含維生素B1的食材，能幫助代謝、有效消除疲勞。當代謝能力下降衰退，也會產生肥胖問題，因此要留意體重的控制。

維生素E及芝麻素能有效抵抗老化，富含芝麻素的芝麻，不只有優良蛋白質及脂質，維他命及礦物質也很豐富，是超人氣的抗老化食材。

需要特別攝取的食材

#01

豬里肌

富含維生素B1，能消除肌肉及神經疲勞、菸鹼酸可以促進血液循環。

#02

杏仁

有「回春維他命」之稱，維生素E不僅能抗氧化，也具有抗癌效果。

#03

芝麻粉

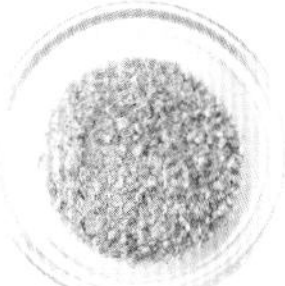

富含健康的芝麻素，能抑制膽固醇、強化肝臟機能。

從年輕時期就要多注意喲！

讓愛犬頭好壯壯變年輕，多攝取維生素B1就對了！

point

豬里肌含有維生素B，紅椒可攝取胡蘿蔔素。維他命B具有提高免疫力的效果，很適合年紀漸漸增長的狗狗。

topping

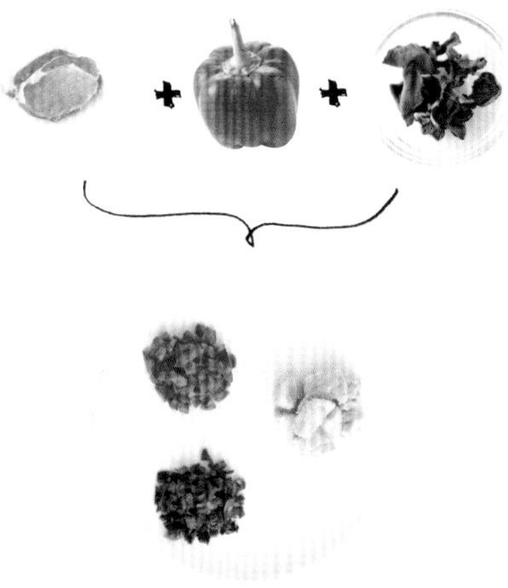

維生素B1　胡蘿蔔素

材料

狗狗體重	3kg	6kg	10kg
豬里肌	25g	45g	70g
紅椒	8g	13g	21g
木耳	5g	8g	13g
沙拉油	適量	適量	適量

作法

1. 豬里肌切成適口大小，熱油鍋炒熟。
2. 紅椒切碎，木耳泡水並切碎。
3. 與豬肉一起炒熟。
4. 倒在乾飼料上就完成囉！

動手做「湯蓋飯」，高齡狗狗也能正常進食！

point

老犬的咀嚼力較弱，所以可製作豆腐湯品，將乾飼料軟化。

topping

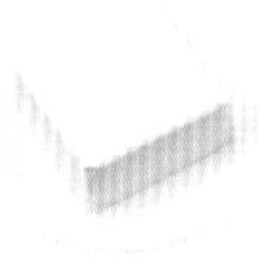

+

材料

鈣質　大豆異黃酮　蛋白質

狗狗體重	3kg	6kg	10kg
豆腐	20g	25g	30g
雞蛋	1/4個	1/3個	1/2個

作法

1. 豆腐切成骰子大小，放入熱水煮成湯。
2. 加入蛋汁、作成豆腐蛋花湯。
3. 慢慢倒入乾飼料。

富含蝦紅素的人氣抗老料理！

\ topping /

材料

蝦紅素　芝麻素

狗狗體重	3kg	6kg	10kg
鮭魚	22g	36g	54g
芝麻粉	少許	少許	少許

作法

1. 選擇未經醃漬生鮭魚，先將鮭魚水煮過。
2. 煮熟後將魚骨取出、魚肉揉碎。
3. 倒在乾飼料上，最後再撒上芝麻。

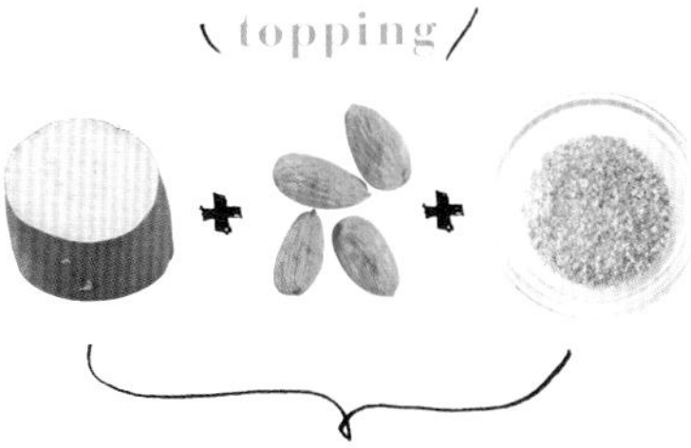

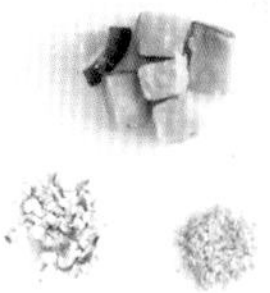

材料

膳食纖維 維他命E 芝麻素

狗狗體重	3kg	6kg	10kg
地瓜	22g	36g	54g
杏仁	適量	適量	適量
芝麻粉	少許	少許	少許

作法

1. 地瓜切成適口大小，用電鍋蒸熟。
2. 杏仁敲碎成粒狀，用平底鍋稍微乾煎。
3. 將杏仁及芝麻粉加在地瓜裡均勻攪拌。
4. 和乾飼料一起餵食。

讓狗狗恢復青春活力的抗老料理！

point

芝麻素和維生素E的抗老功效都很好。為了寶貝愛犬請積極攝取。

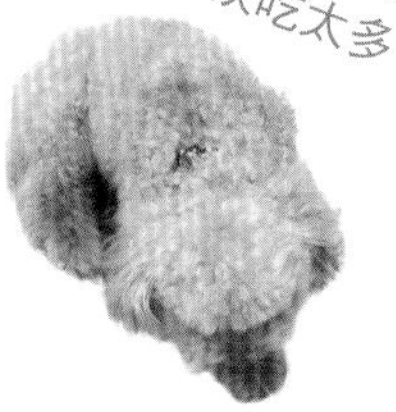

給「幼犬」の蓋飯食譜

這是打造健康身體的重要時期。多餵食富含優良蛋白質及鈣質的營養食材，幫助年幼的毛小孩製造肌肉，強化骨骼及牙齒。

正準備發育的幼犬期，要攝取充足的營養

這是非常重要的時期，為了穩固健康基礎，幼犬必須補充各種營養素。優良的蛋白質，是正值發育的幼犬所不可或缺的重要營養。可以多餵食富含鈣質及維生素的食材。

幼犬的內臟還沒有發育完全，不妨少量多餐，或是以湯蓋飯的形式來增加乾飼料、避免對消化器官造成負擔也很重要。

但若過度攝取卡路里，就可能變成胖胖犬。因此將必要營養素以適當的卡路里均衡地攝取是很重要的。

需要特別攝取的食材

#01

雞蛋

雞蛋含有成長所需的脂質與蛋白質，製造骨骼的鈣質與磷也很豐富。

#02

小魚乾

富含鈣質，優良蛋白質的含量可是乾燥製品類中的冠軍。

#03

花椰菜

富含花青素、維生素C、維生素B群、葉酸。是製造細胞及血液不可或缺的食材。

point

鵪鶉蛋也可以切成一口大小，方便毛小孩吞嚥。

很適合給幼幼班的毛小孩吃喔！

\ topping /

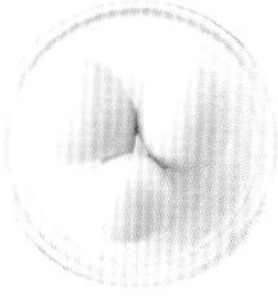

+

蝦紅素　芝麻素

材料

狗狗體重	3kg	6kg	10kg
鵪鶉蛋（罐頭亦可）	2個	3個	4個
毛豆	7g	15g	25g

作法

1. 水煮鵪鶉蛋，剝殼後對半切。
2. 毛豆先煮過，用湯匙背面壓碎。
3. 全部倒在乾飼料上。

point

小魚乾可以選擇低鹽或無鹽的種類。

\ topping /

✚

材料

鈣質 維他命

狗狗體重	3kg	6kg	10kg
小魚乾	適量	適量	適量
花椰菜	適量	適量	適量

作法

1. 小魚乾用食物調理機打碎。
2. 花椰菜水煮並切碎。
3. 將花椰菜及小魚鬆鋪在乾飼料上。

湯品很適合當
作水份的補給

給「懷孕犬」の蓋飯食譜

懷孕期或授乳期的狗媽媽，均衡攝取各種營養很重要。確實地管理飲食次數以及內容吧！

均衡餵食各種營養，狗媽媽產後更健康！

除了懷孕期，授乳期的飲食管理也非常重要，必須攝取大量營養。像是製造骨骼及牙齒的鈣質及鐵質、管理身體狀況所需的優良蛋白質或膳食纖維等，都要均衡攝取。

而在懷孕及授乳期中，熱量的需求量也會增加。另外，懷孕後期胎兒受到壓迫，無法一次進食太多。跟容易精疲力盡的授乳期一樣，考量到對腸胃所造成的負擔，要盡量增加飲食次數。此外由於狗媽媽要製造充份的母乳，水分的補充也很重要。

需要特別攝取的食材

有效攝取營
養很重要！

#01 馬肉

高蛋白質、低脂肪。鈣質及鐵質都比牛、豬肉多三到四倍，維生素也很豐富。

#02 鰤魚

富含優良脂肪酸DHA及EPA、牛磺酸能提高肝功能。

#03 白蘿蔔

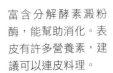

富含分解酵素澱粉酶，能幫助消化。表皮有許多營養素，建議可以連皮料理。

point

以含有大量血水的鰤魚來補充懷孕犬容易缺乏的鐵質。

不妨增加水的分量，做成白蘿蔔與鰤魚的湯品來餵食狗狗。

\ topping /

+

材料

DHA　鐵質　蛋白質　膳食纖維

狗狗體重	3kg	6kg	10kg
鰤魚	18g	30g	42g
白蘿蔔	15g	25g	40g
海苔絲	適量	適量	適量

作法

1. 白蘿蔔切成小塊，鰤魚不用去除血水、切成適口大小。
2. 白蘿蔔和鰤魚放入鍋中水煮。
3. 連同湯汁一併倒在乾飼料上。再依喜好添加海苔絲。

能攝取充足的蛋白質、營養滿分的產後飲食！

\ topping /

蛋白質 鈣質 鐵質

材料

狗狗體重	3kg	6kg	10kg
馬肉	40g	65g	85g
胡蘿蔔	20g	32g	50g

作法

1. 胡蘿蔔切碎，水煮至軟爛。
2. 馬肉切小塊，和胡蘿蔔一起水煮。
3. 一起鋪在乾飼料上就完成囉！

column

給愛犬吃「最安全的食物」就是最好の寵愛！

飲食對人類及狗狗來說，都是每天要進行的重要生命活動。雖然光靠食材本身的營養素，是無法徹底治療疾病的，不過我們可以藉由每天愉快的飲食，打造不容易生病的健壯身體，也就是「預防勝於治療」。

給愛犬吃什麼樣的食物，就等於提供給牠什麼樣的健康，現在的毛小孩已經不需像以前一樣，需要靠狩獵來獲得食物，飼主所給予的食物就是一切。在某個層面來說，飼主對愛犬來說除了是家族成員、同時也是營養師。首先，要確實掌握愛犬的狀態，屬於愛吃鬼、小鳥胃、皮膚敏感、還是牙齒脆弱等。

基本營養從每天吃的乾飼料開始，而支援的營養素則是從狗蓋飯食材中攝取，這一點要牢記在心。請試著在每天的飲食中，讓狗狗自然攝取食材的健康能量，養出健壯、不生病的身體。

Part 3

預防四大疾病の元氣蓋飯

狗狗跟人類一樣會生病，想預防疾病的發生，
平時就要給狗狗吃有益健康的飲食。
一起來為毛小孩打造強壯的身體吧！

主人一定要知道的事！

愛犬容易罹患的疾病與能量蓋飯

狗狗最常見的疾病有四大方面，分別是「關節」、「心臟」、「肝臟」及「腎臟」疾病。接下來，將逐一介紹症狀及預防方法。

打造不生病的身體，就從每天的能量蓋飯開始！

疾病包括與生俱來的先天性疾病、以及因老化或肥胖等造成的後天性疾病。如果狗狗已經發病，雖無法光靠飲食根治，但還是可以利用正確飲食，打造不易生病的身體，是非常重要的。

本書接下來會針對狗狗「關節」、「心臟」、「腎臟」、「肝臟」這四個容易罹患疾病的領域，介紹各種能量蓋飯，請主人們多加應用。

了解狗狗容易罹患的疾病，就能在平常的生活中迅速應對。例如，當牠們出現異常行為、跟平時不太一樣時，就要馬上帶牠們去動物醫院就診。愛犬的變化，只有主人最知道，請多和愛犬互動，千萬不要錯過任何小細節喔！

毛小孩生病怎知道？

「關節」疾病

狗狗肥胖或老化時，會因為過度的關節運動，引起四肢關節炎。**最常見的狀況是膝蓋骨脫臼，這是小型犬經常出現的症狀**。當愛犬走路方式變得很奇怪，例如拖著腳走路，或抬起單隻腳走路等都要注意。

「心臟」疾病

狗狗最常出現的心臟問題是「僧帽瓣脫垂」。小型犬容易因為老化而發病，**有時甚至會不想走路，或經常喘不過氣**。心臟疾病最大的特徵是夜晚會咳嗽，必須進行藥物療法。其他像是心肌症等疾病，也常出現在狗狗身上。

「肝臟」疾病

肝臟是「沉默的器官」，即使受到損害，外表也很難看出病徵，所以等到真的發現異常時，已經惡化到某個程度了。平時的檢查很重要，當病症惡化，**會出現食慾不振、體重減少、牙齦或眼白變黃**，也就是「黃疸」，還會出現嘔吐或腹瀉等症狀，請多留意。

「腎臟」疾病

高齡犬容易出現慢性腎功能不全的問題，這是因為體內老舊物質的排泄、水分及電解質均衡出現異常。隨著年齡增長症狀會慢慢惡化，**狗狗會變得經常想喝水、尿量也會增加**，只能藉由點滴或藥物療法、飲食療法等抑制腎機能低下。急性腎功能不全會因為中毒或休克而發病，漸漸地無法排尿、喪失體力，全身健康狀態會急速惡化。

四大疾病照護＆飲食注意事項

骨頭健壯，
我能跑跳蹦！

關節

p.88

攝取促進軟骨生成強化的食物，適度的運動很重要。老化或肥胖對關節會逐漸造成負擔，因此這方面也要多留意。

關於飲食

魚類富含的EPA具抗炎作用，黏稠食材中的軟骨素，都能提升關節的活動度。

心臟

p.90

對心臟減少負擔很重要，務必要預防肥胖。水溶性膳食纖維可以促進鈉排出體外，因此要積極攝取。

關於飲食

青魚中的EPA能有效促進血液循環。膳食纖維豐富的海藻及蔬菜可預防心臟疾病的發生。

我的心臟小小，
要好好保護

腎臟

p.92

水分補充很重要。盡量減少鹽分攝取，多運用促進身體排水的的食材為愛犬製作蓋飯吧！

關於飲食

攝取能幫助利尿的食材，大量給予水分、讓狗狗充分排出鹽分。另外，要避免鹽分含量較多的食材。

我不知道鹹，
不要放鹽喔～

肝臟

p.94

肝臟的體內再生能力高。飲食要以蛋白質為中心，促進肝臟機能再生。

關於飲食

為了預防不易察覺的肝臟疾病，可多攝取優良蛋白質。另外，貝類中富含的硫磺酸也很有效。

肝若不好，
人生是黑白的！

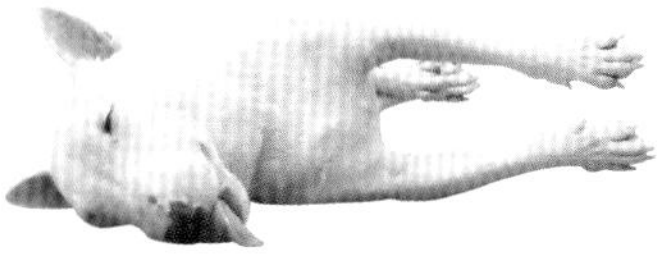

飲食終究是預防工作！生病請至醫院徹底檢查

心臟或腎臟的大型疾病惡化時，光靠飲食是很難治療的，因此若發病、或是發現狗狗有異常，一定要馬上帶牠們去動物醫院。和獸醫師商量對應方法，飲食療法也能發揮效果。請把飲食當作每天都能進行的預防對策。均衡飲食不只能做為疾病對策，也可預防身體的小毛病，讓愛犬常保健康。

關節

關節發炎時，狗狗就會開始出現奇怪的走路方式，像是拖著腳，嚴重時甚至腳完全無法觸及地面。除了運動量大的狗狗，也要多注意老犬或肥胖犬。不妨以秋葵或山藥等黏稠食材中的軟骨素來強化關節，含EPA食材的抗炎作用也很不錯喔！

除了老犬，運動量多的狗狗，也有可能得到關節炎。不妨藉由黏稠的食材與具抗炎症作用的EPA食材，多多補充一下吧！

需要特別攝取的食材

沙丁魚

富含EPA，能消除發炎源頭物質。對於緩和關節腫脹及疼痛非常有效。

a

軟骨素

材料

狗狗體重	3kg	6kg	10kg
納豆（碾碎）	15g	25g	40g
山藥	15g	25g	40g
秋葵	15g	25g	40g

作法

1. 山藥削皮磨打成泥狀。
2. 秋葵水煮後切碎。
3. 將山藥、秋葵和納豆均勻攪拌。
4. 一起倒在乾飼料上即完成。

topping

b

EPA　鈣質　澱粉

材料

狗狗體重	3kg	6kg	10kg
沙丁魚	20g	30g	45g
干貝（罐裝）	10g	25g	33g
太白粉	少許	少許	少許

作法

1. 沙丁魚去除內臟與頭部，用食物調理機打成糊狀，揉成兩公分大的丸子，用熱水燙熟。
2. 將干貝揉碎放入鍋中，最後再加入太白粉增加黏稠性。
3. 連同湯汁一併倒入乾飼料。

topping

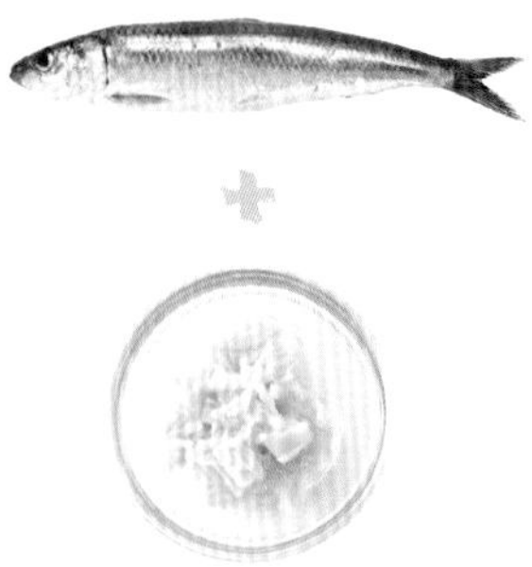

黏稠食材的代表！
強化膝蓋力量的骨骼保健蓋飯

a

具有飽足感、營養滿分
讓毛小孩能輕快奔跑的魚丸蓋飯

b

point

可增加黏稠性來提升食慾。EPA及硅素能抑制關節炎的發生。

心臟

小型犬隨著身體老化，容易罹患心臟疾病。想預防心臟病，不妨藉由水果等食材將多餘的鹽分（鈉）排出體外，並多活用可抑制血壓上升的蔬菜吧！

想預防心臟方面的疾病，除了控制體重、避免肥胖外，透過以下的飲食減輕心臟負擔也很重要喔！不妨多攝取水溶性膳食纖維，將體內多餘的鹽分排出體外，此外為了減輕心臟的負擔，也可以多選擇能有效控制血壓的食材，並常常與獸醫師討論。

需要特別攝取的食材

蕎麥麵

蕎麥麵所含的芸香素，具有改善血流及強健血管的功效，也能預防心臟疾病。

a

膳食纖維

材料

狗狗體重	3kg	6kg	10kg
蘋果	15g	25g	40g
橘子	15g	25g	40g

作法

1. 蘋果洗淨，帶皮切成小丁。
2. 橘子剝皮，將果肉切小塊。
3. 一起鋪在乾飼料上。

Advice 充滿能量的蘋果，含大量膳食纖維。也是抗氧化作用很高的食材。

topping

b

芸香素　天門冬酸

材料

狗狗體重	3kg	6kg	10kg
蕎麥麵	20g	33g	45g
蘆筍	適量	適量	適量

作法

1. 蘆筍水煮至變軟後切丁。
2. 麵線切段，放入鍋中煮熟。
3. 鋪在乾飼料上即完成。

topping

a

富含食物纖維的「水果蓋飯」
讓毛小孩擁有強而有力的心臟

b

point

芸香素能強化「血液輸送力」，具降血壓功效。

美味的芸香素能強健血管，
也能預防糖尿病！

腎臟

腎臟機能容易隨著年齡老化而日漸衰弱，富含水分的食材能促進鈉的排出。但如果罹患腎功能不全，就要進一步找醫師討論。

想預防腎臟病，平日的量飲食管理很重要。多留意狗狗水分的攝取。為了不對腎臟造成負擔，進行鹽分及血壓的控制也很重要。預防腎臟方面的疾病不妨選擇具利尿作用、抑制血壓的食材製作蓋飯料理吧！

需要特別攝取的食材

豌豆

含有豐富的胡蘿蔔素、維生素B1、C、鉀及膳食纖維。

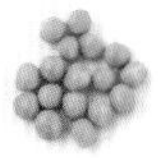

a

鉀

材料

狗狗體重	3kg	6kg	10kg
豌豆（罐頭亦可）	15g	40g	65g

作法

❶ 以鍋子將豌豆煮軟並切碎。

❷ 均勻鋪在乾飼料上。

Advice 含大量礦物質、維生素B群也很豐富。膳食纖維可幫助健胃整腸。

\ topping /

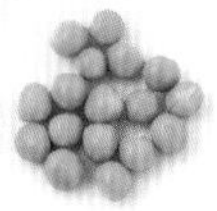

b

鉀

材料

狗狗體重	3kg	6kg	10kg
西瓜	35g	70g	100g

作法

❶ 西瓜去皮去籽，切成適口大小。

❷ 和乾飼料一起餵食。

Advice 水分約佔九成，可讓平時不愛喝水的毛小孩補足水分，非常推薦。

\ topping /

a

健康又簡便的無鹽蓋飯
腸胃敏感的毛小孩也能有效吸收

b

三步驟就完成！
爽口多汁的消暑西瓜蓋飯

point

餵食小型犬時，要將西瓜籽去除乾淨，避免噎到。

肝臟

肝臟是以代謝功能為主的器官，如果毛小孩常常無精打采，可能是肝臟受損的訊號。要提升肝臟機能，不妨多攝取魚貝類中的牛磺酸；雞肉裡的蛋氨酸能活化肝臟機能，也很推薦！

肝臟方面的症狀不容察覺，因此平時就要時時留意毛小孩的健康狀況。不妨以優良蛋白質來讓肝臟機能重生吧！

需要特別攝取的食材

薑黃

別名鬱金，能促進肝臟的膽汁分泌、具抗氧化、防癌功效。

a

牛磺酸

材料

狗狗體重	3kg	6kg	10kg
蜆	8g	13g	21g
蛤蠣	8g	13g	21g

作法

1. 蜆與蛤蠣各自用鹽水吐沙。
2. 放入鍋中一起熬煮，蛤肉對半切。
3. 一起倒在乾飼料上即完成。

Advice 蛤蠣中所含的牛磺酸，可提升肝臟機能，維生素B12也很豐富。

topping

b

薑黃素

材料

狗狗體重	3kg	6kg	10kg
雞腿肉	32g	54g	50g
薑黃	適量	適量	適量
太白粉	少許	少許	少許

作法

1. 雞肉水煮後，切成小塊。
2. 雞肉中加入薑黃，再以太白粉增加黏稠性。
3. 連同湯汁一併倒在乾飼料即完成。

topping

a

富含貝類營養的暖呼呼湯品，
讓愛犬開心吸收充足養分！

薑黃讓狗蓋飯變好吃了！
溫和保養毛小孩的腸胃

b

point
薑黃也稱鬱金，是對肝臟很有助益的辛香料喔！

用「食物」改善過敏體質！

趕走毛小孩の過敏問題

和人類一樣，很多毛小孩也會過敏。不僅會皮膚過敏，引起全身搔癢，
也會受消化器官的過敏所苦。試著找出過敏原，從飲食著手改善吧！

容易引起過敏的食材

牛肉

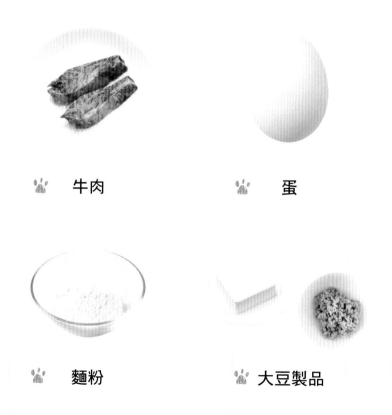

蛋

麵粉

大豆製品

※其他會引起食物過敏的食材因狗狗而異。找出引起過敏的食材很重要。

耐力及毅力的長期抗戰，為愛犬找出過敏根源

過敏和體內的免疫系統息息相關。不過，若是吃了某個特定食物所引發的過敏，只要避免攝取就不會發病。乾飼料含有各種成分，因此，要判斷是何種成分引起愛犬過敏，其實並不容易。

首先就從改變平日的飲食習慣開始。此時建議進行的就是「過敏食材排除法」。改變從未嚐試過食物，找出過敏源頭的方法。

要看到症狀改善，至少要花上四週到八週的時間。在此期間稍微忽略一下營養均衡的問題，基本上是無傷大雅的。只不過為了謹慎起見，可向獸醫師諮詢後再進行。總之，改善過敏是耐力加上毅力的長期抗戰。

引起過敏的原因

所謂的食物過敏，是指攝取特定食品，而引起過敏狀態的免疫反應。會引起過敏原因不只一個，有時是好幾個。只要不去攝取過敏原的食品，就能逐漸改善。

找出「過敏源食物」的方法
何謂過敏食材排除法？

發現愛犬有過敏問題時，首先請至獸醫院做血液檢查。
不過，即使檢查結果是陽性，也不一定會反映到症狀上。
找出狗狗「不能吃的食物」就是過敏食材排除法的重點。

1 從「狗蓋飯」嚐試！

以至今沒吃過的蛋白質為中心，添加碳水化合物與蔬果來餵食。不過，請避免根莖類或小麥等富含蛋白質的蔬菜。遵循獸醫師的指示適度地進行。

過敏食材排除法の進行方式

例如……

❶ 從至今未吃過的二至三種魚肉類中選擇、作為主食材的蛋白質攝取源。
❷ 蔬菜類和碳水化合物也各選出二至三種。
❸ 接著將食材各自組合來製作蓋飯，餵食狗狗約四到八週。
❹ 如果此時症狀已有改善，可以放一把過去常吃的食材，若出現惡化，原因就出在過去常吃的食材。如果沒有惡化，那就是安心食材了。
❺ 就像這樣，慢慢找出毛小孩不能吃的食物吧！

2 從「乾飼料」嚐試！

針對有皮膚疾病的狗狗，則是使用特別調理過的機能狗食。讓狗狗吃不易成為食物過敏原的鴨肉或鯰魚、樹薯等過去沒吃過的蛋白質，或補充低分子蛋白質、水，觀察四到八週。請在獸醫師的指示下進行。

過敏食材排除法の進行方式

例如……

❶ 在獸醫師指示下，餵食過敏狗狗用的機能飼料約四到八週。

❷ 如果此時症狀已有改善，可以放一把過去常吃的狗食，若惡化的話原因就出在狗食裡。

❸ 接著找出引發原因的狗食原料，逐一找出安全食材，再慢慢查明引起過敏的食源。

column

讓每日的狗蓋飯
成為毛小孩の健康守護神！

希望愛犬健康又長壽，是每一位飼主的心願。和過去相比，由於獸醫醫療的進步及居住環境的改善、飲食生活的提升，狗狗的壽命已延長許多。即使如此，和人類的壽命相比還是過短。

在歐美，近年流行以「健康壽命」（Healthspan）這個詞來取代「壽命」（Lifespan）。這裡的「健康壽命」，不只重視長壽，更有「身體健康地活著」的意味，可見「不僅活得久，更要活得健康」這樣的觀念已越來越受重視。

那麼，什麼樣的狀態才算健康呢？WHO將健康的概念定義為「在身體、精神、社會上為完全健全的狀態，並非只是疾病或體弱多病」。這也可以套用在狗狗身上。提到「延長壽命」，常被認為是長壽，但即使上了年紀，愛犬也不會感到壓力，能安心地渡過每一天，這才是最重要的。為了鍛鍊不被疾病打敗的強健體魄，請試著活用每一天的狗蓋飯料理吧！

Part 4

狗狗的健康，知多少？

照顧家中的毛小孩，你能做的不只是照料三餐飲食而已，
每天的健康管理更是不可或缺的一環。
先來了解一下照顧毛小孩有哪些該注意的事吧！

主人一定要知道的事！

毛小孩の「健康大檢測」

維持健康的身體機能以及改善體質，不只要落實在狗狗的飲食生活上，日常生活也很重要。一起來檢視一下你家狗狗的健康狀況吧！

每天檢視愛犬的健康狀態吧！

□ check 1 **體重**

體重過重或是急速增減，也許都暗藏問題？！

□ check 2 **身體各部位**

每天觀察身體各個部位，確認是否保持健康。

□ check 3 **皮膚、毛色**

不只是表面問題，也可能是脱水或內臟疾病？！

□ check 4 **行為**

從愛犬的行為去感受牠是否健康且充滿活力。

□ check 5 **排泄**

排泄物是健康的重要指標，要好好觀察！

掌握狗狗常見問題以健康長壽為目標！

重新審視狗狗的飲食固然重要，但也要同時確認牠們的健康狀況喔！除了檢視愛犬現在有什麼樣的問題，仔細觀察飲食改變之後，身體的各種變化也相當重要。

和過去的狗不同，對於不需狩獵的現代狗狗來說，飼主所給予的飲食就是一切。同樣地，能藉由每日的觀察，掌握愛犬的健康狀況，並早期發現問題的也唯有飼主。讓我們以狗狗的健康生活為目標，一起來檢視看看吧！

check 1

身體各部位

善用「遊戲時間」觸摸狗狗，確認身體狀況

如果狗狗身體狀況變差，身體的各個部位就會開始出現變化。這時，如果只注意身體外觀，會看不見愛犬內臟機能的衰退。為了避免對愛犬造成負擔，不妨延長遊戲的時間，趁機觸摸愛犬各個部位，確認身體狀況吧！

眼睛

檢查眼周是否出現大量眼屎，眼睛有無充血，眼球是否混濁。如果狗狗有嚴重的淚溝，很可能是飲食不合所引起的。

耳朵

檢查耳內是否乾淨，有沒有發臭。垂耳的狗狗和立耳的狗狗相比，耳朵特別容易因為長期悶著而發臭，所以一定要定期清理耳朵喔！

鼻子

檢視鼻子是否乾燥，會不會持續打噴嚏。狗狗的鼻子太乾，可能是身體狀況不佳的警訊，不妨去動物醫院諮詢一下。

嘴巴、牙齒

確認是否有強烈的口臭，牙齦是否腫脹、顏色是否健康，有沒有出血問題，牙齒是否鬆動。除此之外，養成刷牙的好習慣也很重要。

腹部

檢視腹部是否腫脹、皮膚顏色是否健康，有沒有發疹、出現硬塊或凸起物。

check 2
體重

胖嘟嘟的好可愛，其實最危險！

超重對體型嬌小的狗狗來説是一大問題。小型犬必須以一百公克單位確實管理體重的增減。請務必掌握愛犬的理想體重，養成定期量體重的好習慣！

「嬰兒專用體重機」，
測量愛犬體重最適合！

對於必須以細微單位來觀察體重的小型犬來説，嬰兒用的體重機就很方便。也有刻度小到一百公克的，很適合用來掌握狗狗正確的體重。

小型犬の測量方式

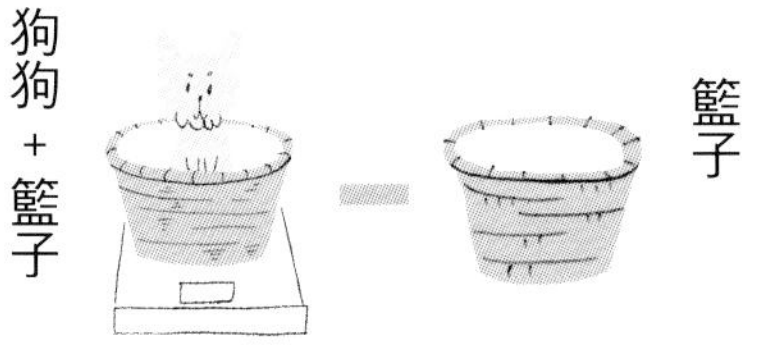

將狗狗放入籃子或是外出包裡，測量它們的總和重量，之後再扣掉籃子等的重量即可。

大型犬の測量方式

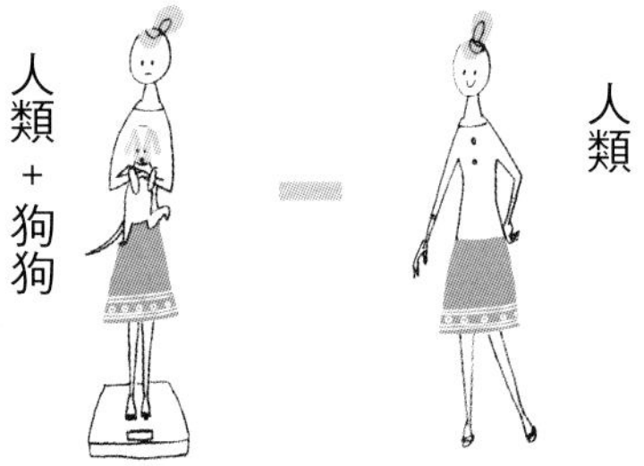

如果抱得動狗狗，就抱著連同自己的體重一起測量，之後再扣掉自己的體重，就能得知愛犬的體重了！

check 3
皮膚、毛色

狗狗大量掉毛，可能是內臟出問題！

皮膚或毛色光澤的問題並非只在表面，有時也可能是內臟出問題的警訊。如果愛犬的皮膚或毛色突然出現變化，請在問題惡化之前，先找熟悉的獸醫師諮詢。

- □ 毛色是否光澤？
- □ 有沒有大量掉毛？
- □ 是否出現許多皮屑？
- □ 皮膚是否搔癢？
- □ 有無紅腫、發疹的問題？

check 4
行為

懶洋洋或食慾不振，一定要密切注意

平時就要多觀察狗狗的行為有無異狀，像是狗狗突然開始懶散不想動、走路時拖著步伐等。雖然每隻狗狗的狀況不同，但如果過了一兩天還是沒改善，就要找獸醫師諮詢。

- □ 最近經常有氣無力？
- □ 喘息聲會不會很大？
- □ 走路的樣子會不會怪怪的？
- □ 會不會很焦躁，行為異常？

了解肥胖犬の弊害

肥胖是狗狗的萬病之源！愛牠，就替牠的體重把關

狗狗一旦肥胖，罹患各種疾病的風險也就跟著增高。造成狗狗肥胖的根本問題，就出在那些覺得「狗狗胖胖的很可愛」，卻不認為愛犬過胖，或是完全不在意愛犬體重的飼主們。狗狗特別是在成為老犬之後，新陳代謝會急速衰退，這時如果還是給予一樣的熱量，牠就一定會變胖。為了愛犬的健康，請努力去維持牠們的理想的體重吧！

〔肥胖對身體帶來的影響〕

關節炎／呼吸困難／高血壓／心血管疾病（瘀血性心室不全等）／肝功能降低／生殖能力降低／難產／易中暑（不耐酷熱）／皮膚病增加／罹患腫瘤的機率增加／手術危險機率的增加／免疫力降低／內分泌障礙（副腎皮質機能亢進症、甲狀腺機能低下）／糖尿病／消化機能障礙（便祕、潰瘍等）

check 5
排泄

「黃金先生」是了解狗狗健康的珍貴指標

如果糞便太軟或是混雜著黏膜或血液、食材未經消化就排出，就有可能是狗狗的腸內環境出現問題。除了糞便外，也要多注意尿的顏色和排尿次數。排泄物可說是了解愛犬健康現狀的重要線索，務必仔細觀察！

養成在尿布墊上小便的好習慣，提早發現問題！

讓愛犬在尿布墊上尿尿，不只是考量衛生問題，如果平時就養成這個習慣，而非在土地或柏油路上排泄，飼主就不會錯過狗狗尿尿的顏色或份量等微妙變化了。

check！便便隱藏的訊息

- □ 一天排便幾次？
- □ 形狀怎麼樣？
- □ 什麼顏色？
- □ 氣味如何？
- □ 是否有未消化的東西？

Good！ 不是稀狀、不也能過軟，硬度基準是在尿布墊上「要黏不黏」的「香蕉型」。

check！尿尿也大有學問

- □ 一天排尿幾次？
- □ 顏色很淡？還是很深？
- □ 尿量很多？還是很少？
- □ 氣味如何？

Good！ 最理想的顏色是淡黃色的。如果有混著血的紅色，或是黃褐色的話，就可能有問題。

餵狗狗吃飯時，要留意四大重點

1／食量的變化

確認狗狗是否偏食、吃剩，食量突然變小，或是暴飲暴食等異常狀況。

2／進食後的狀況

不只要注意愛犬食量，也必須留意進食後的身體狀態，確認是否有噎到或嘔吐的情形發生。

3／排泄的變化

排泄是每天的例行公事，務必檢視狗狗的排泄物顏色或氣味，看看是否產生變化。

4／身體狀況

觀察狗狗是否無精打采、病懨懨的，或是身體的某部位有疼痛。

發現有疑慮的地方，就要立刻尋求諮詢！

能夠查覺愛犬細微變化的，除了飼主外別無他人。讓狗狗保持健康的生活，飼主每天的觀察很重要。千萬別錯過狗狗的身體或行為上出現的任何警訊，如果有任何疑慮，都可以找獸醫師諮詢，就能早期發現問題。

「體質」決定照顧方式

狗狗年齡胖瘦各不同，要怎麼吃、怎麼顧？

維持健康的身體機能以及改善體質，不只要落實在狗狗的飲食生活上，日常生活也很重要。一起來檢視一下你家狗狗的健康狀況吧！

愛犬の日常照顧

讓小狗吃得好、睡得飽，是第一要務

乖乖吃飯、適度運動，這些就是幼犬的工作。狗狗剛來到家裡的時候，飼主們的情緒也容易變得亢奮。要留意別讓狗狗玩得太過頭、必須讓牠擁有充分的睡眠時間。

飲食の注意事項

狗狗正值「發育期」，營養均衡不能少

蛋白質和鈣質是成長所必須的營養素，也是正值發育期的幼犬所不可或缺的。請確實將能夠幫助骨骼成長、強化牙齒機能的小魚乾或大豆類食品，慢慢地納入每天的飲食中吧！

愛犬の日常照顧

狗狗年輕力壯，用「玩耍」鍛練體魄

成犬是狗狗最活力充沛，也最不易引起問題的時期，所以更應該趁這個時候，把狗狗的身體鍛鍊好，塑造出強健的體魄。這個時期的狗狗身心健壯，十分好動，所以就讓牠們盡情玩樂，藉此增加牠們的體力吧！

飲食の注意事項

成犬最易偏食，營養一定要均衡

為了維持狗狗健康，均衡攝取蛋白質、維生素、礦物質等營養素非常重要。這個時期狗狗容易挑食，飼主要在飲食中納入各種食材，慢慢去克服愛犬的好惡問題。

飲食の注意事項

高齡狗罹病機率大，要多提升「免疫力」

高齡之後疾病會急速增加。事前先應用預防飲食吧！狗狗上了年紀之後，罹患腎臟病或白內障等疾病的機率會急速增加，這些疾病必須及早發現才能及時治療，所以這個時期請在抗老化與提升免疫力上多下工夫。

愛犬の日常照顧

家有老犬要注意，一年至少做一次健檢

狗狗看起來再有活力，還是要每年定期帶牠們做一至兩次健康檢查。另外，如果因為狗狗年事已高，而把牠們視為老狗，反而會帶來反效果喔！不論玩耍或運動都讓狗狗在合理的範圍內進行，讓牠們悠閒地過日子吧！

飲食の注意事項

突然食慾不振，一定要密切注意

在狗狗的餐食中多下工夫，添加香氣對促進食慾很有幫助。如果愛犬食量突然變小，就要多加注意，必要時請尋求獸醫諮詢。

愛犬の日常照顧

適度運動，促進狗狗好食慾

適度的運動可以讓飲食變得更加美味，想讓狗狗的身體健康，一定要讓牠們保持天天運動的好習慣喔！

飲食の注意事項

用飲食改善腸道環境，提升狗狗免疫能力

調整狗狗的腸道環境很重要，不妨在飲食花點心思，納入具抗氧化作用的食材，提升愛犬的免疫力吧！

愛犬の日常照顧

增加供食、給水次數，不讓愛犬狂吃猛喝

為了不對腸胃造成負擔，不妨以「少量多餐」的方式供給水分及飲食。補充水分時，不讓狗狗牛飲喔！

飲食の注意事項

善用低熱量食材，
狗狗吃得飽足又健康

為愛犬備餐時請活用「低卡食材」，設計幾道低熱量，份量卻不減的食譜吧！也可以分成少量，分次餵食。

愛犬の日常照顧

考量狗狗的身體
狀況，挑戰適合的運動

想替狗狗減重，又想維持牠的肌肉量，就不能只靠飲食，運動是絕對不可或缺的！請一邊觀察愛犬的狀況，再來慢慢增加運動吧！

飲食の注意事項

補充蛋白質，
讓狗狗隨時充滿活力

喜歡運動的狗狗熱量消耗得也快，所以不妨在狗狗的飲食中，多多使用熱量較高又可以鍛鍊肌肉的肉類或魚類等食材。

愛犬の日常照顧

幫狗狗按摩，
改善肌肉與身體的疲憊

和人類一樣，按摩對於因為激烈運動而受損的身體非常有效。不妨延長與狗狗的遊戲時間，一邊撫摸狗狗身體，一邊按摩，促進狗狗的血液循環。

飲食の注意事項

狗媽媽營養充足，
才能生出健康狗寶寶

在狗媽媽的飲食中積極納入身體最不可或缺的蛋白質、鈣質，還有維生素及礦物質豐富的蔬菜或海藻類吧！

愛犬の日常照顧

平常心對待，
別給懷孕狗狗施加壓力

在狗狗肚子內有寶寶的重要時期，飼主很容易會特別施予關照。其實不用另眼相待，就跟平常一樣生活吧！

「讓我們在一起，到老也不分離！」

狗狗健康長壽の三大重點

想讓愛犬健康長壽，是飼主們的共通心願。

在生活當中，幫助愛犬長壽的祕訣是什麼呢？

減輕狗狗心理壓力，培養「社會性」很重要

在人類社會中生活的狗狗們，必須遵循人類的規則生活，所以有時難免會承受過大的壓力。

想讓狗狗過得既健康又長壽，保持身心的愉快和舒適是第一要務，而保持愉悅、減輕生活壓力的最好方式，就是慢慢培養狗狗的「社會性」。日常生活中的不安或恐懼，會抹滅狗狗的社會性，因此，找出愛犬的壓力來源，並盡量減低牠們的心理負擔是很重要的。

在身體方面，為了維持狗狗的健康，請注意體重管理，不要讓牠們發胖，唯有身心都保持良好狀態，才能邁向健康之路。

point 1 學習社會化，拉近人狗距離

讓狗狗多接觸新環境，慢慢減輕心理壓力

狗狗只要一踏出門，就必然會遇見其他狗或陌生人；如果全家大小都得外出，狗狗也可能得留下來獨自看家。為了因應上述這些狀況，飼主們都會希望自家愛犬不排斥體驗各項事物，想盡辦法讓愛犬覺得每件事都是很普通、開心而且快樂的事。所謂的「社會性」，就是透過後天學習與不斷接觸，去適應日常生活中有可能發生的各種狀況。為了狗狗的心靈健康，讓牠們努力去適應人類社會，成為沒有不安和恐懼的狗狗吧！

愛犬互動狀態の5大檢測

- ☐ 除了飼主以外，也喜歡其他的人類
- ☐ 能和其他狗狗愉快地玩耍
- ☐ 能不吵不鬧，乖乖獨自看家
- ☐ 就算到了陌生場所，也能玩得很開心
- ☐ 具備人類社會的基本禮儀

狗狗社會化不足怎麼辦？

從幼犬時代開始，可以讓愛犬參加各種狗狗聚會，增加和其他狗狗或飼主以外的人類接觸的機會。剛開始時，飼主不妨對愛犬說：「不用怕，我陪在你身邊喔！」帶給牠們安全感，這是非常有效的。

透過散步，讓狗狗體驗各種事物

室外環境中有著陌生人、陌生狗、車子、腳踏車及風雨，對狗狗來說就是個未知的領域，因此外出散步可以讓狗狗體驗家中無法經歷的各種狀況，是狗狗培養狗狗社會化的絕佳機會。狗狗一開始可能會恐懼或不安，但只要輕輕撫觸牠的背部，一邊說著：「不用害怕喔！」就能安撫狗狗的情緒。

培養狗狗社會化，幾歲都不嫌晚！

雖然不論狗狗到了幾歲都還是能培養社會性，但據說越晚開始培養，就越花時間。從幼犬時期就開始培養是最有效的，但成犬之後也不嫌晚，請不要放棄、多多挑戰看看！

point 2 別給狗狗無形的壓力

飼主的「自以為是」，恐對狗狗造成壓力

壓力就是來自外界有形或無形的刺激。有時候飼主覺得是為狗狗好，但對狗狗來說卻是壓力，例如：家中準備迎接第二隻狗狗，或是在愛犬還不具備社會性時，就帶牠們到寵物公園裡玩耍。身為飼主的我們，沒辦法給予狗狗零壓力的環境，但是和牠們站在「同一陣線」，盡量不給牠們帶來壓力是非常重要的事。

愛犬壓力指數の5大檢測

- ☐ 家裡最近正準備養第二隻狗狗
- ☐ 剛搬家或改變了家具配置方式
- ☐ 狗窩能不能讓狗狗安穩休息？
- ☐ 無法長時間獨自看家
- ☐ 因為慢性疾等原因長期服藥

如何減輕愛犬壓力？

建議將狗狗養在室內，給牠們能放鬆的環境很重要。藉由結紮手術，能狗狗減少與異性之間的壓力。此外，為了減輕愛犬壓力，別忘了多多與牠們互動喔！

狗狗的壓力來源&常見症狀

三大壓力源

身體上的壓力	因為疾病或受傷、疼痛，使得狗狗的免疫力降低、生體機能下降。
精神上的壓力	個性大而化之或神經質等，大多都是狗狗與生俱來的性格，如果無視愛犬的心理狀態，勉強進行社會化訓練，就容易造成壓力。
環境的壓力	溫度（氣候）、噪音或搬家所引起的環境變化、迎接家中新成員等等。

出現這些行為表現，代表狗狗壓力很大！

排泄出現異常

喘息聲變大

亂吠

腳底流汗

掉毛及皮屑

流口水

發抖

腹瀉

追自己的尾巴

出現攻擊性

無法冷靜下來

抓癢

亂咬東西

對事物反應過度

咬自己的身體

point 3 管理體重，避免狗狗發胖

肥胖是萬病之源，飼主要好好管理以避免狗狗發胖

狗狗的肥胖跟將人類一樣，容易連帶產生各種疾病。想讓愛犬健康又長壽，就必須控制體重，減少身體的負擔。不過，一味地減少狗狗的飲食攝取量，反而容易讓牠們的食慾提升。分量記得要跟過去一樣，但熱量要低一點，不妨試著活用低卡食材，替狗狗減重吧！

愛犬壓力指數の5大檢測

- ☐ 狗狗稍微胖一點比較可愛
- ☐ 雖然比理想體重還重，但並不胖
- ☐ 飲食是愛犬最大樂趣，不想節制
- ☐ 胖個一兩公斤沒有關係
- ☐ 如果身體狀況好，多吃一點無所謂

如何避免養出胖胖犬？

請先替愛犬測量體重，如果超重，就必須留心每天的卡路里。飲食要少量多餐，此外，在散步或運動過後餵食，因為腸胃吸收會比較差，所以較為推薦。狗狗和人類一樣，「減肥肉不減肌肉」對減重來說非常重要，請一邊觀察愛犬的狀況、適度給予充分的運動吧！

狗狗怎麼樣才算「過胖」？

頸部後方

如果脂肪層層堆疊，就要多加注意了！

尾巴根部

狗狗坐下時，根部皮膚如果隆起代表過胖！

下巴鬆弛

注意狗狗下巴到喉嚨的線條，千萬不能鬆垮垮！

腰部曲線

從胸前到腳根的線條，如果和地面平行就代表狗狗過胖！

每一年，至少做一次健康檢查

狗狗的成長速度，約是人類的四到七倍，所以一年做一次健檢並不為過。請帶狗狗定期到動物醫院接受體重檢測和健康檢查吧！

從狗狗年輕時，就開始「養生」！

等到狗狗年事已高，才開始讓牠們學習社會性或讓減肥是非常辛苦的。因此，不管你家的毛小孩是幼犬還是成犬，維持身心健康就從現在開始！

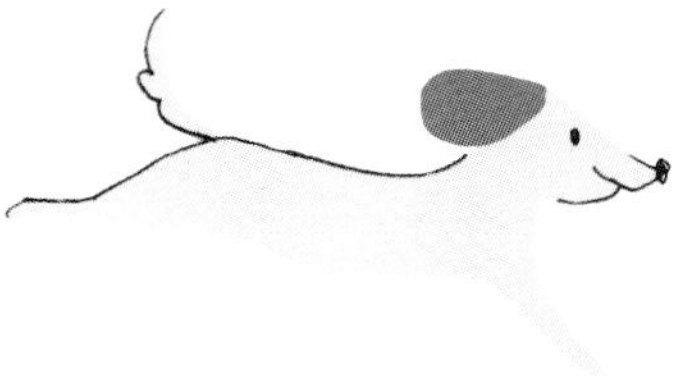

point 1

讓狗狗學習社會化

狗狗既然要在人類社會中生活，就得先讓他們順應各種狀況。如此一來，也能減少愛犬的心理負擔。

point 2

盡量不給狗狗壓力

敏銳的聽覺及嗅覺是狗狗的最大特性，同時也是造成牠們壓力的主要來源。因此，塑造讓毛小孩零壓力的生活環境就顯得非常重要。

point 3

避免狗狗發胖

肥胖百害而無一利。胖胖狗是各種疾病的高風險族群，為了狗狗健康，請多留意牠的體重。

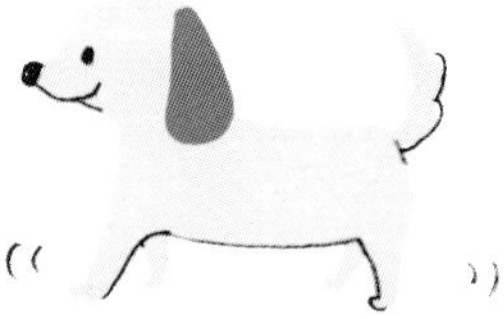

我家狗狗，可不可以這樣吃？

毛爸毛媽常見疑問，一次解答！

維持健康的身體機能以及改善體質，不只要落實在狗狗的飲食生活上，日常生活也很重要。一起來檢視一下你家狗狗的健康狀況吧！

Q 蓋飯裡不需要添加米飯等穀物嗎？

A 餵不餵食都可以。

作為基底的狗食，已經含有充份的碳水化合物，因此並不需要像鮮食一樣添加米飯等穀物。不過，蓋飯也沒有硬性規定不能添加穀物，各位不妨視情況給予。

Q 在狗飼料裡加料，不會讓狗狗變胖嗎？

A 不要改變一次飲食的總熱量。

蔬菜熱量低，肉類則熱量較高。試著以不改變每餐飲食的總熱量為前提，依據食材熱量的不同，適度調整基底飼料的量。以平時份量的八成為標準做增減吧！

Q 蓋飯可以改善狗狗挑食的毛病嗎？

A 當然可以！請務必試試看。

如果狗狗常挑食，飼主就會擔心是不是狗狗天生就食量小，無法攝取充份的營養。這時，不妨試試不會對腸胃造成負擔、又能確實消化吸收營養的食譜吧！

(→參考P60「食慾不振」的食譜)

Q 狗狗只吃料，飼料剩一堆，該怎麼辦？

A 要充份攪拌後再餵食。

如果狗狗只品嚐美味的食材，卻不吃飼料，只要將它們充份攪拌就可解決問題了！如果充分攪拌後，愛犬還是堅持只吃食材而不吃飼料，那麼隔餐後就必須把食物收掉。

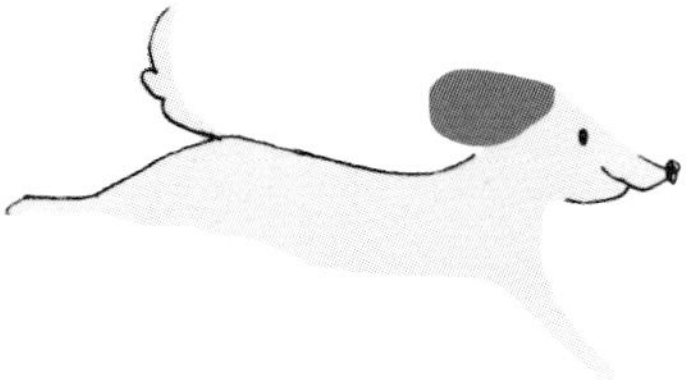

Q 雞肉、牛肉和魚肉，哪種比較優？

A 觀察食材各自的特性，選擇適合愛犬的食物。

富含蛋白質的肉類或魚類，依據它們各自的營養成分，效果也各不相同。就算都是雞肉，也會因為部位的不同，營養成分各異。例如：雞胸的脂肪量最低，雞肝的維生素Ａ及鐵質最豐富。請依照食材特性，選擇適合愛犬的種類。

Q 讓狗狗吃蓋飯，會引起腹瀉嗎？

A 有些狗狗腸胃較弱，會對初次接觸的食材過敏。

有的狗狗會對從未接觸過的食材產生過度反應，甚至引發腹瀉。為了讓愛犬順利消化從未體驗過的食材，飼主就得在調理方法上多下點工夫。請一邊觀察牠們的進食狀況，一邊慢慢餵食吧！

Q 水果適合拿來當食材嗎？會不會太甜？

A 水果富含維生素及礦物質，非常推薦。

水果因為甜度高，常被認為是容易引起狗狗慢性病的食物，但其實水果的熱量不高，不會造成身體的負擔。此外，水果不僅富含維生素及礦物質，有些更具有利尿作用，建議各位不妨好好活用。

※水果乾的熱量很高，如果拿來取代新鮮水果，必須特別注意。

Q 如果做成湯品，水分會不會攝取過量？

A 可提升適口性，輕鬆補充水分。

只食用乾飼料的狗狗，非常容易有水分攝取不足的問題。蓋飯做成湯品料理，不僅能提升適口性、輕鬆補充水份，還能攝取到溶入湯頭裡的養份，所以非常推薦。

Q 我知道狗不能吃雞骨頭，但其他骨頭呢？

A 可以餵食，但必須先切碎。

加熱過的雞骨尖端銳利，容易傷害狗狗的內臟，所以不建議餵食。至於牛骨或羊骨，雖然基本上沒有問題，但為了避免不必要的風險，還是不建議餵食，如果真的要給狗狗吃，不妨事先切碎處理。

Q 可以像平常一樣給狗狗吃點心嗎？

A 如果要餵食點心，就要減少正餐的分量。

給狗狗吃蓋飯，就和只吃飼料一樣，如果想另外給予點心，就要從正餐中扣除與點心卡路里相當的量。為了不讓狗狗每天攝取的熱量過高，飼主必須仔細思考後再餵食。

Q 聽說狗狗不用吃蔬菜，是真的嗎？

A 雖然眾說紛紜，但還是建議適量攝取蔬菜。

與其說狗狗是肉食性動物，不如說牠們是雜食性動物。和肉類相比，狗狗較不擅長消化蔬菜，因此也有的人說牠們並不需要吃蔬菜。不過，蔬菜富含膳食纖維，其中的維生素及礦物質更是對狗狗的健康有益，不妨適量攝取。

Q 可以讓我家狗狗吃生魚片嗎？

A 如果食材夠新鮮，生吃就沒有問題。

從衛生層面來考量，不管肉類或魚類，只要新鮮到連人類也可以「生吃」，就可以拿來餵食狗狗。然而，狗狗吃到不新鮮的魚類，容易引起組織胺中毒，所以如果對新鮮度沒有十足的把握，最好還是加熱處理。

Q 狗飼料要常常更換嗎？

A 不要只讓狗狗攝取單一蛋白質，可以多方嘗試。

最好定期更換，不要長時間只持續攝取同一種蛋白質。雖然最近的狗飼料大多都能確實攝取均衡的營養，但多方攝取各種不同的食材也很重要喔！

Q 大型犬與小型犬，除了餵食量不同以外，還必須注意什麼？

A 除了飲食外，還必須配合適當的運動。

大型犬與小型犬除了體型有別之外，基本上並沒有什麼特別的不同。不過大型犬普遍喜歡運動，不妨積極攝取能幫助肌肉強化的營養素。總而言之，重點不在體型的大小，而是要依照狗狗的類別及生活習慣來思考。

Q 狗蓋飯必須另外添加油脂嗎？

A 已經很足夠了，但仍可視情況添加。

作為基底的狗飼料，其實已經含有足夠的油份了，因此不需再添加。不過優良的油脂不僅對狗狗的皮膚好，也有抗氧化的作用，適時添加也是不錯的。多多運用優質油品及好的脂肪酸吧！

Q 狗蓋飯適合再添加「營養食品」嗎？

A 可以，但必須適量。

可以給狗狗吃保健食品，像是對關節有益的軟骨素等。不過在餵食時，必須留意是否會過度攝取「脂溶性維生素」，如維生素A、D、E、K等。必要時請尋求專家建議，適度餵食適合愛犬的保健食品吧！

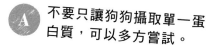

Q 讓狗狗吃鮮食是不是比較好？

A 端看飼主重視「安全性」，還是「便利性」。

鮮食料理可以掌握飲食成分，多了一份安心感，但反過來說也比較費時。所以我推薦以狗飼料為基礎，再另外添加食材來補充個別營養的狗蓋飯。不過，到底哪一種好，還是端看飼主的個人考量。

Q 什麼樣的飲食方式最適合狗狗？

A 每隻狗狗都不一樣。不妨觀察愛犬的狀況，再適時調整。

每隻狗狗因為健康、個性及喜歡的食物不同，適合的飲食也都不一樣。只要把握「是否確實攝取營養？」、「是否活力充沛？」這兩大觀察重點，就能找到最適合家中毛小孩的飲食方式囉！

Q 有沒有適合外出旅行的狗蓋飯？

A 建議自製香鬆粉，容易保存又方便攜帶。

如果外出旅行時也想替狗狗做蓋飯，不妨考慮簡單方便、保存性又極佳的自製香鬆粉。只要事先將小魚乾及乾海帶等搗碎就完成了。下次外出旅行時，不妨試試看！

Q 讓狗狗吃蓋飯，就得一直持續下去？

A 隨時可以開始，也隨時都可以結束。

就算中途停止，又重新開始也無妨。沒有必須持續下去的制約，是蓋飯料理的一大好處。思考愛犬需要什麼、適合什麼的其實才是最重要的。不要把它想得太難，輕輕鬆鬆地開始吧！

生活樹系列008

狗狗愛吃的美味蓋飯

愛犬のためのかんたんトッピングごはん

監　　修	小林豐和
譯　　者	林芳兒
總 編 輯	吳翠萍
主　　編	陳鳳如
責任編輯	王琦柔
封面設計	張天薪
內文排版	菩薩蠻數位文化有限公司
日本原書團隊	設計 棟保雅子／攝影 柴田愛子／料理 小菅貴子／料理助理 三科惠美／插畫 YANOHIROKO／編輯協助 藤木里美（Office Tarutara）／編輯 吉良亞希子（Studio Porto）、平井典枝（文化出版局）

出版發行	采實出版集團
總 經 理	鄭明禮
業務部長	張純鐘
企劃經理	簡怡芳
專案經理	賴思蘋
主辦會計	馬美峯
法律顧問	第一國際法律事務所　余淑杏律師
電子信箱	acme@acmebook.com.tw
采實官網	http://www.acmestore.com.tw/
采實文化粉絲團	http://www.facebook.com/acmebook

I S B N	978-986-5683-09-2
定　　價	280元
初版一刷	2014年6月1日
劃撥帳號	50148859
劃撥戶名	采實文化事業有限公司 100台北市中正區南昌路二段81號8樓 電話：（02）2397-7908 傳真：（02）2397-7997

國家圖書館出版品預行編目資料

狗狗愛吃的美味蓋飯 / 小林豐和監修；林芳兒譯.
-- 初版.-- 臺北市：采實文化, 2014.06
面；　公分. --（生活樹系列；8）
ISBN　978-986-5683-09-2（平裝）

1.犬　2.寵物飼養　3.食譜

437.354　　　103008780

采實出版集團
ACME PUBLISHING GROUP

廣	告	回	信
台北郵局登記證			
台北廣字第03720號			
免	貼	郵	票

采實文化 ACME PUBLISHING 采實文化事業有限公司

100台北市中正區南昌路二段81號8樓

采實文化讀者服務部　收

讀者服務專線：（02）2397-7908

快速5分鐘

狗狗愛吃の美味蓋飯

愛犬のためのかんたんトッピングごはん

日本知名動物醫院院長 **小林豐和** ◎ 監修 林芳兒 ◎ 譯

系列專用回函

系列：生活樹008
書名：狗狗愛吃的美味蓋飯

讀者資料（本資料只供出版社內部建檔及寄送必要書訊使用）：

1. 姓名：
2. 性別：☐男　☐女
3. 出生年月日：民國　　年　　月　　日（年齡：　　歲）
4. 教育程度：☐大學以上　☐大學　☐專科　☐高中（職）　☐國中　☐國小以下（含國小）
5. 聯絡地址：
6. 聯絡電話：
7. 電子郵件信箱：
8. 是否願意收到出版物相關資料：☐願意　☐不願意

購書資訊：

1. 您在哪裡購買本書？☐金石堂（含金石堂網路書店）　☐誠品　☐何嘉仁　☐博客來
   ☐墊腳石　☐其他：＿＿＿＿＿＿＿＿（請寫書店名稱）
2. 購買本書日期是？＿＿年＿＿月＿＿日
3. 您從哪裡得到這本書的相關訊息？☐報紙廣告　☐雜誌　☐電視　☐廣播　☐親朋好友告知
   ☐逛書店看到　☐別人送的　☐網路上看到
4. 什麼原因讓你購買本書？☐對主題感興趣　☐被書名吸引才買的　☐封面吸引人
   ☐內容好，想買回去試看看　☐其他：＿＿＿＿＿＿＿＿（請寫原因）
5. 看過書以後，您覺得本書的內容：☐很好　☐普通　☐差強人意　☐應再加強　☐不夠充實
6. 對這本書的整體包裝設計，您覺得：☐都很好　☐封面吸引人，但內頁編排有待加強
   ☐封面不夠吸引人，內頁編排很棒　☐封面和內頁編排都有待加強　☐封面和內頁編排都很差

寫下您對本書及出版社的建議：

1. 您最喜歡本書的特點：☐插圖可愛　☐實用簡單　☐包裝設計　☐內容充實
2. 您最喜歡本書中的哪一個章節？原因是？

3. 本書帶給您什麼不同的觀念和幫助？

4. 您希望我們出版哪一類型的寵物相關書籍？

Raising My Rainbow

Adventures in Raising a Fabulous, Gender Creative Son

家有彩虹男孩

探索性別認同的路上 母子同行

作者 洛莉・杜隆 Lori Duron
譯者 洪慈敏

為保護隱私，本書許多人名為化名。

獻給麥特

也獻給 C.M.、C.J. 和 M.L.

目次

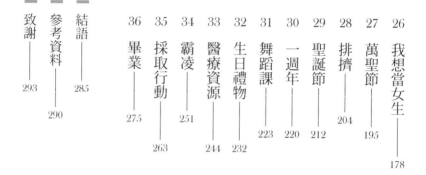

序言

大衛・伯卡（David Burtka）與尼爾・派翠克・哈里斯（Neil Patrick Harris）

第一次知道《家有彩虹男孩》，是因為我們跟幾個朋友在聊我家雙胞胎和他們的成長。新手父母總是在聊這個話題。這些討論大部分都圍繞在重述家中學步幼兒做的傻事，炫耀孩子最近的手指畫大作（就算跟上次畫得差不多，我們還是忍不住感到驕傲），或是如果我們運氣夠好，還能分享最近找到的摺疊嬰兒車的新方法，保證能夠空出更多後車廂的空間，來放兩個尿布袋；為什麼嬰兒車都這麼大啊？

不過，事實上，我們是在從這些看似輕鬆的對話裡，搜索任何我們可能錯過的專門育兒知識。我們用這種方式來舒緩無時無刻都存在的恐懼，因為我們深怕忽略了什麼育兒不可不知的資訊，即使已經讀過一大堆育兒書，半夜兩點還在網路上搜尋某些產品因重大瑕疵而要求客戶退回的消息，纏著我們的父母分享「過來人的經驗」，孩子稍微抽個鼻子就跑去尋求醫師的建議。跟許多家長一樣，我們什麼事情都想要知道答案。

於是，我們開始閱讀「家有彩虹男孩」部落格上的文章。起初只是出於好奇，畢竟我們的一雙兒女都沒有顯現出想要突破性別界線的跡象，而且實際的情況恰好相反。哈潑（Harper）喜歡穿洋裝和換髮型，吉迪恩（Gideon）總想要拆解所有東西，來一探究竟裡頭運作的原理。我們的孩子對這一切都感到很自在，而我們也是，除了吉迪恩的車都沒有輪子這一點。所以，我們決定接受客廳變成迷你自動修車廠這件事，繼續過生活。

不過，我們仍持續閱讀這個部落格（之後也讀了這本書，保證你一翻開就會停不下來）。希杰（C.J.）的故事深刻地打動我們。據我們所知，《家有彩虹男孩》是第一本由養育性別不一致（gender nonconforming）孩子的家長所出版的書。我們被這個男孩和他的父母所遭遇到的挑戰深深吸引，和我們面臨的挑戰大不相同。我們十分敬佩他們勇闖未知的領域，也猜想這或許是小希杰的勇氣帶給父母的力量。畢竟，孩子天生就擁有強大又美好的特質，他們玩樂和創意的天性渾然天成又無拘無束，我們每天都從自己的孩子身上見證到這一點。不過，要如何在孩子的天性以及引導、保護他們之間找到最佳平衡點，需要耗費許多心思，而這正是我們身為家長的職責。希杰的家庭選擇了如此大膽的平衡，令我們深深著迷，也能夠感同身受他們的憂慮，因為無人知曉這樣的育兒選擇會帶來什麼樣的結果。

可是，雖然愛上這個家庭，並讚嘆他們多麼重視溝通和信任，我們的寶寶雷達還是響個不停，不願放過任何可能錯過的知識……我們究竟能從中得到什麼啟示？

接著我們懂了。儘管這本書的故事非常獨特，但我們在其中發現了所有家庭共有的特點。我們都希望給孩子最好的。我們都竭盡所能為孩子做出對的決定，而且通常是在面臨很多難以預測的未知情況下。我們不一定會認同彼此的選擇，但最終都有一個共同點：我們願意付出任何代價，不計一切也要看到孩子們健康快樂的成長。

對所有家長來說，育兒都是一項令人畏懼的任務。無論我們的小寶貝為我們帶來多大的挑戰，家長的角色絕對是我們人生中所肩負最艱鉅的責任，但很高興這一路上我們並不孤單。

謝謝你，希杰。

1 家有彩虹男孩

我的五歲兒子希杰準備好要去上學了。他穿著他最愛的粉白相間條紋 polo 衫和卡其短褲。他刷好牙，也梳好一頭紅褐短髮。他站在我臥室的全身鏡前，等我穿好上班的衣服，他覺得這樣可以更親近我。當我梳著我的棕髮，旁分，然後紮到後面綁成低馬尾，他也假裝在為他想像中的金色長髮編辮子，最後綁上蝴蝶結。當我扣上銀圈耳環並拴緊，他假裝跟我做出一樣的動作。當我拉上洋裝背後的拉鍊，他也旋開了想像中的口紅。當我穿上我的黑色高跟鞋，他用手扶正想像中的頭冠。我噴了一點香水在身上，他來到我身邊，挺起胸膛，我假裝對著他噴了一兩下。我拿起電腦包，他拿起精靈高中[1]的午餐盒，我們一起走向門外——他去幼稚園而我去上班。

1　編註：《精靈高中》（*Monster High*）是一部美國系列動畫，主角都是做時尚打扮的精靈女孩。

我們道別時，我告訴他：「不管怎樣我都愛你。」這完全是事實，沒有條件也沒有例外。不管怎樣我都愛他。

幾個小時後，我把面露微笑的兒子載上車。在回家的路上，他從他的文件夾中抽出幾張紙來給我看。他舉起一張他練習寫字母「B」的作業單，上頭寫著「B是Bear（熊）的B」。希杰把他的熊塗成粉紅色和紫色，加上金色長髮、圈圈耳環、紅色口紅和修長的粉紅色指甲。

「媽咪，妳看，熊熊的指甲跟我的指甲一模一樣！」他興奮不已地高聲說，雙腳亂踢。他的小腳垂在安全座椅之外，薄荷綠的網球鞋上緣露出粉紅圓點的米妮襪子。

「真的耶，」我在等紅綠燈時，轉頭對著我的特別男孩微笑說。他把自己的指甲擺在熊的指甲旁，好讓我比較和欣賞，那亮晶晶的粉紅色指甲在太陽底下閃閃發光。

「我選了特別的顏色。老師說可以把熊熊塗成任何我們想要的顏色，我還有先問過。我不想塗成真熊的棕色，棕色好無聊，」他說。後來我才知道其他孩子都把他們的熊塗成傳統的顏色，像是白色、棕色和黑色。我兒子一向不喜歡和傳統、「無聊」為伍。

回到家後，希杰衝上樓到他的精靈高中主題臥室，脫下校服，換上粉紅色凱蒂貓裙子和白色蕾絲背心。每天我都幾乎可以聽見和感覺到他脫下「校服」、換上「盛裝」時的那一聲嘆息。彷彿一整天下來，他從這一刻開始才感到自在。他扣上粉紅色水鑽蝴蝶耳環，抱著芭比娃娃飛奔下樓時，我從裙底瞥見他的超人四角褲。

在我煮晚餐之際，他自己拿了一張新的白紙，畫出一個女孩的模樣。她有著紅色長髮，愛心型的飽滿粉唇，穿著藍色洋裝、彩虹褲襪和紅鞋，戴著紫色頭冠，有著綠褐色眼睛，女孩子氣的鼻樑上點綴著雀斑。我不必問就知道畫中的女孩是我兒子。我從每個地方都看得出來。

希杰是性別不一致者、性別創意者（gender creative）、流性人（gender fluid）、性別獨立者（gender independent）、性別多樣者（gender variant），有性別認同障礙（gender identity disorder），或者你想怎麼叫都行。我兒子的人生有超過一半的時間沒有符合傳統的性別規範。如同希杰所解釋的，他是「喜歡女生的東西而且希望被當成女生的男生。」

我的大兒子查斯（Chase）練完腰旗橄欖球（flag football）回到家，躍過門，把背包丟在廚房地板中央，走到冰箱想找點心吃。我告訴他晚餐快做好了，不要再吃點心，然後親了親他的頭頂。他滿身是汗，聞起來就像是小學和橄欖球練習的味道——混合了操場、午餐、HB鉛筆、皮革和溼草的氣味。

查斯一直都非常男孩子氣。他在這方面和他爸爸很像。我和我丈夫麥特從高中就開始交往，至今已經在一起超過十八年。他是愛爾蘭人，總是繃著一張臉，但他硬漢的外表底下藏著一副好心腸。他擁有漂亮的草莓色金髮、淡藍色眼珠和寬闊強壯的肩膀。他是個男子漢，擁有一輛摩托車、特大號卡車、老爺車、撞球檯、飛鏢靶和桶裝啤酒冷卻機。

當我和麥特有了第二個兒子，我們以為同樣的事情會再次發生，當查斯結束某個階段，希杰會接著進入那個階段，我們又會經過一次循環。但我們想的都錯了。

我們以為兩個兒子的興趣會有點不一樣。一個可能比較喜歡棒球，另一個偏好足球。一個可能喜歡樂高，另一個偏好風火輪小汽車（Hot Wheels）。我們預料他們對於「男生東西」的品味會稍微不同，但沒預料到其中一個兒子可能喜歡「女生玩具」、「女生衣服」，而且大部分時間都跟女生玩在一起。我們萬萬沒想到我們的兒子有一顆女孩心。

在性別光譜上，從最左邊的超級陽剛、男性化到最右邊的超級陰柔、女性化，希杰在中間遊走；他既不是全粉紅，亦非全藍。他是一團混亂或是一道彩虹，端視你怎麼看。我和麥特決定視之為彩虹，而非混亂，但並非一開始就這麼做。

起初，我們看到兒子玩女生玩具或穿女生衣服會胸口一緊、喉頭一哽，有時還想把他藏起來。我們曾經生氣、焦慮和害怕。但隨著小兒子發展成一個迷人、活躍的性別創意者，身為父母的我們也進化了。有時我想起希杰剛開始出現性別不一致的跡象時我們所做出的反應，總會感到羞愧和丟臉。

2 芭比娃娃

那感覺就像看著某個人活過來，看著一朵花盛開，看著一道彩虹劃過天空。那一天，希杰發現了芭比娃娃，當時他兩歲半。

在晚秋的一個下午，我打掃時從衣櫃深處翻出一盒芭比娃娃，把她丟在我的床上。

「那是什麼?!」

希杰的驚叫聲讓我搖晃著差點從梯子上跌下來。

「這是芭比娃娃，」我邊說邊重新恢復平衡。

這一個芭比娃娃非常漂亮。她是美泰兒公司（Mattel）五十週年的泳衣芭比，是一九五九年款的現代復刻版，穿著兩件式的黑白條紋比基尼，用芭比的招牌粉紅色做為點綴，戴著粉紅圈圈耳環，長長的金髮綁成馬尾，還拿著一支粉紅色的手機。

「我想打開她！」希杰說。

他抓著盒子不斷跳上跳下、跳上跳下、跳上跳下。我很肯定芭比娃娃都被他晃得腦震盪了。我遲疑了一下，因為我被我母親訓練得很好：可以忍住就不要打開芭比娃娃的盒子。我有點不開心，我猜我打開盒子把芭比娃娃拿出來後，我兒子應該玩個幾秒就會跑去玩別的閃亮玩具，把這塊沒了價值的塑膠留給我。可是他的臉，他那興奮的可愛小臉讓我無法拒絕。我們一起打開了她。

就在那一刻，我們的生活迎來意想不到的徹底轉變。現在，我們的家族歷史有了「芭比前」和「芭比後」的分野。千萬別小看一個十一點五吋[2]高的女人的力量。

當然，在那個當下，我沒有發現我們的生活起了變化。我沒想到希杰或自己做的事會帶來這麼深遠的影響。我以為希杰玩芭比玩個一、兩天就會膩了——畢竟他在短短的人生中還有這麼多其他的玩具。可是我錯了；從那天起，芭比娃娃成了他人生中不變的玩伴。噢，我兒子並非一時興起，他從一開始就無比死忠。希杰找到了生命的熱情——當時他甚至還不到三歲。

麥特從警局下班回到家，看到小兒子手上緊握著波霸金髮芭比。他對我使了一個眼神表示：「這到底是怎麼回事？」我也瞥他一眼作為回應：「冷靜點，我們待會再談。」麥特換下制服，來到客廳地板上跟希杰坐在一起。希杰盤著腿，使盡吃奶的力氣想要把衣服重新穿回赤裸的芭比娃娃身上。

「小子，你在玩什麼啊？」麥特問希杰。

希杰抬起頭，臉上掛著大大的笑容，興奮又鉅細靡遺地描述這尊芭比娃娃給爸爸聽。在廚房水槽邊的我露出微笑。

那天稍晚，希杰和查斯都睡著之後，麥特向我透露他看到兒子玩娃娃時心裡很不安。他沒有姊妹，家裡從來沒有出現過芭比娃娃，他也不記得曾經碰觸過任何一個。他覺得這樣不對勁，雖然好像也沒有那麼不對勁。畢竟希杰只是個孩子，而芭比娃娃只是個玩具。

之後我們在深夜的臥房裡有過無數次私密談話，而這是第一次，我們試圖找出最好的方法來教養一個有時候顯然比較像女生的男孩。

「我哥哥也玩芭比娃娃，」我試圖說服麥特，同時也提醒自己，試著壓下那股說不上來的不安情緒。「他後來還不是好好的。」

麥特使了一個眼神，延續我剛才的句子：「好好的男同志。」希杰對芭比娃娃的熱愛不免讓我想起我哥哥麥可。

---

2 編註：約二十九公分，為一般芭比娃娃的尺寸。

我和我哥哥小時候很愛玩芭比娃娃。我們認識的其他孩子都在練空手道、打棒球、彈鋼琴和跳舞，但我們只熱衷玩芭比，一向如此。我以為所有兄弟姊妹都是如此，一直到長大後才發現我家對於「正常」的定義和其他家庭不同。

一到週末，我和麥可會把起居室的整個地板變成芭比娃娃的夢幻世界。有一個試衣間和一個造型區，用來搭配飾品、設計妝髮。我們用迷你傢俱擺出帶有牧場風格的寬敞四房單層住宅，因為我們買不起「夢幻屋」（Dream House）或甚至「馬里布海濱別墅」（Malibu Beach House）。我們告訴自己，反正我們蓋得比較好，因為它量身訂做，面積比較大，還有後院可以放棕色塑膠馬。

有時候我們會蓋出一間購物中心，所有的芭比、肯尼、巧比和蜜琪[3]會一起去血拚，在美食街吃東西，幾個身體殘缺的一次性芭比娃娃（像是髮型剪壞、斷手斷腳或年久失修）會幫他們點餐，並從連鎖熱狗店把午餐送過去。

我打了通電話給我哥哥。

「你猜猜看希杰在我整理衣櫃時發現了什麼？」我問。

「妳的按摩棒？」

「不是啦，白痴喔，他發現我的一個芭比娃娃。」

「妳還有芭比?!我去找妳的時候，妳怎麼都沒拿出來？」他心痛地表示，講得好像我這三十幾年來每天都從早到晚玩芭比，然後他一來就把她們全藏起來。

「不過就是媽媽給我的一個五十週年芭比，」我說，試著把重點拉回來。

「為什麼我沒有?從我們小時候就是這樣，妳總是拿到芭比娃娃，我都沒有。我只會拿到足球，我討厭足球。」

「重點跟你無關，是希杰發現了那個芭比，愛死她了，被迷得神魂顛倒。」我解釋說。

「噢，」我哥哥默默地說，「妳覺得這代表什麼？」

「我不知道。」我說，雖然我很清楚我認為這代表什麼：我兩歲半的兒子是同性戀。

3　編註：巧比（Skipper）是芭比的妹妹，蜜琪（Midge）則是芭比最好的朋友。

3 童年記憶

自從希杰發現了芭比娃娃之後，就沒讓她離開過身邊。我在晚上的休息時間會看實境秀，順便趁大家不注意時偷吃巧克力，但在那之前我會巡最後一次房，往往看見希杰一頭紅褐色的頭髮探出被單，身旁有一小撮金髮一樣探出頭來。

後來我們去達吉特百貨公司（Target），接近玩具區時——我每次都快速經過，以免孩子注意到，哀求我買玩具給他們——希杰想要看「芭比娃娃的東西」。我帶他到相應的走道，他站在那裡目瞪口呆，什麼也沒碰，只是把一切盡收眼底。他驚訝到沒有要求買任何東西。最後離開走道，一句話也沒說，彷彿剛剛看見了多麼神奇又壯觀的景象，需要時間來消化。

他在那一天發現了玩具部門的粉紅色走道。我們從沒去過那裡，如果有進去玩具區，倒是經常去藍色走道。對希杰而言，我對他隱藏了大半個世界。

我感覺很糟，好像自己剝奪了他的權利，因為我假設和期待他是男孩子就會喜歡男孩子的東西。我和麥特以前就注意到希杰不怎麼喜歡我們給他的玩具，那些都是之前哥哥玩過的。我們注意到希杰不像查斯一樣喜愛一些正常男孩著迷的玩具：他一點都不在乎球、小汽車、恐龍、超級英雄、扭扭四人組（The Wiggles）、建築師巴布（Bob the Builder）或湯瑪士小火車（Thomas the Tank Engine）。那他喜歡玩什麼呢？我們沒有太急著要找出答案（老二不會像老大那樣凡事都讓父母大驚小怪）；我們相信隨著時間過去，會有東西吸引到他。後來這也真的發生了，只是不如我們所想像。

當小孩長到大約一歲半至兩歲之間，中性的玩具消失，被針對男孩或女孩行銷的玩具所取代。我們到後來才發現，玩具世界的這種分野，家中又僅充斥著男生玩具，都讓希杰在遊戲時間有些無所適從。我們和社會不斷把男性化的物品硬塞給他，把傳統的性別規範強加在他身上，但他只想梳著芭比娃娃的金色長髮，幫她穿衣、脫衣、再穿衣，偶爾摸摸她的胸部尋求安慰，就像有的人會摸摸兔子的腳祈求好運。

我早該知道的，我真的早該知道。我從小就跟一個更喜歡女生玩具和女生東西的男生一起長大。在我仍十分年幼時，不曾去質疑這一點，因為當時我尚未學習到性別的巨大分野；我尚未被刻意塑造出來的觀念腐化，而認為小孩應該根據出生證明上勾選的性別欄位，去選擇玩樂的方式或玩具的種類。等到長大了一些，才意識到原來哥哥耗費這麼多時間玩女生的玩具和做女生會做的事，我認為他只有跟我在一起、為了讓我開心才會這麼做，因為他是全天下最好的哥哥。我猜想是他幫了我，但事實上，我也幫了他。我是他表現女性化衝動的藉口。我那性別不一致的哥哥，處於一個不會去討論性別不一致、更別說接受這種傾向的時空背景。

在我哥哥還小的時候，我母親偶爾會縱容他的女性化喜好，但往往當她認為對兒子好的時候，就會想辦法要讓他符合性別常規。唉，她當時也只是個盡力而為的青少女媽媽。

我母親一直都很淑女。她發誓她小時候是個男人婆，但打死我都不信。從我有記憶以來，她每天早上要花兩個小時準備才能出門。在成長過程中，我們受邀出席任何場合總是遲到，但抵達時她的頭髮一絲不亂，絲襪的裸色恰到好處，服裝毫無皺褶。在我整個童年中，她身上一直都散發著「白色香肩」（White Shoulders）的香水味。

她是我一生見過最有耐心的人，而且樂觀得一蹋糊塗。她不會酸言酸語或插科打諢，這一點很奇怪，因為她的兩個孩子都很會。她天生就認為自己需要討好他人。

她和我父親相遇並結婚後，很多事情改變了。兩人和三歲的麥可開始過著一家三口的生活。我父親開始指出麥可一些不怎麼有男子氣概的行為。他總是會發現的，因為他可是家中五個男丁的大哥。

我父親是個虔誠的重生基督徒和陽剛的墨西哥裔美國人，不怎麼在乎男人的脆弱或女人的勇敢。我一直都知道他深愛我哥哥和我。我哥哥不一定感受得到這份愛，但我父親代替他的親生父親一手撐起這個家，接下這個沒有經過爭取就被放棄的父親角色。他試著幫助我哥成為像他一樣的男人，但這完全不是我哥哥要的，因為他一心只想變得像我媽媽和我。

在麥可眼裡，我是一個他可以放心去愛，又會無條件愛他的人。值得慶幸的是，我沒有辜負他的期望。他曾對我透露，要是我沒出生，他會不知道自己該如何是好。我出生時他已經九歲，活得喘不過氣，好像必須把真正的自我隱藏起來。他覺得很丟臉，因為他是個娘娘腔。

我總是深感幸運自己身為女生，可以做所有我哥哥想做但不能做的事情，只因為他是男生。不過，我也想當一個男人婆，我想要玩我哥哥那些男生玩具、穿他的舊衣服，還想站著尿尿。我想要變得跟他一樣，這對我來說就是一下當男孩、一下當女孩。我會穿著「無敵浩克」上衣玩他的「星際大戰」公仔，然後穿著媽媽的睡衣玩角色扮演，假裝在餵「椰菜娃娃」（Cabbage Patch Kid）母奶。

我從未太過注意我們童年的細節，沒有花什麼時間反覆思索我哥哥的性別表達、最終的性向，以及我父母的教養方式對我們人生的影響，直到希杰拿起那個芭比娃娃。怎麼會這樣呢？我們家怎麼**又一個**男孩想要在各方面變成女孩？這機率有多低？

4 注目

「妳覺得這個階段還會持續多久？」在芭比事件過後幾個星期的一個晚上，麥特這麼問我。當時希杰在他的房間玩芭比娃娃，查斯則在他的房間蓋樂高積木。

「我不知道。查斯從他三歲生日開始迷湯瑪士小火車直到四歲生日，總共是十二個月，」我回答，講得好像我已經想通我兒子玩芭比娃娃這件事，毫無困惑，「我覺得應該不會比這還久；以孩子的標準來看，這樣的長度算是很熱愛了。」

我讓自己忙著去想預測的時間表，但內心深處其實很清楚希杰不會那麼快厭倦芭比娃娃。我不安的腦袋裡有個聲音不斷迴盪：「放輕鬆……這只是一個階段……不代表什麼……會過去的……他才兩歲……只不過是個芭比娃娃。」

我無法釐清我的情緒或想法。看到兒子玩娃娃並在人生中第一次如此迷戀某樣東西，這實在很可愛，但有時候感覺又很不自然，有點突兀，甚至令人沮喪。我一直以為自己十分開明、進步、不會去批判他人，但顯然並非如此，否則腦袋中就不會掠過這些不安感。

我常常自覺有必要去解釋我兒子的行為和偏好，即使沒有人詢問。我需要原因來說得通為什麼他會被任何女性化的事物吸引，為什麼會對布料和頭髮飄動的方式著迷，為什麼他更喜歡跟女性而非男性待在一起。可是我找不到原因。我無法解釋我孩子的行為，這實在是最糟糕的感覺。

有時我看著孩子如此投入地在玩芭比娃娃，也會深深感受到身為媽咪的喜悅，因為他在當下真的是最快樂的。他的臉上會露出最燦爛的笑容，這時他世界裡的一切才是對的。這看來分明如此正確，玩娃娃和他的性別角色怎麼會是錯的呢？

那一年的聖誕節來得很突然。希杰在三個月前發現芭比娃娃，只要有機會他都會選女生的玩具，可是我和麥特不確定下一步該怎麼做。希杰喜歡女生的玩具是因為新鮮感嗎？如果只給他男生的玩具，他會喜歡嗎？我們該怎麼做？鼓勵這種非傳統的行為，還是幫助他順應社會期待的刻板印象？我們試著拿捏分寸。

聖誕節那天早晨，希杰跑下樓到聖誕樹下找他的禮物，他完全壓不住興奮，但很快地變成洩了氣的皮球。他收到幾份中性的拼圖、一些手工藝材料、幾本書、一個藍色的嬰兒車、一身藍衣的嬰兒娃娃，以及一輛給他的芭比娃娃坐的全白汽車。嬰兒車和嬰兒娃娃一般被認為是女生的玩具，但因為是全藍，所以感覺好像給男生也說得過去。至於給芭比娃娃坐的拉風轎車顯然是從玩具部門的女孩專區買來的，但它畢竟還是一輛車，嚴格說來還是男生的玩具。我挑選希杰的禮物時想太多，結果完全沒有打中他的喜好。他對新玩具意興闌珊，隨著就寢時間到來，他散發出來的失望情緒讓我想要撤掉所有聖誕節裝飾，忘記這個假日的一切。我早該買另一個該死的芭比娃娃給他的。

我和麥特在聖誕節當晚帶著糟透的心情上床睡覺，彷彿我們欺騙了孩子。查斯累到睡著，臉上掛著微笑，身旁圍繞著他喜愛的新玩具。希杰如同以往，躺在床上對著他唯一的芭比娃娃童言童語。他全新的玩具被堆在房間角落，無人聞問。

「唉，我們這次真的搞砸了，」麥特說。

「我知道，但好難拿捏。他從來沒真正喜歡過什麼玩具，我們又不知道這是不是只是一個階段。我的意思是，現在有什麼東西比得上那第一個芭比娃娃嗎？」我說。

我們陷入一陣靜默。

「我們都買女生的玩具給他了！」我辯解著。

麥特盯著我看。

「算是啦，」我說。

「稱不上是，」他說，「明年我們別再這麼做了。」

我點點頭表示贊同。希望明年就能搞清楚兒子的心思。現在我回頭看，才知道需要搞清楚的不是兒子的心思——而是我們自己的感受。

由於那第一個芭比娃娃是希杰第一次擁有的女生玩具，也是希杰唯一會玩的玩具，她變得慘不忍睹。她和希杰一起睡覺、吃飯、洗澡，躺在濕濕的廁所洗手台上跟希杰一起刷牙，多次因為希杰不小心鬆手而摔落樓梯。她的頭髮被編成辮子、解開、再編成辮子，好幾次嚴重打結，還曾經不幸沾到花生果醬三明治。她綁過馬尾、雙馬尾，以及看起來像兔尾的造型。她的短褲不見了，也無法打電話叫人送新的來，因為她的手機也丟了。

到了一月，距離希杰三歲生日僅剩一個月，該訓練他自己上廁所了。在我們家，我們使用業界標準方法讓小朋友去便盆而非用尿布上小號和大號——賄賂。如果他能在廁所便便，我們就會帶他到百貨公司，讓他挑任何他想要的玩具。

「女生的玩具也可以嗎?!」他問。

女生的玩具也可以。

不消幾小時，我們就聽到了世界上最美妙的聲音之一。某個沉甸甸的東西落入馬桶水中。希杰在便盆裡大號了。查斯是第一個歡呼的人，他一直坐在廁所裡的梯凳上陪希杰，試著訓練弟弟坐馬桶。查斯會讀書給希杰聽，他們會唱歌和講笑話給對方聽。看他們這樣很可愛，而且兄弟倆一直有事做，你可以想像我有多輕鬆。

我幫希杰擦完屁股後便帶兩個孩子出門。一進到達吉特百貨公司，他們就全速衝刺到玩具區的粉紅色走道。我過去時，希杰手裡已經拿著一盒迪士尼《美女與野獸》的貝兒。她被做成芭比娃娃的尺寸，穿著華麗的金色禮服，戴著一條有著玫瑰墜飾的項鍊。希杰一按玫瑰，貝兒就會唱歌。他露出微笑。我馬上拍下他舉起盒子笑開懷、彷彿上台領獎的照片。他剛大完便，開心地站在大賣場的粉紅色走道前，拿著他顯然想要了很久的娃娃。我們沉浸在慶祝模式，我毫不在乎被人看見。

我傳了簡訊給正在上班的麥特，附上希杰的屎照和他在百貨公司拿著貝兒的照片。

「**幹得好，小子！**」麥特回覆，讓我讀給希杰聽。

我把希杰和貝兒的照片上傳到臉書（這大概會是希杰擁有最接近寶寶日記的東西），加上說明文字：「希杰第一次在便盆大便，可以挑選任何他想要的玩具。」身為媽媽的我很驕傲。

「真的假的？他想要一個娃娃？」一名男性臉友馬上在下方留言。

是的。哼，這位臉友的問題很惱人，但我不會讓它影響我。今天是勝利之日；我晚一點再刪他好友。

希杰一臉得意地帶著貝兒走到結帳櫃檯，輕輕地把她放在輸送帶上。她慢慢地在他的注視下滑到收銀員手邊。

「我弟弟在便盆大便了，所以他可以得到一個玩具，」查斯環抱希杰，驕傲地宣布。

「這麼棒！」收銀員說。

「我今天也有在便盆大便，但沒有玩具可以拿，」查斯看著我說。

希杰的女生玩具在有了貝兒之後數量加倍。不久後，他就會在玩具堆中加入「草莓樂園」（Strawberry Shortcake）、「糖果精靈」（Zoobles）、「小小寵物店」（Littlest Pet Shop）和「扭蛋機」（Squinkies），這全都要感謝我的母親，孩子們都叫她「奶奶」。

我們也叫她「購物袋奶奶」，因為她總是背著 T.J.Maxx 商場的特大號皮包，裝滿糖果、玩具、擁抱和荒唐的理論，並隨手從裡面拿出任何東西來發送。

在她的世界裡，沒有什麼比查斯和希杰更重要了。她給予他們超過無條件的愛，想都不想就會實現他們的願望。毫無意外，這成了我們母女之間最大的衝突。

我和丈夫請她不要在沒有經過我們同意的情況下買女生的東西給希杰。我們正試著釐清兒子出了什麼問題，以及我們自己的感受。我們認為如果他沒有女生的東西，或許就不會去喜歡女生的東西。可是奶奶還是買給他。

「妳為什麼不聽我們的？」有一天我去母親家接希杰時這麼問她，因為他在玩她買給他的新口袋芭比（Polly Pocket）娃娃。

「我無法拒絕他。他真的很想要那個娃娃，妳應該看看他當時的小臉，」她說。

我靜靜坐著，腦中亂哄哄的，理不出個頭緒。感覺就像腦袋裡的螢幕出現雜訊，伴隨著白噪音，而且我不能轉台或讓訊號變好。

「妳到底在怕什麼？」我母親默默地問我，這種問題只有母親問得出口。

我自然而然地落淚了。終於，答案以高畫質顯現。

「我怕他被取笑，我們被取笑。我擔心別人會怎麼想、怎麼說。」

我說出口了。這是我直覺的回答，過去四個月不知為何都埋藏在心底，直到那一刻。能夠明確指出我的感受和擔憂並且說出來，著實讓我鬆了一口氣，但也讓我氣炸了，因為我從來就不是會去在乎他人眼光的人。我找出了養育希杰這樣的孩子最大的恐懼，但我尚未準備好克服恐懼和放手。我後來經過了好幾個月的時間才學會這麼做。

一開始，我們訂下了規則和折衷方案，我現在羞愧到不想承認。所有女生玩具都必須放在家裡；不可以帶出門，我們哄他說是怕弄丟，而芭比娃娃是我們的小祕密。到了最後女生玩具還是被准許帶出門，但必須留在車子裡，因為我們「不想讓它們不見或變髒。」另外，在某些我和麥特覺得放心的地方，可以拿出來玩。雜貨店沒問題，因為每個人都在忙自己的事。查斯的學校不行，因為查斯可能會因為弟弟的玩具喜好被取笑。希杰被我們的教養策略和出門前要考慮的所有規定搞得一頭霧水。他沒辦法一一遵守，我們自己也是。他開始質疑我們、想要說服我們，並且趁我們不注意時偷偷把「女生的東西」帶到外面。整個生活都耗在累人、過度警戒的討價還價。

5 生日派對

雖然我們設下了界線，但希杰對所有粉色、紫色、閃亮和花邊物品的喜愛沒有極限。我意識到這個窘境非同小可，因為不只希杰可以對迪士尼公主和所屬電影如數家珍，連麥特和查斯也倒背如流。希杰對迪士尼公主熱愛到他三歲生日終於到來時，他要求辦一場迪士尼公主的主題派對。

我們住在保守又競爭的加州橘郡，在這裡，三歲生日是一切開始失控的起點。差不多在這個時候，學前班的同學和家長就會開始互相較勁。在橘郡，特別是我們住的最南端，你可以在雜貨店或健身房遇到貴婦，大家無時無刻都想領先一步、略勝一籌。幫孩子辦生日派對是不得了的事。有專為八到十二歲左右的孩子提供服務的移動式沙龍，還有把每一種遊戲系統和電動載到你家車道上的移動式電玩卡車，讓來參加派對的小朋友可以在有冷氣的半拖車裡開打。我們去過應有盡有的兒童派對，離開時拿走的回禮比我們帶去的禮物還貴。（如果有人對我們比對派對主人的意見還要多，我可以理解。）有個不成文的規定是必須邀請所有同學，因為你不想傷害任何人的情感。每個同學至少都會有一名家長陪伴，有時候還會多帶一兩個兄弟姊妹，讓聚會的活力更加失控。

希杰去過很多次這樣的誇張派對，所以有樣學樣，想要愈多人來參加愈好，家中和他的蛋糕都要用迪士尼公主裝飾，沒有轉圜餘地。

我心想，這是第一次，但絕對不是最後一次：「太好了，我兒子要被人拿去當作同性戀笑話的笑點了。」

我擔心來參加派對的人會拍下壽星男孩在吹迪士尼公主生日蛋糕上閃亮粉紅蠟燭的照片，上傳到臉書，並附加一些輕微恐同又無禮的說明文字，然後那個人的臉友會互相鬥智，寫下對ＬＧＢＴＱ族群[4]不友善的挖苦留言。顯然我很會腦力激盪出最壞的情況。

大日子終於到來，唱生日快樂歌的時刻也接近了。親友都聚集在戶外泳池旁的桌邊。學前班的同學和他們的家長也在，他們對我們來說全都是陌生人。

購物袋奶奶從廚房走出來，第一個接近人群。她驕傲地端著一盤自製杯子蛋糕，顏色是

4　編註：ＬＧＢＴＱ泛指女同性戀者、男同性戀者、雙性戀者、跨性別者和酷兒等性少數族群。

中性的黃色，並灑上彩虹糖粒做為完美點綴。她穿著藍色的連身長裙，就像灰姑娘的神仙教母。

我在她身後端著希杰的超大杯子蛋糕，上面裝飾了小美人魚、貝兒、睡美人、灰姑娘、白雪公主的圖樣，連茉莉公主都有。

購物袋奶奶將杯子蛋糕擺在桌子中央。所有目光都在我們身上。

在每一雙眼睛的注視下，我將灑了粉色糖粒的巨大粉紅公主杯子蛋糕放在希杰面前，他興奮地拍手，很滿意他的蛋糕。他露出大大的笑容和深深的酒窩。這是他夢寐以求的蛋糕。

所有人的表情一變，有的懷疑、有的困惑、有的假笑。沒有人說什麼。大家都在用智慧型手機捕捉這一刻，比平常都還要積極——或至少我感覺如此——好像每個參加派對的人都想要壽星男孩跟公主蛋糕的合照。我把頭抬得高高的，繼續進行派對，彷彿一切再正常不過，因為對我們來說，這確實日漸成為常態。

這就像是一場全家人的出櫃派對，我們彷彿在對每個參加者說：「這是我們的兒子，他三歲，喜歡女生的東西。如果你看不慣，可以拿著回禮離開。」我們心亂如麻，但盡量提醒自己今天的主角是希杰，不是我們或其他任何人。派對結束後，我們鬆了一口氣，不曉得會不會有任何餘波，也很害怕星期一在學校看到其他家長。

「希杰一歲生日時我們做了什麼？我想不起來了，」麥特問。我們剛收拾完派對殘局，將房子回復成平常快樂又凌亂的樣子。

「你記得嗎？我去派對城（Party City）買了一大堆『男寶寶周歲生日』裝飾，弄了一個藍色泰迪熊主題，購物袋奶奶做了可愛到不行的小小泰迪熊蛋糕，我還讓整間屋子蓋滿了淡藍色，」我說，腦中浮現希杰滿臉蛋糕、頭上戴著藍色生日帽的畫面，回憶起來忍不住微笑。

「喔，對。希杰應該很討厭那一堆藍色。可憐的小子。」

我的笑容頓時消失。我想要反駁，這種話很刺耳，因為那場派對是我規劃的。我怎麼會知道希杰不喜歡藍色？他那時又還不能表達自我。可是我接著在心裡比較了一下一歲生日派對的藍色泰迪熊主題和三歲生日派對的粉紅迪士尼公主主題，發現麥特說的或許是對的。

6 扮裝

希杰三歲了，他完全是個粉紅狂。其他顏色他都看不進眼裡，除了偶爾青睞一下紫色。這個情況誇張到在他三歲生日後的年度健康檢查，我請他的小兒科醫師檢查他有沒有色盲，因為他在學前班叫不出所有顏色的名稱。可能他看不見藍色，可能他是色盲；或許這可以解釋些什麼，什麼都好。小兒科醫師做了檢查，結果發現希杰辨認顏色沒有任何問題。不過，醫師在他的檔案裡寫下希杰拒絕承認藍色。好幾次我問希杰，為什麼他這麼討厭藍色，要忽視這個顏色，但他給我的回應總是一個聳肩。最後我放棄了，對自己搖搖頭，因為我這個母親竟然因為兒子喜歡粉紅色多過於藍色就要醫生診斷他。

現在是「芭比後」六個月了，兒子玩女生玩具的景象已經不再令人詫異，變得稀鬆平常。有時候對我來說，用芭比娃娃和希杰培養感情，比用湯瑪士小火車和查斯培養感情還要容易，畢竟我和芭比娃娃認識很久了。和希杰玩芭比娃娃就像和麥可一起玩芭比娃娃。跟麥可一樣，希杰會把芭比娃娃的頭髮纏得亂七八糟，我就必須去把它梳順。我幫芭比娃娃選的衣服和做的造型不知道被我哥哥和我兒子責罵過多少次。

我和麥特正在逐步接受事實，不去想太多兒子玩女生玩具的問題。事實上，我們已經可以很自在了，因為我們的兒子是如此快樂。

接著希杰開始扮裝。

那一天我正在摺洗好的衣服。希杰突然拿走我的波浪飾邊橘色小背心，跑出房間到樓上。他總是妨礙我洗衣服，最常撞倒一堆剛摺好的毛巾，然後大笑到倒在地上。我沒有理他偷走背心的行為，直到他像洋裝一樣穿著它，腳踩我的棗紅色高跟鞋走下樓。

他有模有樣、像個淑女般的走進客廳，開心又淘氣地咧嘴笑，危險的眼神映著興奮。他跨越了某條界線。他很清楚這一點，而且喜歡這種感覺。

坐在沙發上的查斯開始不受控制地咯咯笑，就算從沙發跌到地板，抱著抽筋的肚子，抓著差點尿在工作短褲的胯下，還是笑個不停。我微笑並發出幾聲輕笑，因為希杰穿著洋裝和高跟鞋站在我面前，因為查斯用全身在搞笑，也因為我不知道還能做什麼。

希杰就這樣穿了一整天。

「他穿的是什麼衣服？」麥特下班回家後問我。

我真希望可以在麥特看到希杰之前把他那一身衣服脫掉。

「我的背心和高跟鞋。」我回答。

「我看得出來，謝謝。」麥特說。「但他為什麼要這樣穿？」

「不知道，」我老實說。「他喜歡這樣吧。」

我又更輕地笑了一聲，因為我又再次不知道還能做些什麼。

那一天晚上在我們的臥房，有關希杰行為的問題和對話又重新開啟。

這只是一個階段吧？是的。

這不只是一個階段吧？沒錯。

我們接下來該怎麼辦？我不知道。

看他穿得跟女生一樣，你覺得自在嗎？自在也不自在。

他是同性戀嗎？我也想知道。

還會有其他的嗎？希望不會。

我們應該要多擔心？我不知道。

我們是不是反應過度了？大概吧，但也可能不是。

我總是無謂地擔心麥特的想法以及他怎麼去應對，因為他兒子不是典型的男孩，而他自己又是不折不扣的漢子。麥特的憂慮和質疑會不會轉為憤怒、疏離或其他強烈的情緒，讓逃避現實看起來開始變成更容易、更好的選項？他會不會怪我？我應該是被責怪的那個人嗎？我怪過我自己。希杰跟我的哥哥一模一樣，是我把這個基因傳遞下去，他才會變成這個喜歡所有美妙事物的小男孩。

我一直覺得我應該要很堅強，要能夠對希杰的行為和未來的可能性最為從容以對。麥特從來沒有要求我扮演這樣的角色，我會這麼做是因為我認為這是我咎由自取。如果希杰是因為基因才變這樣，那一定是我的錯，那基因來自於我。

一開始我很怕麥特會怪我，我們的婚姻會觸礁。我覺得我應該盡量讓一切看起來沒事。到最後我才發現我給了自己太大的壓力，而沒有給麥特足夠的信賴。希杰是我們的孩子；他可能有特殊的需求和挑戰，但他是我們的兒子，所以這些挑戰和需求也是我們要去克服的。我們的兒子不會是破局的肇因。

希杰拿走我的橘色背心（而且再也沒還我）之後沒過多久，他在奶奶家做烘焙，穿上她的黑白圓點圍裙，到了回家時間卻怎麼樣也不肯脫下來。他穿著它上床睡覺，接下來連續兩個星期只要我們在家就會穿著，搭配我的瑪麗珍紅色漆皮高跟鞋、銀色手鐲，再拿一個計算機當作手機。他說這身裝扮是「要去上班的媽咪。」

他拿了朋友家廚房流理台上印有愛心花樣的擦盤巾，用查斯的一條皮帶綁在腰上。他把睡褲套在頭上，假裝褲管是披下來的長辮子。在我勉強的贊同之下，他開始隨機拿到二手的女生舊衣：我乾女兒的花童洋裝，一名鄰居女孩的奇妙仙子（Tinker Bell）靴子。他的女裝一件一件增加。

希杰在家穿得像女孩子一樣，起初讓我和麥特感到不太自然，但沒有比他開始玩女生玩具那時令人渾身不自在。我不知道為什麼；你會覺得情況應該要相反才對。可能是因為幾個月過去了，我們已經適應這個階段。這是一道滑溜溜的斜坡，我們滑得很慢。雖然我們對自己的判斷有所質疑，還是允許兒子穿女性化的服裝——但只准在家穿。

再一次，我們訂下規則。我們總是通稱他的女裝為「扮裝服」或為某一件衣服取名（例如他的灰色洋裝、牛仔裙、粉紅睡袍），而從來不會稱這些樣式愈來愈齊全的女性化服飾為他的「真正衣服」或「女裝」。對我們來說，它們一直都是用來滿足玩耍、幻想、想像和自由的東西。他想穿就可以穿，不用問。

一開始，我們只准他在安全的家裡穿，因為我們不希望他或查斯被取笑。接著我們發現讓他穿去祖父母家或我們親近的朋友家也沒關係。很快的，他開始穿著印有淡粉紅愛心的深粉紅洋裝以及奇妙仙子靴子，騎著他的滑板車在我們那條街上上下下。但這稱不上是在「公共場所」穿「女裝」。在大部分的時間，希杰對這一點完全沒有問題。他從來沒有得寸進尺，或吵著要穿他的女生衣服去公共場所。

我們不想讓他認為去女童裝部買衣服是一個選項。我們從來沒有踏進時尚零售店的粉紅區。我們沒有那個需求。我不想浪費錢幫他買只能私底下在家裡穿的衣服，也不希望以後去購物都要花更長的時間讓他多看一區。我不想在早上幫他穿衣服時因為他想穿女裝去上學，而和他吵架。從這麼多層面來看，我都不想讓他認為他可以去女童裝區買東西。我知道我這麼做並沒有錯，雖然我沒辦法解釋，但我知道我絕對不想走到那一步：為我兒子或和我兒子一起去買女裝。我讓重要的親朋好友知道我們畫了一條界線，邊緣還架了網子。我們不會越界。我請他們支持並尊重我們的決定。

後來有一天，我去購物袋奶奶家接希杰時，看到他穿著達吉特女童裝區的洋裝。

「它在打折，而且放在女童裝部和男童裝部中間的架子上。他根本沒注意到那是女童裝區的衣服。」她說，而我爸爸站在旁邊搖搖頭，不認同她買洋裝以及希杰穿洋裝的行為。我沒有理他。

我這輩子從來沒有對我母親如此生氣過。我對著她大吼大叫，馬上帶著孩子們開車回家。她為什麼不挺我而要挺希杰？她為什麼不幫我？她難道看不出來我們正苦苦掙扎？她為什麼不尊重我們身為希杰父母的決定？她這是在過度彌補對麥可的虧欠嗎？還是她也從過去的錯誤中學乖了，所以現在她是對的，而我是錯的？

隨著時間過去，我和她的關係修補了，我的情緒也冷靜下來。我依然必須告訴她和提醒她要支持我和麥特身為父母所做出的決定，但等到希杰稍微大了，擔心他被霸凌的隱憂變成了現實，她才比較常和我們站在同一陣線。在查斯因為弟弟的關係被霸凌之後，她似乎真正理解了我們做這些決定的重要性。不過這是一個緩慢的進化過程，有時會帶來痛苦。奶奶很愛孫子，雖然我們必須時時提醒她尊重我們身為父母的決定，而她也盡量支持我們。她接納希杰目前女性化行為和變成同志可能性的程度，比她過去接受麥可來得高；從這方面和許多其他跡象來看，我覺得是一場勝利。我看見我們從過去的錯誤中學習，而非重蹈覆轍。

7 記取教訓

我和麥特很驚訝於兩個兒子有多南轅北轍。我們開始看到先天勝過後天的力量。這兩名男孩在同一個家庭長大，由同樣的父母以相差無幾的方式教養，但結果大不相同。我想很多父母如果家裡有好幾個同樣性別的孩子，應該會深有同感。

我曾聽過其他媽媽說：「我的大兒子喜歡籃球，但小兒子喜歡袋棍球」或「我的大兒子喜歡數學，但小兒子喜歡英語」，而我只是靜靜地坐著，在心裡自嘲：「是喔，我的大兒子喜歡蝙蝠俠，但小兒子喜歡芭比娃娃。」或「我的大兒子喜歡運動，但小兒子喜歡音樂劇歌曲。」

我們養了一個典型的男孩，他讓我們變成樂高工程師、電動玩家、足球教練和玩具槍肉靶，還有一個像女生的男孩，讓我們變成公主跟蹤狂、髮型實驗對象、迪士尼迷，以及芭比世界中的造型師。

我們的兩個兒子從來沒有玩過同樣的玩具、走同樣的路、迷戀同樣的東西或追求同樣的目的。我們用差不多的方式養育兩個兒子，是他們的天性截然不同。可是我們在經過多年之後，才真正感激這樣的兩全其美。

起初我們希望希杰正處於一個過渡階段，並說服自己相信這一點。後來卻發現這並不是一個階段的一部分，而是他的一部分。我們開始認知到兒子很女性化，並且偶爾對我們信任的人承認他「內心是個女孩」。我們找不到其他的詞彙來形容，當時我們沒有其他方式可以解釋。

我們也假設他的行為可能代表他是同性戀。我們為什麼要妄自假設一名三歲小孩的性向？因為我跟一個女性化的男孩一起長大，他後來出櫃成為同志。我所知道的就是如此，在我用狹隘的腦袋急著想解釋一切的時候，這就成了符合邏輯的結論。我們不知道還有什麼可能性，只知道希杰不是「典型的男孩」。

我記得我哥哥是如何長大的，我們家如何教養他，讓他成為怎樣的大人，我也曾向自己承諾在某些事情上要有不同的作為。

麥可頭髮的顏色從轉淡黃色轉為褐色，但他的藍眼睛從來沒變過。在我眼中，他一直都像是情景喜劇裡的角色。從我有記憶以來，他總是引人注目，受大家喜愛。如果撫養一個小孩需要整個村莊的力量[5]，那麥可便是朝廷弄臣、市長、治療師、造型師兼官方說書人。他一直都是我最喜歡的人之一，我知道他對我也是同樣感覺。

自從希杰開始顯露出公主心之後，我跟麥可不知道討論過多少次我們的童年，以及像希杰以及麥可這樣的孩子會需要父母給予什麼。我跟我哥哥本來就十分親密，我沒想到我們因此還能變得更加親近。

雖然我從小跟麥可一起長大，但我遺忘了許多事。我開始跟他談我們的童年。我所經歷的現實跟他的不同嗎？我們沒有一起玩得很開心嗎？他肯定地說我們的確一起玩得很開心。可是，我得知他認為自己的大半人生都只求生存下去。他有祕密，他感到羞恥，覺得自己好像醜化了每一張全家福照片，因為他喜歡女生的東西卻不愛女生，彷彿自己不對勁，是個怪胎和錯誤。我的雙親對我哥哥的情況無所適從，在教養的路上跌跌撞撞。我答應我哥哥，如果我的兒子當中有ＬＧＢＴＱ，我會有不同作為。

我並不是要說我的父母是很糟糕的父母，不是這樣的；當寶寶被放入他們懷裡時，他們

5　編註：It takes a village to raise a child. 為非洲諺語，意指養小孩不只是一個家庭的事，更需要鄰里眾人的共同努力。希拉蕊（Hillary Clinton）曾在一九九六年出版一本關於兒童權益與福利的著作，便命名為《同村協力》（*It Takes a Village*），也讓這句諺語廣為人知。

知道的並沒有比任何新手父母多。在經歷人生最激烈的二十四小時後，便坐著輪椅被推出醫院，你咬牙撐著，盡力而為，膽戰心驚地度過每一天、每一週、每一月、每一年。再說，過去的時代不同。一九七〇和一九八〇年代不如今日對同性戀友善。我完全相信我母親所說的：她已經盡力了。當她因為自己面對我哥哥出櫃的反應而哭泣、自責自己是失敗的母親時，我內心也很激動。話一旦說出口就覆水難收；這是人生的悲劇之一。

我母親一生中，每星期至少都會上一次教堂。她在那裡學到同性戀是一種罪，所以我哥哥出櫃時，彷彿世界末日到來：她的兒子會下地獄。她傷透了心，開始進入一段哀戚的過程。她不會有媳婦，兒子不會生出孫子。她懷疑自己是不是做錯了什麼，才會導致這種後果。若是如此，她能補救嗎？

每當她告訴同齡的人，她的兒子是同性戀，最常出現的回應就是：「噢，真是令人遺憾。」好像他已經死了一樣。這告訴她，在她的朋友當中，有一個同性戀兒子是多糟糕的事，大家一定都會表達同情和慰問。她跟我父親一起去參加讀經會，在代禱和讚美時不敢提到我哥哥。其他讀經會成員唯一可以自在地為我哥哥說出來的禱告是——他會找到一個心愛的好女人，或是把愛和性都一起戒掉。

我們的母親現在覺得自己很糟糕，因為她在我面前表現出家裡有同性戀者是一件需要被隱瞞的事，因為她不夠勇敢，也因為她放太多重心在取悅他人。她說有時候她對我哥哥、對孩子們的愛無法勝過她擔心別人會怎麼想、怎麼說。她很敏銳地意識到她和麥可的關係因此破裂。我們把這些事都攤開來談，我答應她我會做得更好，不會重蹈覆轍。為了她的孫子好，我會應用她學到的教訓。

一個只喜歡女生東西的小男孩——我已經看過了這個故事的一種版本。在某種程度上，歷史正在重演。我必須讓好的部分留下，壞的部分就下地獄去吧。

我們何其幸運擁有我父母、麥特父母、一群密友，以及最重要的麥可的支持。

麥可對他的外甥有很大的期待，他像我和麥特一樣擔心查斯和希杰。他要我相信希杰「玩女生玩具」只是一個階段，這孩子很快就會跑去玩迷你推土機和蟲蟲機器人。

「為什麼所有人，甚至連你都要說服我們這只是一個階段？」多年後，我在兩杯黃湯下肚後這麼問他。

「我很害怕，我真的希望那只是一個階段，」他說，「聽著，我知道如果事實上妳的感覺是對的，他會不得不去面對我曾經遭遇過的偏見、憎恨、恐懼和折磨。那會讓我大受打擊。」

麥可不想讓任何一名外甥知道人有多醜陋。他不希望他們被同學或鄰居叫「玻璃」、

「甲甲」、「娘砲」和「死人妖」，而大人只會袖手旁觀，心想：「他總得學乖的，男生就該有男子氣概。」他不希望查斯或希杰不得不練就厚臉皮。

麥可有一次寫信給我說：「隨著希杰一直沒有脫離迷戀粉紅色的階段，我開始發現希杰跟和我是不一樣的。妳和麥特會養育他成為一個對自己感到驕傲的人，盡情發揮創意運用紫色、粉紅色和所有明亮的顏色，還可以安心地追趕跑跳碰。希杰擁有我所沒有的東西，他的家庭愛他原本的樣子，而不是因為他符合他們的期望才愛他。說妳和麥特是很棒的父母，就和說大峽谷很大一樣顯而易見。你們輕鬆創造出一個安全又好玩，卻不失紀律和條理的環境。」

他的這一番話讓我很感動，非常中聽。有時候我們——尤其是父母——都需要別人肯定我們的作為。我開始質疑所有和希杰有關的規則和妥協是否恰當。他當時三歲四個月，我們讓他更自由地帶著「女生玩具」，但大多仍會視個別情況給予限制。我們出門前會確認他沒有穿著任何「女生衣服」，包括配件和襪子。

可是，我們從來不會要求查斯把他的玩具留在家裡或車上。為什麼我們不能把這樣的慣例沿用到希杰身上？我們教給了兒子什麼樣的觀念？希杰喜歡女生的東西是一件丟臉的事而必須隱藏起來嗎？別人的意見真的這麼重要嗎？他只有在家才能自由展現天生的自我嗎？

我們的教養方式有失公平，這開始令我抓狂。

我跟麥特談了這件事，他也同意我的看法。我們以為我們會用一樣的方式養育兩個兒子，但這行不通，所以只好調整和變通。我們已經厭倦過度警戒和討價還價，反而希望想都不用想、也不用檢查兒子有沒有帶違禁品就可以出門辦事。我們當時已經變得在乎陌生人的意見多過於盡其所能地教養希杰，因此我們決定要做出改變，平等且公平地教養兩個兒子，讓希杰把他的「女生東西」帶出家門，不再隱藏。

我們做出這樣的改變，並從各式各樣的人身上得到各式各樣的反應：質疑的眼神、下流的表情、噁心的搖頭、理解的點頭以及鼓勵的微笑。希杰太開心也太年幼，所以沒有注意到他讓別人產生了怎麼樣的感受。自從我們改變教養方式之後，希杰再快樂不過了。我們並非總是那麼快樂，但身為父母，我們不會考慮其他選項。這需要時間，但最後我們都開始感到自由、獲得解放。

8 兩難

我們改變了教養觀點，也準備好要和兒子開始享受夏天，他們兩個都可以自由地追求自己的喜好。不過，我們發現社區裡的其他人跟不上這樣的進展。人類會想要將事物分類好而更加瞭解它們，但我們的兒子和他的行為無法被簡單歸類。我們家違反常規、逾越界線和跳脫框架都讓其他人不自在，有時候也讓我們的生活變得困難重重。好像每一次我們覺得滿足、全家欣欣向榮，就會有人事物來提醒我們這樣養育孩子是不正常的。橘郡的每個人都在爭先恐後的互別苗頭，我們卻背道而馳，十分引人注目。

就連去麥當勞這麼簡單的事都讓我們感到和別人不同。快樂兒童餐和麥克雞塊數十年來為兒童帶來歡樂；根據我自身的童年經驗，我認為孩子的心是可以被快樂兒童餐收買的，或至少買得到十五分鐘的清閒。可是我有一個孩子，他的內心不完全是男孩，也不完全是女孩，而麥當勞會根據小朋友的性別給玩具，這時快樂兒童餐突然就變得不怎麼令人快樂了。

希杰不想拿到東卡車庫的玩具貨車（Tonka Garage Truck）、無敵風火輪或少年正義

（Young Justice）聯盟公仔，他想要彩虹小馬、芭比仙子或小小寵物店（Littlest Pet Shop）的寵物。可是，希杰想要的東西讓麥當勞員工十分困惑，我這才發現只要兒子在場，連吃午餐這麼簡單的事都可以變得很複雜。

我們走進麥當勞，點了快樂兒童餐要帶到海邊吃。

「要給男生的，對吧？」櫃台人員看著希杰問。

「給男生的沒錯，但我們想要女生的玩具。」我解釋。

櫃台人員看看我，再看看希杰，又把目光轉回我身上。我回他一個笑容。他盯著我瞧。因為希杰的關係，我學會以不同的笑容表達不同的意思。我的下一個笑容表達：「我們想要女生的玩具，這有什麼問題嗎？有需要協助的地方嗎？」

希杰來回看著我和櫃台人員。他的眼神告訴我，他很害怕要求被拒絕——因為他顯然是個男孩。他並不擔心櫃台人員怎麼想，他的心智發展還沒有到那個程度，他只是跟任何一個三歲小孩一樣，想要得到他想要的東西。最後他的願望實現，他把眼淚收了回去，鬆了一口氣。

幾個星期後，麥特開車載我們到麥當勞點快樂兒童餐。

「要給男生還是給女生的？」一個懶散的聲音悶悶地從得來速的金屬麥克風盒裡傳出來。

「給女生的。」麥特說，現在他的大麥克會和性別認同問題一起上桌，讓他十分不悅。

要養育一個只喜歡女生東西的男孩，麥特已經表現得相當出色，但要他稱希杰為「她」實在是很難。我們坐在得來速車道上的車子裡，我跟他說他不必稱希杰為女生，而是可以選擇不同的用字。我愈來愈習慣在點餐時給出明確指示，我總是會點快樂兒童餐搭配雞塊、蘋果汁和芭比娃娃，或是說出其他當月的「女生」玩具選項。我不會說「女生玩具」，或說那玩具是要給女生的。

麥特把方向盤握得更緊了一點。我開始微笑，在他感到挫折時我經常這麼做，我看得出來他不想繼續談，只希望不要再發生這種鳥事。查斯在後座笑著翻白眼。不久之後，我發現我們不是唯一有麥當勞問題的家庭。

就在隔天，我的大學友人柯琳在她的臉書上發了一則有關麥當勞的貼文：「我不喜歡在點快樂兒童餐的時候被問說是要給男生還女生的，他們應該問：『你要車子還是芭比娃娃？』」

我十分贊同，並等著看她其他的臉友怎麼說。她有好幾個當媽媽的朋友也有相同感受。柯琳的兒子不像希杰那樣迷女生的東西，但她解釋：「討厭的性別刻板印象顯然依舊存在，但撇開這一點不談，『異性』的玩具有時候對我兒子來說是比較好的選擇。他知道什麼是玩具熊，但不太知道爆丸[6]是什麼東東。」

有一次我們去麥當勞，查斯在他的快樂兒童餐盒子上看見麥當勞有個網站提供好玩的遊戲和活動。我們回家後便在電腦上輸入網址，開始註冊來玩。麥當勞再次想知道我們是男生還是女生。我無法跟電腦解釋我們有個男生喜歡玩男生的東西，還有一個男生喜歡玩女生的東西，於是乾脆登出。我走開時深知要是麥當勞繼續這種荒唐的性別分類，我就必須更常在家煮午餐。我們家沒有人希望我一天到晚煮飯，尤其是我本人。

我跟另一個媽媽談到這些速食事件，她說反正我們原本就不應該這麼常去麥當勞。我們應該多去公園野餐，可以邊吃邊玩，就跟在麥當勞一樣，但更省錢、吃得更健康。我很熟悉這種「更健康的孩子」概念；我過去也曾聽過別的媽媽講說他們的孩子在上小學，從來沒有吃過麥當勞。這對我來說是很陌生的觀念，我不是用這種方式被養大的。我小時候家裡附近就有一間麥當勞，我們常常去那裡吃。不過又一次，我正在試著為了孩子做出正面的改變，所以我們放棄了麥當當。

6　編註：爆丸（Bakugan）是一部日本的怪獸格鬥卡通。

幾天之後，我們去了南橋郡一座很熱門的公園。所有「重要人物」都會在這裡進行遊戲聚會。南橋郡的媽媽們會穿著潮牌牛仔褲、拿著名牌包、星巴克和不含雙酚A（BPA-free）的水杯成群結隊地到來。

這不是我們習慣的場面，但我的朋友說我們應該要常去，而且我的兒子們很愛那座公園。所以我們去了，沒有小圈圈、沒有媽咪大隊、沒有保母跟著、沒有有機點心。我們母子三人是反叛分子。

公園熱鬧滾滾，我們忙著做自己的事。希杰爬到最高的遊樂設施頂端，它看起來像一座城堡，附有溜滑梯、可以滑下來的消防員式鋼管以及大量樓梯。

「媽——咪——！」他從最高處叫喊。

那天在公園裡有太多孩子大叫「媽咪」，我早已麻木，根本沒聽見希杰在叫我。

「媽——咪——！」他又喊得更大聲。

每個人都往我的方向看，評斷著我，而我還恍神地繼續在內心演小劇場，想著我的大腿粗細、牛仔內搭褲，以及三十一歲之後是不是還能在「永遠21」（Forever 21）買衣服。這時，查斯過來找我。

「媽！希杰在叫你！」他要我注意。

我迅速甩開內心的糾葛，往上望著希杰並揮手，他用最大的聲量尖聲宣告：「我是一個公主！全世界最美的公主！我是把頭髮放下來的樂佩公主。」

他繼續把想像中的長長鬈髮放下塔的一側。

南橘郡的媽咪黨跟她們的小瘋子此起彼落地倒抽一口氣，或發出咯咯笑聲。

「對，你是公主，寶貝！」我表示支持地喊回去，丟給其他媽媽一個得意又自豪的眼神：「我的兒子是全世界最美的公主又怎樣？」我心想。

可是那一天，查斯很在意。他一臉驚懼地看著我。他正準備要上二年級，已經開始意識到其他人的議論批判、八卦天性和霸凌行為。他馬上要求離開公園，於是我按照慣例，警告他「再五分鐘」，他接下來的時間都坐在長凳上生悶氣。我們上車後，他很不開心。

「對不起，」我說，心想要是希杰沒有假裝自己是公主，就不會發生這樣的事。如果一個小女孩假裝自己是公主，大家會在心裡稱讚她勇於表達。為什麼女孩玩性別遊戲是堅強的象徵，男孩玩性別遊戲卻是脆弱的象徵呢？是誰把社會變成這副德性？我真想賞那人一巴掌。

我們開車回家時車上一片寂靜，我發現到了這個階段，希杰無法遵守傳統性別規範這件事對希杰的影響往往是最小的。可是他的行為和偏好卻深深影響我們，包括他媽媽、爸爸和哥哥，因為我們活得夠久，知道批判、侮辱和嘲諷看起來、聽起來和感覺起來是什麼樣子。

查斯不想跟我談這件事，但他願意跟麥特談。

「同學取笑我，因為我弟弟喜歡女生的東西。他們每天都問我他是不是還在迷女生的東西，我回答是，他們就會跑走，在操場上取笑我。」他強忍眼淚說著，這是我們第一次聽說這種事。

「你為什麼不乾脆跟他們說不是、他不迷了就好了？」麥特說。

「因為那樣就是在說謊，你說絕對不可以說謊的。」

這可真是第五千七百六十三號令人傷透腦筋的教養時刻。

麥特告訴查斯，為了保護自己而給別人一個不完全是事實的答案是可以的，況且這完全不干他們的事。他試著解釋保守祕密和保留隱私之間的不同。

「名人都是這麼做的。」我走進房間時插嘴說道。我當然在偷聽，現在我試著用查斯能夠理解的話去說，因為我們一個星期會有一到兩個晚上在洗澡時間看娛樂新聞。

麥特看著我，好像我失心瘋了一樣。我記得我在二十多歲時去參加同志親友團（Parents and Friends of Lesbians and Gays，簡稱 PFLAG）的聚會，學到了一課。PFLAG 是一個成立於一九七三年的非營利組織，目的是為了把父母、家人、朋友、直同志（straight ally）和

LGBTQ族群聚集起來，賦予他們支持、教育和倡議的共同使命。它是我見過最有力量的支持團體，對我的靈魂有益，上教堂應該要能給人這種感受。PFLAG告訴我們，當一個人出櫃時，他或她的親友也必須在自己做好心理準備時出櫃。此時此刻的希杰過著「已出櫃」的生活，他完全依照自己的意思過活，沒有祕密、沒有隱藏、不在乎社會規範。身為父母的我和麥特有意識地決定讓他帶領我們，也用那樣的方式過活。可是希杰毫不害臊的生活方式開始讓查斯在不恰當的時機和不甚理想的地點感到丟臉、不自在，甚至生氣。一個新的教養難題找上門，而我們同樣沒有特別預料到它的到來。

我們早就開始不斷擔心希杰會因為女性化行徑而被欺負，但萬萬沒想到我們也需要擔心查斯因此遭到取笑和霸凌。

那個星期我們感覺到查斯需要額外的愛和關注，因此邀請他的新朋友來家裡玩一整天。在社區最酷的孩子到來的一小時前，我們匆匆忙忙、小心翼翼地將希杰所有的女生玩具藏起來，讓查斯不至於丟臉並淪為笑柄。把草莓樂園藏到視線之外後，我和麥特思索著在保護查斯的同時，是不是告訴了希杰要隱藏真正的自我？我們覺得怎麼做都不對，無法一次取悅所有人，我們試著彰顯其中一個兒子的意志，卻會壓迫到另一個兒子的意志。

我們考慮過，或許可以利用這個機會教導別人的孩子欣賞他人的獨特性。我們可以把女生玩具留在外頭，向查斯的新朋友解釋每個人都不一樣，這在我們家是完全可以被接受的。但我們有資格這麼做嗎？

我們從希杰身上學到的一課，便是有時候我們不欠任何人答案，有時候我們沒有答案，而且有時候我們會和名人一樣說謊。

9 挺身而出

夏季進入尾聲，希杰在九月回到學前班，查斯開始上二年級。我們三歲的女性化兒子早在九月前就告知我們，他要在萬聖節扮成白雪公主。他很理所當然地說，但我還結結巴巴，想要講出一個答案或理由，好阻止兒子在萬聖節男扮女裝出門，到整個社區敲陌生人的門要糖果，供所有當地學童和他們的父母觀看。對我們來說，這樣實在是太超過了，感覺就像帶著兒子遊街和惹麻煩。我們還沒有準備好跨越這條線。

我上網搜尋了一堆隨機的字串，試著將人生的兩難塞進搜尋列。男孩在萬聖節扮成女孩。我的兒子想在萬聖節扮成公主。男生扮成白雪公主。男生扮成迪士尼公主。我該不該讓三歲兒子在萬聖節扮成白雪公主。中性的萬聖節服裝。

搜尋那些字串並沒有多大用處，於是我開始隨便搜尋。男生玩女生玩具。男扮女裝。男生喜歡女生的東西。女性化的男生長大之後變成同性戀的機率有多高？同性戀小男孩。養育同性戀孩子。我的孩子是同性戀嗎？

我過去從來不敢上網搜尋有關希杰這樣的孩子的資訊，但一旦開始便停不下來。我放棄谷歌，轉往熱門教養網站和媽媽部落格，但我造訪的教養網站或專門的媽媽部落格都沒有談到該怎麼養育我兒子這樣的孩子。我拚命想找到同樣處境的父母和一些答案，卻發現我們孤立無援。

於是我向我哥哥抱怨。

「這個嘛，親愛的，妳不可能是唯一一個在搜尋這類資訊的家長。妳應該自己開一個部落格，去成為那個妳想找但找不到的網站和資源。妳很聰明，也很會寫作，妳應該這麼做。」他說。

這個構想把我嚇壞了。我希望別人和我分享他們的生活，但我不想要和別人分享我的生活。我想在自己家裡安全地當個偷窺狂，穿著鬆垮的運動褲，隱藏在匿名之下。我不想惹事生非。

我無法停止思考這件事，也不斷修改搜尋字串，希望找到一個可以交流的園地。我不可能在網路上發現一個資訊空洞的缺口吧？我以為每個人都能找到容身之處，任何社群都早已建立。因為缺乏同伴加上哥哥慫恿，最終讓我展開行動。

我整個十月都在思考要不要開始當部落客，並幫希杰找到可以妥協的服裝。我弄清楚希杰最重視萬聖節扮裝中的什麼部分，應該是化妝和穿觸感好的布料。我在電腦前讓他坐在我的大腿上，逛萬聖節服裝的熱門網站。我點擊「男孩服裝」區，刻意讓希杰認為他只能選那些衣服。我又再次把另外一半的世界隱藏起來，充滿罪惡感。可是我也覺得自己不得不這麼做來保護兩個兒子不被指指點點，讓這個節日愈少風波愈好。

我們最後選了聚酯纖維混合的黑色絲光骷髏裝，搭配全臉的黑白妝，包括會讓彩妝專櫃的小姐先生印象深刻的黑色口紅。

在選擇折衷服裝的空檔，我著手準備寫部落格。這件事和我哥哥說的話在我腦中揮之不去，我不可能是唯一一個擁有希杰這樣的孩子，並且在尋找相關教養資訊的家長。我選擇了一個站名，制定了一套策略計畫（沒錯，我是A型人[7]），接著開始寫文章，但沒有公開發表。

我告訴麥特這件事。

「我是無所謂，但妳最好小心一點。」他說。

7　編註：A型人格的特性是會表現出異常急迫、積極、好勝的行為。

這話是什麼意思？我最好小心一點？講得好像我現在要去懸崖跳水、走鋼索或穿著六吋高跟鞋跑步。他暗示我這麼做有危險。我又卻步了。我不想把家人暴露在他人面前，讓他們受到傷害或將來活在陰影之中，例如希杰稍微大了之後，如果知道我曾經把他喜歡娃娃的事寫出來，搞不好會恨我。

我跟麥特釐清了一些細節。我向他保證，我會匿名寫作，而且照片絕對不會露臉。他希望每一篇文章在發表之前都能先讓他看過。

就這樣一言為定。

我和姊妹淘瑪麗談論這件事。

那天我們一起在公園看她女兒葛瑞絲和希杰玩，她說：「我覺得妳應該要寫部落格。妳從來不在乎別人怎麼想，又是我認識的人當中文筆最好的。妳就去做吧，我會督促妳寫下去。」

我想我會告訴她，是因為潛意識知道她會這麼說。我很清楚她會督促我，她會說服我去做。如果她看見其中的價值，是不會允許我放棄的。

我擔心別人會認為我在替孩子出櫃。我擔心酸民、批評、被網友說是爛家長。我害怕反彈、曝光和承諾。大家會怎麼說我們呢？過去我早已學會不去在乎別人怎麼說或怎麼想；後來有了希杰，突然間又開始在乎這些鳥事了。我的勇敢無畏去哪了？我必須這麼做。我必須分享我們的生活，才能認識其他曾經或正在過著和我們類似生活的家庭。我必須這麼做才不會如此該死的孤立無援。我得鼓起勇氣。

此時，部落客莎拉·曼麗（Sarah Manley）和她的知名文章〈我兒子是同性戀〉（"My Son Is Gay"）冷不防冒出來，講述她的兒子在萬聖節扮成「史酷比」（Scooby-Doo）裡的黛芬，結果在宗教學校的學前班引發媽媽們的不滿，批判、霸凌、輕蔑的反應隨之而來。

「我兒子是同性戀，也可能不是。這我都不在乎，他依然是我兒子。他才五歲，而我是他的母親。如果你對上述內容有什麼意見，我壓根不想認識你。」莎拉在她的「書呆子蘋果」（*Nerdy Apple*）部落格裡這麼寫著。

我大感興奮。這個媽媽要把她LGBTQ孩子的故事跟全世界分享了，如此我就可以省下力氣。我可以趁閒來無事在網路上追蹤她，不必擠出時間寫自己的部落格文章。

可是，後來她又回去寫一般媽媽部落格會有的內容，我覺得很洩氣。我想讀更多有關她兒子阿布的故事。我以為我終於找到一個可以讓我產生共鳴的媽媽、小孩和部落格。這女人到底有什麼毛病？她難道不懂她燃起了我的希望卻又再次重重打擊？我需要從莎拉和她的文章裡獲得更多慰藉，於是我開始讀每一則讀者留言，包括在她的部落格和其他地方的留言。

畢竟，她的部落格文章被瘋狂轉貼，到處都看得到，而且大家都在討論。已經有四百萬人讀過那篇文章，超過四萬七千則留言。

真要命，有些人非常惡劣，把莎拉和她的兒子寫得很不堪。某些留言令我崩潰。我為她感到難過。每一個對她和她兒子的攻擊，都好比是對我和我兒子的直接攻擊。我太過在意這些留言，以至於徹夜難眠，清醒時又很難把精神集中在別的事情上。這對母子以及他們的故事為什麼影響我這麼深？因為他們就是我們。我從來沒有讀過如此貼近我們生活的故事。僅此一次，我覺得自己並不孤單。

幾個月後，我有個機會在女性部落客的會議座談上聆聽莎拉演說。她妙語如珠，很聰明，絕頂聰明，而且博覽群書；基本上，她具備我心目中理想朋友的每一個條件。最後，我透過電子郵件聯繫到她，得以更加瞭解她、她的家人、她的部落格以及她貼出那篇文章後在全世界造成的餘波。

我們的故事在許多方面很相似。我們都和警察結婚，我們都喜歡閱讀和寫作，我們都是自豪的媽媽，討厭不公不義、霸凌行為和下賤爛人。

莎拉寫〈我兒子是同性戀〉那篇文章之前已經寫了四年的部落格。她會開始寫部落格是因為這樣能一次跟所有親友溝通。

「妳寫下那篇文章的時候，妳知道或感覺得到它會這麼轟動、引起這麼多關注嗎？妳預期會發生什麼事？」我問她。

「我什麼也沒想。我只想把情緒宣洩出來，讓我好過一些。我以為最多也只會有十幾個人看到吧。**我的媽呀！**它很快就在網路上爆紅。CNN採訪、《今日秀》（*Today*）、電台和電視邀約都來了；文章到處被轉貼，光是在臉書就超過八十萬次。我們和阿布學前班所附屬的教堂有些糾紛。」莎拉說。

「我看見人們寫了一些負面的東西……」我愈說愈小聲。

「我收到幾則仇恨留言和幾封瘋狂電子郵件。我不會回覆仇恨訊息，因為我覺得這種憎恨反映出那些口出惡言的人自身，與我無關。我知道我愛我的小孩，他們也很清楚我深愛他們。」她說。

「妳曾經覺得應該把文章撤掉嗎？這樣就不必對付酸民？」我問。

「那篇文章剛爆紅時，我嚇壞了。我沒有後悔貼出來，但得到這麼多關注讓我十分緊張。我對大部分的負面評論和電子郵件都搖頭漠視，我沒有想過要把文章撤掉。我認為我必須信守我的一字一句。如果這篇文章對這麼多人、父母、成年同志、青少年等人來說意義如此重大，那我必須確保我說出來的話是認真的，並且能夠清楚地向惡意批評者表達出我是一個講理的人，而不只是想紅的怪咖。」

我得知莎拉的兒子阿布不是一個女孩子氣的男孩；他只是想在萬聖節穿得跟女生一樣，而她也讓他這麼做了。她覺得他算是中性，不特別傾向於男生或女生。

「我覺得把我們和其他性別扭轉的孩子歸為同類有點奇怪，不是因為我不認同他們，而是我認為我的狀況很不一樣。我想許多人面臨的狀況比我艱難很多，我似乎幫了倒忙。我的兒子在萬聖節扮裝，這非常黑白分明，但那些每天都要面對性別議題和孩子的人們實際面臨處境更為嚴峻。我不想給外界一種「虛假」的印象，如果這麼說言之有理的話。我認為，在媒體上，我們的狀況應該被視為霸凌問題，尤其這是成年人、母親們對兒童的霸凌，因此是活生生的教材，告訴眾人霸凌經常是一個在家中習得的循環。」莎拉說。

有很長一段時間，雖然莎拉獲得許多正面肯定，但我依舊只能把注意力放在負面評論上。它們擊中了我的痛處，讓我有切身感受。一部分的我只想感激她寫了她的幼子有同性戀傾向的故事，讓我看清如果我是第一個寫出這樣文章的人，就必須一邊忍受世人的憎恨，一邊繼續過生活。但我辦不到。我置身事外，兩個月來就這麼看著發生在莎拉身上的事。她無所不在：網路、電視、電台、書報雜誌。她引發了全國對於LGBTQ兒童的論戰，雖然她真正想凸顯的是霸凌問題。

不過，我最終還是再次感受到那股拉力，想要開設部落格，寫下潛在LGBTQ孩子的養育歷程。據我所知，這個網路上的空缺依然存在。有兩句名言不斷跳進我的腦海中：

> 循規蹈矩的女人鮮少創造歷史。
>
> ——蘿瑞爾・柴契爾・尤里奇（Laurel Thatcher Ulrich）

> 為什麼不去做？為什麼不是你去做？為什麼不現在去做？
>
> ——《納尼亞傳奇》（*The Chronicles of Narnia*）的獅子亞斯藍（Aslan the Lion）

我為什麼如此膽怯？我為什麼要等待別人來做我一直認為自己應該去做的事？我到底怎麼了？我並不想變成這樣的女性或母親。

10 定義

聖誕假期就要來了，我不斷在想部落格的事，思考它的可能性。接著有件事發生了，讓我覺悟到我必須有所行動。

希杰爬到聖誕老公公的大腿上，緊張地絞著手指。這一刻他已經期待了好幾個星期。

「你想要什麼聖誕禮物，小男孩？」聖誕老公公問。

「迪士尼《魔髮奇緣》樂佩公主好友編髮器。」我的兒子用拍賣師的講話速度、口齒不清地說。

聖誕老公公望向我尋求協助。

「迪士尼《魔髮奇緣》樂佩公主好友編髮器。」我表示。

聖誕老公公用奇怪的眼神看了看我，又看了看我兒子。

「你還想要什麼其他東西？」這個胖老人問，希望得到更符合他性別的答案。

「就這樣，我只想要《魔髮奇緣》。」

自以為是小精靈的攝影師對著我竊笑。我不喜歡她的笑聲。

你們到底知不知道迪士尼《魔髮奇緣》樂佩公主好友編髮器有多棒？（雖然很難唸。）那是個芭比娃娃尺寸的樂佩公主，頭髮長度比身高還高。她有一個立架可以讓她站著，上頭有三個可愛的動物朋友。把樂佩公主的髮束放在每個動物朋友的手中，轉動曲柄，牠們就會幫樂佩公主編髮。真的很厲害。

十天後的聖誕節早晨，希杰拆開了迪士尼《魔髮奇緣》樂佩公主好友編髮器的包裝，他開心的尖叫聲可以傳到聖誕老人雪橇經過的每個世界角落。他有好幾個星期都驕傲地把編髮器緊緊握在手裡。

有些人得知希杰的聖誕禮物願望清單後，建議我們不要送給他「女生玩具」。我考慮了大概一秒鐘。去年我們給他的禮物完全不是他要的。我們記得他有多失望，不想再讓同樣事情再度發生。眾人一直詢問我們會怎麼做，好像希杰聖誕禮物只想要「女生玩具」是繼聖母瑪利亞因為客棧沒有房間、只好在馬槽生子以來最大的災難。

聖誕節是小孩的節日（好啦，我知道其實是為了紀念上帝之子基督出生。但除此之外，也是小孩的節日），為了讓孩子可以得到他或她從翻爛的玩具目錄上相中的夢幻玩具。對童年的我來說就是如此，而我也是這樣養小孩的。可憐的麥可以前都得拿著一顆足球和我一起坐在聖誕樹下拍照，眼巴巴的看著我手中的芭比娃娃。他的聖誕節早晨總在羨慕當中度過。我的兒子不會經歷這種事，今年和以後都不會。在和聖誕老公公或母親要求他真正想要的禮物時，麥可經常感到不自在，但希杰則是完全不害臊。如果我哥哥要求了，我的父母若想要滿足他，也可能時常感到尷尬。我盡量讓自己安然處之，調整心情，並送給我兒子他的願望清單上第一名的娃娃。

我不必因為希杰聖誕禮物願望清單上的「女生玩具」向任何人道歉，包括聖誕老公公、他的小精靈，甚至是聖誕節隔天特賣時在購物中心碰到的那個醜老太婆，她看到希杰在美食街拿著《魔髮奇緣》娃娃並隨著惡女凱莎（Ke$ha）的〈跑趴滴答〉（Tik Tok）起舞，面露嫌惡地搖頭。

送給希杰迪士尼《魔髮奇緣》樂佩公主好友編髮器，唯一令我後悔之處是她十二吋的頭髮每天至少會有一次纏成混亂的大結，讓他哭著拜託我「把她弄回原本漂亮的樣子」，往往害我要編出比波・黛瑞克（Bo Derek）在《十全十美》（*10*）裡的造型還要多的髮辮。除此之外，我和麥特知道我們給了兒子這輩子最棒的禮物：樂佩公主，以及讓他做自己。

自從希杰開始喜歡女生東西以來，已經過了一年多，我們對他的與眾不同了然於心。更重要的是，我們同意自己身為父母的角色不應該是去改變他，而是去愛他。我們也知道，為了兩個兒子，我們必須傾注所有力量，讓這個世界成為更具包容性的地方。

隨著時代廣場的水晶球緩緩落下，二〇一一年把頭探進我們保守的橘郡社區，我悄悄啟用了「家有彩虹男孩」網站（RaisingMyRainbow.com），作為我的第一個「媽咪部落格」，記錄養育一名性別創意的孩子每天所經歷的喜悅、掙扎，以及時而出現的困窘。第一篇文章的標語是「一個稍微女性化、可能是同性戀但無比美好的兒子養育歷程」，因為我當時只會把兒子的女性化和性向畫上等號。

依照我寫下的部落格策略計畫（我有時真是個呆瓜；這讓我想起我小時候會讓我的椰菜娃娃排排站，發給紙筆，假裝它們是我的祕書，而我是執行長，規定它們在辦公室裡只能使用麗莎・法蘭克[8]的辦公用品），我之所以開始經營「家有彩虹男孩」部落格是為了我自己。跟任何一名部落客一樣，目的是記錄我的感受和經驗，而非成為網路紅人或在網上興風作浪。我知道我在倡導一些理念，但我不想變成靜坐舉牌的抗議分子。我希望誠實、衷心地讓眾人一窺我們的生活，促使他們轉而認同我們，或至少對不同族群能抱持更開放的態度。

8　編註：麗莎・法蘭克（Lisa Frank）創立了麗莎・法蘭克公司，專門生產兒童文具用品。

我創設這個部落格也是為了其他和我們有類似處境、養育相似孩子的家長。一定還有更多和我們一樣的人，對吧？對吧?!我們需要支持，聆聽其他人的故事，知道我們並不孤單。

此外，我也希望能吸引LGBTQ讀者，因為他們可以回答我在養育我兒子這樣的孩子時遭遇到的許多問題，像是：你什麼時候知道自己是同性戀？你曾做過這件事，或那件事嗎？你的家長如何對待你？你希望他們怎麼對待你？你的同儕如何對待你？你希望別人可以為你做什麼事，好讓我也可以為我兒子做些什麼？哪個城市有最棒的同志大遊行？

我的讀者不會是所有人，我很清楚這一點。一開始發完文章之後，我老覺得自己在躲躲藏藏。我希望大家去讀，但不知道我就是背後的作者。我很害怕在公共場合被認出來，即使我沒有在部落格放上能夠辨識身分的照片或姓名。我希望在廣大的觀眾面前當一個匿名表演者。我希望帶來改變，但不要被表揚。

在我剛開部落格的那段時間，只要文章有一百個人閱讀，我便感覺自己像是變成搖滾巨星一樣不得了（提醒你，這是一名躲躲藏藏、害怕竄紅的搖滾巨星）。我開始聽見有人說他們對我的部落格內容、我的兒子或我的教養方式感到不舒服。然而，每出現一則持反對意見的電子郵件或評論，我就會收到十幾個人的支持和鼓勵。起初，那些針對我文章的惡毒回應會令我氣憤、惱怒而輾轉難眠。我涉足了止痛藥的殘酷世界，但效果不佳，於是我通常會擬出回應，準備把這些反對者碎屍萬段，接著再按下刪除鍵，從未把它們送出去。不久，我便對憎恨感到麻木，同時敞開雙手擁抱愛。我不再把時間浪費在人渣身上。

過不了多久，我的讀者就開始教導我一些事，有時很客氣，有時不怎麼客氣，但無論如何都讓我學到一課。剛開始寫作時，我知道我的兒子很女性化，我們便假設他是同性戀。我不知道他其實是性別創意者、性別不一致者、性別多樣者，患有性別不安症和（或）性別認同障礙。我不熟悉那些專有詞彙。幾個星期後，我理解了這些詞——同時覺得自己有點蠢——也十分慶幸我兒子的行為開始有其意義，或至少有了解釋。

雖然我知道性別和性向的不同，但讀者們仍一次又一次地強化我的觀念，至今仍是如此，而我並不在意。一個人的生理性別由褲子裡的東西決定，社會性別由腦子裡的東西決定，性向則由心裡的東西決定。

換句話說，一個人的生理性別非男即女，根據他們的內外生殖器官來判斷。如果你有陰莖，生理性別便是男性；如果妳有陰道，生理性別就是女性。如果你表現出兩個性別的性徵，那是雙性人（intersex）。

一個人的社會性別可以是男性或女性，根據他們的大腦所認定，或是他們的大腦認定他們既非全男、亦非全女，而是兩者混合，或根本不屬於任一性別。我的大腦告訴我我是女性，這對我和多數人來說很簡單，但並非人人如此。

一個人的性向可以是異性戀，如果他們的心（以及基因組成，我到死都會這麼主張）要他們去愛異性；一個人的性向可以是同性戀，如果他們的心（以及基因組成）要他們去愛同性。也有許多人不完全屬於這兩種類型，那也沒什麼問題。

我是否曾想過希杰可能是跨性別者，生理性別是男性，但社會性別是女性？或許他被生錯了身體？是的，看著一個男孩手腳都做了指甲，穿著啦啦隊裙，揮舞著彩球，實在很難不去這麼想。來，再繼續問呀。我是否曾想過他處於同性戀前期（pre-homosexual）？的確有。我現在回頭看和我一起長大的哥哥，他小時候就有性別不一致的傾向，後來出櫃成為同志。我起初的無知結論最後仍有可能是正確的。以統計數字來說，六至八成的性別不一致小男孩長大後會成為LGBTQ族群的一份子。

我的讀者和我進一步的研究最終幫助我給了希杰這種生理和社會性別分離的現象一個名稱。我在維基百科讀到「童年性別不一致」（childhood gender nonconformity）定義的那一刻簡直改變了人生：

> 童年性別不一致是一種現象，青春期前的兒童和性別相關的預期社會或心理模式不相

符，並且（或者）認同異性。展現此現象的典型行為包括變裝傾向、拒絕從事傳統上被認為適合其性別的活動，以及僅選擇異性玩伴，但不限於此。

多項研究認為童年性別不一致與最終的同性戀或雙性戀和跨性別結果存在相關性。在某些研究中，大多數的男同性戀或女同性戀者自陳童年時曾有性別不一致的現象。然而，這些研究的正確性受到學術界的質疑。目前治療界針對童年性別不一致的適當回應仍意見分歧。一項研究顯示童年性別不一致具有遺傳性。

就是如此。百分百正確。我們和它一同生活、時而掙扎了一年多，現在它有了個名字。我們的兒子是性別不一致者。我們的肩上少了一個重擔：希杰的行為和生活方式有了名稱。可是現在又多了一個重擔：接下來我們該怎麼做？賦予挑戰一個名稱並不會減低它的挑戰性。

在生理性別方面，目前希杰自我認定為男孩。他會根據日子、服裝和場合輕鬆地在性別光譜上移動。

有時候我會想：「他的內心真是個女孩。」但接下來他卻放出最難聞的臭屁還哈哈大笑，要求把一隻死掉的蜥蜴留下來當寵物，或告訴我他有多愛他的小雞雞，想要我親它。有時我稱呼他為我的兒子，但接下來他卻穿著睡袍、戴著頭冠和黑緞手套、塗上唇蜜、拿著手提包走進房間。出糗的總是我。每當我以為我瞭解了自己的孩子，他就會一再給我驚喜。

11 最棒的哥哥

麥特和我在我們自己對希杰的詮釋之外，得到了新的名稱和定義，跟其他人解釋起來容易多了，特別是查斯。

對我們來說，查斯比較容易養育，但並未被我們遺忘。他是我們特別的長子，讓我們成為父母，也讓我們知道我們在養育孩子時根本不知道自己在做什麼。他是個俊俏的男孩，淡褐色眼珠裡的藍色比綠色多，淺棕色的頭髮閃閃發亮，我應該要更常幫他剪髮，但他不是很在意，所以我也一樣。他的個性不拘小節。他比同齡的孩子高，最近嗓音突然變得和他爸爸家族那邊一樣沙啞。他比較喜歡穿低調的暗色系衣服（這是希杰不太愛穿他舊衣的另一個原因）。

他性別一致，但不會過於陽剛。他是個多才多藝的人。和樂高談了兩年戀愛後，他跟它分手了。我的光腳丫太開心了，從沒想過可以這麼快脫離誤踩到樂高的痛苦。查斯現在把注意力都放在他的 Xbox、電腦遊戲、腰旗美式足球、iPod Touch 和科學實驗。他喜愛創造和發明。他想要去上縫紉課，縫出上面有火焰的睡褲；上美術課，完成音速小子拼貼畫；以及上電腦課，來設計自己的電玩遊戲。

至於未來志向，他想成為一名主廚，自己開一家叫「油膩夢想」的餐廳。他會寫日誌，但記的不是想法和生活事件，而是他的發明和食譜。他最近寫了「田園島湯」的食譜，我們去商店買了食材一起做，結果意外地好吃，所以連續一個月每個星期都會做一次。

他也很迷科技，總能快速搞懂電腦程式。在上個學年，他的老師計畫讓學生輪流當班上的「資訊科技支援小幫手」。輪到查斯之後，他便連任了一整年，協助其他同學和義工家長處理四台教室電腦的各種問題。他在家裡也擔任同樣角色，沒有人比查斯還懂我們家那一堆蘋果產品。

查斯是個樂天派，看起來永遠都是一副「老神在在」的樣子。他從來不曾抓狂或驚慌失措，從這一點來看很難相信他是我生的。他的骨子裡不是一個壞心或粗魯的孩子。別人常常告訴我查斯是整個遊樂場上最有禮貌的孩子。在這個有兩個固執天后和一個陽剛爸爸的家庭裡，他是一股安定的力量。

在查斯六、七歲的時候，他對希杰性別不一致的感受波動很大。他會注意到希杰做的某些事、穿的某些衣服，然後感到生氣或沮喪。可是有時候他看起來一點也不在意，或根本沒注意。有時候他會說：「希杰為什麼總是在玩女生玩具？」還有「希杰什麼時候才會開始變得比較像男生？」他愛他的弟弟，可以連續好幾個月接受希杰的女性化行徑，但突然之間又覺得受夠了而惱怒，這通常是因為別人做出了某些批評或反應。我往往感到兩難，一方面想讓希杰完全做自己，另一方面又希望他在某些情況下能稍微像男生，讓查斯可以好過一點。

大約在查斯八歲左右，他變得較能接受希杰性別不一致的表現——因為我們終於向他解釋這是怎麼一回事。在我們確認能以「性別不一致」一詞描述希杰的那天後不久，我們讓查斯坐下來，好好告訴他有個名稱可以稱呼希杰這樣的孩子，那就是性別不一致，意思是男生喜歡女生的東西，或是女生喜歡男生的東西。

這似乎卸下了查斯肩上又大又令人困惑的重擔，也讓他的腦袋和內心更清淨一些。希杰會這樣是有理由的，它有個名稱，有其道理。有時當一個東西有了名字，會帶來轉變。特別是當這個名字又臭又長，而且聽起來很正式，像是「性別不一致」。

幾個星期後，我帶孩子們去公園消耗一些體力。查斯在練習「跑酷大戰成龍大戰來自橘郡的八歲白人男孩」招式，希杰則在其中一座溜滑梯下玩著粉黃相間的彩虹小馬。另一名男孩跑過來遊戲場叫查斯。原來是班上同學，他的名字是凱爾。

「你弟弟在玩女生的玩具！」幾分鐘之後，凱爾對著查斯說。

「我知道啊，因為他性別不一致。」查斯陳述事實，然後繼續爬上梯子，來到最高的溜滑梯頂端。

「是喔。」凱爾說，跟著查斯爬上梯子。他顯然不懂什麼叫做「性別不一致」，但這個詞明顯解釋了希杰為什麼在玩彩虹小馬，所以凱爾沒有追問。就這樣。

我們是不是只在尋求一個解釋？就算根本無法理解？

我發現自己屏住了呼吸，一方面為了要聽得更清楚，另一方面是因為這種時刻讓我有點驚慌。我們經常陷入這樣的狀況，有可能演變為各種荒腔走板的結局。

我恢復正常的呼吸節奏，好好感受此刻心中的驕傲，因為我有一個像查斯這麼了不起的孩子，他開始能夠更徹底地接受、捍衛和保護女性化的小弟。一旦查斯知道弟弟的狀況有個名稱和定義，而且世界上還有其他孩子和他一樣，生活就不再有那麼多羞恥、害怕、沮喪和遲疑了。

那天我在公園思索著：當一件事情攤在陽光底下，揭開神祕面紗，成為已知的事實並有了名稱，權力會不會物歸原主？

片刻之間，凱爾似乎握有權力。他看見一個小朋友在做「不同」的事，便告知其他人來獲得娛樂和關注。他愚蠢地以為他是第一個這麼做的人。他錯了。我們在過去將近兩年半的時間都必須面對別人取笑希杰不符合傳統的性別規範，並不懷好意地向他人指出這一點。

當查斯的反應不如凱爾所預期，給了希杰的行為一個正當名稱，態度堅定，權力便轉回我們這一邊。如果我們能泰然自若地承認與眾不同，就能擺脫弱點，用權力掩護自己。這種感覺棒呆了。不得不說，我們把權力使用得很好。

那個星期我去了ＰＦＬＡＧ的定期聚會。時代真的變了。我十年前開始為了支持哥哥而參與ＰＦＬＡＧ時，曾是年紀最輕的參加者（這是參加的另一個好處）。

現在我的ＰＦＬＡＧ大家族包括國高中生，他們必須在家庭作業、運動練習、家教、晚餐和睡覺時間之間擠出空檔來參加聚會。和我們圍坐成一圈的成員當中有一些勇敢的孩子，他們早在小學時期就知道自己是同性戀，並在十一、十二、十三歲的年紀就向家人出櫃。

這些孩子以及我在ＰＦＬＡＧ之外認識的同志大部分都決定在學校出櫃，讓權力轉回自己這一邊。祕密賦予知道「真相」的人權力，而這個人有可能會把它暴露出來。祕密的擁有者則毫無權力，一想到祕密暴露便讓他們害怕得要死（有時還真會危及性命）。

生活中的霸凌者、掠奪者、酸民和性喜八卦之人總會群聚在一塊，稍微嗅到一絲恐懼就會發動攻勢。要是聞不到恐懼、挖不到祕密，這些人就會失去權力，權力便會物歸原主。

我覺得我的家庭正在重拾一些權力，或至少查斯是如此。不是所有家庭在處理性別不一致的兄弟姊妹都能運氣這麼好。我們相當走運，希杰不可能找得到更好的哥哥了。我們經常提醒他們是最棒的兄弟檔，湊在一起是閃亮絕配。

正當我們試著搞清楚該怎麼教養兩個兒子（一個性別一致、一個性別不一致或其他狀況），查斯有時候會看著我們，好像我們來自一個歪曲的宇宙。我們會說：「粉紅色不過是一種顏色，所有人都能用！」以及「芭比娃娃不過是一種玩具，所有人都能玩！」他有時候會看著我們，心裡想著他怎麼會擁有整條街上最奇特的家庭，他當下的心情可想而知。查斯從來都不是個叛逆的孩子，但我和麥特開玩笑說等到他進入叛逆的階段，他大概會加入橘郡共和黨青年團、跑去神學院並過著極端保守的生活方式。我兒子的叛逆階段可能會讓你想起《天才家庭》的艾力克斯・基頓[9]。

由於查斯跟一個性別不一致的弟弟一起長大，我看見他必須去面對一些我和同性戀哥哥一起長大時遭遇過的問題，取笑、質疑、一些尷尬、過分的搞怪動作和扮裝。我知道擁有一個把所有力氣、氛圍和目光都吸引走的兄弟是什麼樣的感覺。我們每天都確保查斯知道他跟弟弟一樣被深愛，而且同樣重要且獨特。事實上，他和希杰一樣棒，只是以一種較內斂低調的方式展現他的美好。

9 編註：《天才家庭》（*Family Ties*）為一九八〇年代的美國影集，描述當時美國脫離自由派的六〇、七〇年代，社會氛圍轉趨保守的狀態。艾力克斯・基頓（Alex P. Keaton）為主角之一，他的父母皆為嬉皮，他卻年紀輕輕就加入一般認為是保守派的共和黨。

12 菲爾醫師

我的部落格不脛而走時，同志和性別不一致年輕人的主題正在成為一種文化現象。作家雪柔・季洛戴維斯（Cheryl Kilodavis）寫了一本名為《我的公主男孩》（*My Princess Boy*）的童書，描述她那偏好穿著洋裝的兒子。服飾品牌 J.Crew 設計了一張廣告，內容是它的其中一名主管在幫兒子把腳指甲塗成粉紅色，結果這事件被稱之為「腳指甲之亂」（Toemaggedon）。性別不一致的孩子是否一直存在我們之中？這是新興的現象嗎？我們是在目睹男孩的女性化，還是軍事化教養的崩壞，因為這樣的教養方式拚命強加性別和性向「規範」在孩子身上，讓孩子羞恥又恐懼地當個異性戀？這些問題夠讓正反兩方爭論不休了。

我相信性別不一致的孩子一直都存在。你想想看，不可能沒有的。然而，我們所採取的這種教養方式——「我是來愛他，不是來改變他的」，對很多人來說卻是嶄新的觀念。我想之前每一代的性別不一致孩子都隱藏了自我，有些讓真我遠離自己，有些遠離父母或大眾。

不論答案是什麼，新的情勢正在發展，而我已經參與其中、開始發聲。我的哥哥說得沒錯，我不是唯一一個正在養育性別不一致孩子、又希望透過網路和他人交流的家長。第一年，我一星期發兩篇文章。我的文章很快登上了Queerty.com，它是LGBTQ新聞的主要網站之一。來自各界的讀者都在看我的部落格。美國、英國和加拿大超過三十五間大專院校的性別研究學生和教員都要求我進一步描述我的經驗；媒體打電話來；部落格讀者開始寄給我各種他們覺得我會感興趣的研究、文章連結和影片。我不得不為希杰設立一個郵政信箱，因為他開始收到粉絲的信件、貼紙、卡片、照片、玩具和衣服。

這個部落格開啟的一場對話現已跨越一百八十多個國家，於此同時，我發現一件我從未想過的事：全世界都有家庭正在養育性別不一致的孩子。這是一個跨區域、跨文化的全球議題。我和世界各地正在養育希杰這種孩子的家庭產生聯繫：澳洲、杜拜、愛爾蘭、非洲和菲律賓。下一代的LGBTQ族群正在長大。而你知道我們這些正在養育他們的父母怎麼樣嗎？我們其實不知道自己在做什麼，我們只想知道自己並不孤單，找到一些慰藉和同伴，並接受他人肯定我們不是失敗的父母。

菲爾醫師（Dr. Phil）說我確實是失敗的父母。他是世界上最知名的心理健康專家之一，擁有自己的日間脫口秀，曾被歐普拉捧紅過。就在我開始寫部落格之後，我們選擇接受和愛我們的孩子，盡量給他最好的生活，並從自己和他人過去的錯誤中學習，但此時菲爾醫師竟然語出驚人地針對喜歡玩女生玩具和穿女生衣服的男孩，給了一個很簡單的教養建議：別讓他這麼做。

「用清楚明白的方式引導你的兒子。別買給他芭比娃娃或女生衣服。在這個階段，你不應該做出徒增困惑的行為。把女生的東西都拿走，買給他男生玩具。最重要的是，支持他所做的事，除了使用女生的東西。」菲爾醫師說。

讀完他的發言之後，我想要哭吼和辯解，並吃冰淇淋尋求安慰。我曾經以為菲爾醫生真的懂他的專業。我當初生下查斯、請產假時，每天都會看他的節目，一邊餵母乳，一邊跟查斯一起累得睡睡醒醒。

用清楚明白的方式引導我的兒子，別買給他芭比娃娃或女生衣服？如果我把希杰的女生玩具全部拿走，那才會使他陷入困惑。孩子不是傻子。希杰會很不解為什麼媽咪和爸比不讓他玩他最喜歡玩的東西。他會很疑惑為什麼他不能玩女生玩具，但女生可以玩男生玩具。他會很困惑為什麼查斯可以選自己的玩具，他卻不行。

對我而言，這就像是在告訴他：「你喜歡這樣的東西是有問題的。」而這樣說才真的很有問題。

希杰完全有理由感到困惑和挫折。我想像那就像是有人告訴我，我應該享受我討厭的嗜好和東西，而且只能這麼做。我只能去看越野摩托車賽，不能去做Spa；只能去汽車零件店，不能去購物中心；只能研究圍籠格鬥，不能閱讀時尚雜誌；只能喝啤酒，不能喝馬丁尼。

此外，除了感到困惑，希杰可能會感受到排斥、權力濫用、極端嫉妒和自貶。我絕對不願讓我的兒子，兩個兒子都一樣，承受這些情緒。

「在這個階段，你不應該做出徒增困惑的行為。把女生的東西都拿走，買給他男生玩具。」

我壓根不願去想像如果我把兒子的「女生玩具」都拿走，他會做何感想。他就只能玩他哥哥舊的湯瑪士小火車、玩具槍、爺爺和購物袋奶奶從達拉斯帶回來的塑膠牛仔和印地安人組，以及讓他興趣缺缺的一些瑣碎物品。這些玩具他一個也不會去玩，但我還是擺在他房間，混在他的女生玩具裡，想說搞不好哪天他興致一來就會去玩男生玩具。但這件事從未發生過。

另外，對於玩車子、球和超級英雄公仔的小女孩，我想知道菲爾醫師是不是也給她們的父母相同建議。他會跟這些父母說，他們的女兒可能長大會變得太強硬、太獨立、太男性化、太「不正常」以及「不恰當」嗎？

我們家十分鼓勵孩子玩想像遊戲，無論要扮演任何角色和性別都可以。「最重要的是，支持他所做的事，除了使用女生的東西。」

所以我只能支持孩子的一小部分，只因為他的行為落在性別規範的範圍之外。我可以支持他的全部，只要他更符合社會認為他應該要有的樣子，而非他自覺應該要有的模樣。我應該聽陌生人的話，而非聆聽我兒子的心聲。我應該支持查斯，因為他喜歡「男生的東西」；但我不應該完全支持希杰，因為他喜歡「女生的東西」。支持他，但只能半吊子。讓他知道他只有某些部份是沒問題的。對我而言，這是菲爾醫師給過最糟糕的建議。我們每個人所擁有的一切特質都值得受到讚賞。

《今日秀》討論了菲爾醫師對於男生不該玩女生玩具的意見。儘管主持人凱西・李（Kathie Lee）和荷達（Hoda）不同意菲爾醫師的觀點，但並非所有觀眾都是如此。他們當天的觀眾投票問題是：「男生可不可以玩芭比娃娃？」只有百分之六十三的投票人表示可以。我知道這已屬多數，卻也代表百分之三十七的投票人認為不該允許男生玩芭比娃娃。

有些投票人留了評論：

玩嬰兒娃娃的話，沒問題。如果是芭比娃娃？得趕快重新引導，不然絕對會變成變裝皇后。

——巴巴

如果你說的「玩」是指拿著從爸爸工棚裡偷來的工具，把姊妹的芭比娃娃拆成碎片，那就可以。如果是玩芭比本身，那就需要重新引導他。拿出救難英雄（Rescue Hero）或林肯積木（Lincoln Logs）讓他幫芭比娃娃蓋一間避暑別墅吧。

——內特

絕對**不行**！！！這就是為什麼現在世界上有這麼多怪人……男生不應該玩任何女性娃娃……好，特種部隊（GI Joe）的沒關係，因為首先他們都沒有頭髮，而且都是瘦巴巴的男人，但芭比娃娃有女性特徵、頭髮還化妝。

——莫妮克

「美國女性主義」太氾濫了，我很崇拜我老公這麼陽剛……男生應該要被「教」得陽剛一點！

——珍

行行好，讓孩子單純當個孩子。他們是玩芭比娃娃或特種部隊有差嗎？

——凱倫

如果你在孩子小時候就壓抑他的興趣，可能會對他們的未來造成傷害。絕對是如此！性別是一種社會建構，我們沒有理由去限制孩子的表達和創意。

——珍恩

那些說不可以的人只不過是恐同。

——羅伯

玩具男女有別的觀念早就落伍了，也令人反感。與其教導順從，更應該把焦點放在接納。

——貝絲

我覺得很有趣，這個問題竟引來了這麼多隱性恐同的回應。我在幼兒園教書，發現……大部分的孩子都沒有問題，直到有人把他們正在做的事情貼上「錯誤」的標籤。一般來說，玩耍是孩子發掘世界的主要媒介，他們可以盡情探索。男孩玩娃娃可以學到很多正面價值，如溫和、保護、對「小」人的照顧和責任。這些東西不會讓他變成男同志，而是有助於他在成人社會裡當個優秀的成員。

——E.S.

菲爾醫師和《今日秀》大約一半的評論者令我相當惱火。他們讓我想起有很高比例的人認為我兒子的性別不一致需要改正，這還算友善的；最惡劣的是認為他就是畸形。在兒子還小的時候，我可以把這些人藏起來不讓他看到，也可以不讓這些人看見我兒子。可是隨著他年紀漸增，我便無法這麼做了。我會放手讓他進入社會，很多人會對他抱持尖酸、憎恨、輕視和危險的想法。我希望成年人理解他們不該有這種想法，特別是像菲爾醫師這種具有高知名度的心理健康專家。

13 期許

網友覺得網路能提供他們匿名的防護罩時，就經常大吐憎恨、不耐、無知和恐懼症供眾人觀看，往往讓我驚訝不已。這種人一旦大膽起來相當可怕。

有幾個噁心的人讀了我的部落格之後寄電子郵件給我，對我說希杰長大後會變成吸屌的甲甲，或是變成喜歡被「一號」支配的「零號」，因為他是「媽寶」、「爸寶」。

社會服務人員應該把妳的小孩帶走，因為妳正在促使他染上性倒錯（paraphilia）。

我現在就要打電話過去，告訴他們妳逼他穿女生的衣服，要他玩娃娃，只為了達到自己的目的。每個客觀的人都看得出來不是孩子自己想要娃娃，而是妳想要孩子這樣。

妳真是可悲。

一個孩子是同性戀而且喜歡娃娃並沒有錯，錯的是把這件事強加在他身上的妳，妳是個糟糕的母親。

——喬

希杰的媽媽，如果妳的孩子想要殺死妳的寵物，妳會開心嗎？又如果妳的孩子很高興地試圖從梯子上跳下來，或想開妳的車，妳會讓他這麼做嗎？

看在老天的份上，妳們這些所謂的母親到底是如何被養大的。這是妳的孩子，妳卻連試都沒試就放棄他們。真是大錯特錯。如果妳不相信聖經，那沒什麼好說的，但如果妳相信，妳也該為妳的孩子聽從聖經，因為這不是上帝幫他做的安排。有太多經文說這是錯的，但為此必須站在上帝面前的人接受審判的人將會是妳。如果聖經說當一個同性戀沒問題，那我也不會有任何意見，可是小姐，這是錯的，我真心相信有一天妳會後悔犯下這個大錯。

——莫妮卡

我在閱讀某些評論或電子郵件時必須提醒自己，我創立這個部落格不是為了爭辯或證明自己是對的；我不應該一時衝動或為了替自己辯護，就撰寫或發表文章；有些評論者和讀者是低俗的酸民，顯露出的嘴臉十分惡毒，正是那種我必須保護希杰不受其傷害之人，也必須教導希杰這些人是怎麼回事。最重要的是，這個部落格讓我變得比過去更有耐心。

我遇過有人指責我處心積慮想要兒子變成同性戀，故意讓他變成這個樣子。即使是像我這麼愛我哥哥的人，我依舊可以自在且自信地說，我從來不希望任何一個兒子變成同性戀。

我知道這句話可能會被解讀成負面的意思，但我之所以這麼說，是因為作為一名母親，我和每位父母一樣，都對孩子有基本的期望：健康、快樂、安全、長壽等等。

我不希望兒子們有輕鬆的人生，占個肥缺安逸過日，但我希望他們在人生中面臨的挑戰是公平而且可以克服的，發生的頻率恰好足以讓他們成為堅強、勇敢又聰明的男人。可是，我不希望他們承受人生中不必要的困難，我不希望他們因為無法掌控的事情而遭遇偏見。

我希望他們能成為傑出的人，擁有足夠的競爭精神和自信，去追求和精通自己的熱情——無論是髮型設計、報效國家、表演或開垃圾車都無所謂。我希望他們擁有足夠的競爭精神和自信，但不要過分到犧牲深具意義的人際關係，被自以為是所吞噬。我絕不希望他們覺得真正的成就遙不可及。

我希望他們全心全意去戀愛，而且最好不只一次。我希望他們能擁有另一半，讓他們的人生圓滿、完整，而且不是因為妥協、矛盾或漠然才做出選擇。我希望他們找到他們想要照顧、對方也想要照顧他們的伴侶。

我希望他們能擁有比我更好的道德指南針。我希望他們明辨是非，會去考慮別人的感受以及行動的後果。我希望他們能做對的事，只因為那麼做是對的。

這些是我對兒子們的期望。我不希望他們成為同性戀。我養育他們不是因為殷殷期盼他們會愛上男人，讓我們變得獨特，得以拿他們的性向出來炫耀，而顯得時髦前衛。

如果他們是同性戀，我對他們還是抱著一模一樣的期望。我可能會感到憂愁，知道他們必定將承受困難、掙扎、批判和奚落，雖然此時尚無須面對，但未來這些苦難將會因為他們天性所愛之人而被強加到他們身上。我可能會日夜操心。我可能會感覺他們命中注定要去面對一些不公不義。

更甚者，我會帶著永不破滅的愛與忠誠為他們奮鬥。我會支持他們、他們的伴侶以及權利，猶如我自身的權利。

幾十年後，如果有人問起我兒子的妻子或女友，我不會感到丟臉或陷入一分一秒的遲疑，而直接表示，在這世界上沒有一位妻子、女友或女性能和他超棒的同性伴侶一樣令他快樂。

我希望兒子們能擁有可以讓他們走進陽光、追求所愛的世界與人生，不因任何團體的恐懼症而無法盡情探索。我不希望他們覺得自己是渺小的。我希望他們成為負責、成功、能幹、聰明、自信又有愛心的男人。沒有一個母親會希望孩子承受不公正的額外苦難。我們正試圖修補裂痕，對許多人來說，在這個殘酷的世界，身為LGBTQ族群的一份子便注定變得支離破碎。

我不會試圖將任何一個兒子變成不是他的樣子。正好相反。我試著欣賞和支持他們，讓他們知道可以自由地做真正的自己。

14 迪士尼樂園

到了二月，我們開始規劃慶祝希杰的四歲生日。經過前一年的迪士尼公主生日蛋糕和一群想要一窺究竟的派對參加者之後，我們詢問了他的意見。他想要迪士尼公主的派對用品、愛麗絲夢遊仙境的蛋糕、芭比跳跳屋，至於吃的只要酪梨醬——一個多主題的粉紫慶典。

「嘿，希杰，如果今年你生日我們去迪士尼樂園看所有公主和愛麗絲怎麼樣？」（如果你問我，我覺得可憐的愛麗絲從未被納入迪士尼公主的小圈圈實在可惜，因為她真的很有膽識。）「我們可以玩遊樂設施一整天，去看公主嘉年華秀、米奇的家和米妮的家（他很驚訝他們沒有住在一起，他會這麼想還真前衛），去白雪公主的餐廳吃午餐，你還可以在這麼多貴翻天的紀念品商店挑生日禮物。你覺得怎麼樣？」我和麥特說，希望他喜歡我們的提議。

我們不是不想辦派對，只是想選擇更完美的方式。我們不希望去年生日派對那些尷尬時刻和擔憂再次上演。希杰巨大的喜悅無法用文字表達，但他興奮尖叫，還跳了一支伸出舌頭、前後搖屁股的舞，搭配爵士手勢。

「不然你也可以在後院辦一個生日派對。」我們再度提議。

「不要！我要去迪士尼樂園看我的公主們。」他堅持。

一部分的我感覺我們耍了伎倆讓他不要辦生日派對，因為我們過度保護，害怕如果大張旗鼓地舉辦必備的橘郡四歲生日派對，他可能會遭受取笑或負面批判，因為他無庸置疑會選擇完完全全的「女生主題」。接下來幾個星期，我不斷問他要辦生日派對還是去迪士尼樂園。選擇權在他手中，而我每一次得到的回答都是迪士尼樂園。

我撥電話給迪士尼樂園，預約在小美人魚藏寶窟和公主們共進生日午餐。對方以為我們要慶祝女兒的生日。

「不，過生日的是我兒子，」我說。

貼心的迪士尼卡司成員不動聲色。

「你們遇過很多男孩想要和公主們一起慶祝生日嗎？」我離題問道。

「不算稀奇。」她說。

「我們不算稀奇，」我告訴自己，「我們不算稀奇！」

希杰生日那一天，我們起了個大早，開車去迪士尼樂園，停好車，走去搭電車，然後來到入口。最後，擋在我們跟米奇之間的只剩安全檢查了。

「什麼？他玩芭比娃娃？」一名女保全人員問，以下稱呼她為「維珍」10，一大部分是因為她的嗓音沙啞，嘴角佈滿吸菸者特有的皺紋。她盯著我兒子手中的娃娃。

「對，沒錯。」我一邊說，一邊打開我們的背包讓她檢查。

「真的？他玩芭比娃娃？」維珍又問了一次，她對我的回答比較感興趣，不怎麼在乎我的包包裡是不是有大量炸藥。

「對。沒。錯。」我說，臉上擠出頻臨精神錯亂的大大笑容，雙眼凍結，緊咬牙關，維持假惺惺的禮貌。

「好吧，也是可以啦。」她聳聳肩說。是喔，真是謝謝這位迪士尼樂園絕頂聰明的包包檢查員，讓我知道我兒子可以玩芭比娃娃，我還一直在想應該要跟誰確認呢。再說，這不是普通的芭比娃娃，是迪士尼的樂佩公主。就是這樣。

接下來一整天的時間我們都沉浸在迪士尼的魔法中。

我們直接去幻想世界坐愛麗絲夢遊仙境遊樂設施，因為希杰想要坐「摩摩蟲」（怕有人

10 編註：維珍（Virginia Slims）為一香菸品牌。

聽不懂四歲小孩的語言，他說的是「毛毛蟲」）從「兔子肚」（是「兔子洞」，別想歪）掉下去。我們坐了一個又一個的遊樂設施。

接著我們迎接一天最精彩的部分：迪士尼公主嘉年華秀。畢竟希杰來迪士尼樂園就是為了看他的公主們。我在規劃行程時，看到迪士尼的網站這麼寫：

> 來迪士尼公主嘉年華秀，和你最愛的迪士尼公主見面。走入神奇魔法通道，在景觀亭向小朋友們介紹每個公主。記得拍照，讓特別的一刻成為永恆回憶！你絕對猜不到哪些迪士尼公主會路過迪士尼公主嘉年華秀，跟你打招呼。歡迎通道上通常隨時都有三位迪士尼公主。

噢，我們全都照做了：我們走入神奇魔法通道，造訪了景觀亭，見到白雪公主、愛洛公主（又稱睡美人）和茉莉公主。

我告訴一路上第一個遇到的白雪公主，今天是希杰的生日，他最大的願望就是和公主們見面。她讓他享有皇家禮遇，每個陪我們走一段路的公主都親自把希杰介紹給下一位。這是他短短的人生中最快樂的十分鐘。希杰緊張時會站得很直，把兩隻手放在背後，手指交纏著，好像快把它們扯下來一樣。來到公主嘉年華秀這一切更是變本加厲。
我們順路從出口進入全是公主的禮品店，希杰挑了自聖誕節的《魔髮奇緣》樂佩公主好友編髮器以來他最喜歡的禮物。
那是一個絨毛娃娃。一面是愛洛公主；翻過來之後，洋裝傾瀉而下把她蓋住，會露出裙子底下的小美人魚。（至於小美人魚為什麼會跑到裙下，又在那裡做什麼就不甘我的事了。）
一開始冒出要去迪士尼樂園的想法是為了保護家人，感覺起來像是個次要選項。可是到了一天的尾聲，我們覺得這是好幾個月以來做出的最棒決定。它至今依然是我全家人一起度過最喜歡的日子之一。它跟我們預期的不一樣；不是盛大的生日派對，也沒有邀請我們認識（或不認識）的所有人來參加。希杰讓我們瞭解到「意料中的事」和「正常」並非總是像人們口中說得那麼好。他教會我們去質疑那些概念，一旦去做了，就會獲得不同的觀點，我們對此很感激。要是沒有希杰，我們可能就得不到這樣的觀點。

15 心碎的故事

希杰第四年去見他的小兒科醫師（你知道的，被我要求檢測色盲的那一位）、做健康檢查時，我向他解釋我認為希杰性別不一致。小兒科醫師看起來有些茫然，於是把我們轉介到精神科，幾個星期後，我們約了一位兒童精神科醫師。我認為希杰當時需要心理健康治療嗎？其實沒有，但我很想要和任何可能對性別不一致的孩子有經驗或資訊的人聊聊。

我們來到門診，按規定填寫基本初診表單。你的孩子憂鬱嗎？沒有。你的孩子曾試圖傷害自己或他人嗎？沒有。他只是喜歡玩芭比娃娃和穿女裝。表單上沒有這種問題。

我們走進精神科醫師的辦公室，希杰直直奔向角落的玩具城堡。他把所有騎士清掉，把公主聚集起來玩。穿著湯米巴哈馬（Tommy Bahama）襯衫的爆炸頭白人醫師在觀察他，我們也觀察著這位在觀察他的醫師。

「噢，還有另一份表格要填。」醫師說，拿給我三張紙，雙面都印了問題。

第一頁最上面寫著：「性偏差測驗」。

「像這樣的案例，這是標準程序。」我肯定是在讀標題時做了什麼表情，醫生才向我保證。

「你的孩子會手淫嗎？」不會。

「你的孩子是否曾試圖替別人手淫？」老天，沒有！

「你的孩子是否曾有陰莖分泌物？若有，是否會去玩弄它或自己的排泄物？」噢，絕對不會！

「你的孩子是否曾試圖與動物性交？」

「我拒絕回答這份問卷，我們的兒子沒有這樣。」我說，打算把紙張交還給醫師，於是拿起來在我們之間的半空中揮舞，表示我想趕快擺脫掉它們。

麥特一把從我手中搶過紙張，認為我在反抗，應該要順從一點。他掃描那些問題之後眼睛睜得老大，臉頰脹紅。

「我們的兒子沒有這樣。」他嚴正地說，把紙張推回給醫師。

從那一瞬間起，小小的精神科門診的氣氛陷入尷尬，而且非常非常安靜，所有目光都看向希杰，不想移開。

「怎麼了？」希杰說，注意到大家都在看他。

「沒事，寶貝。」我說。我們都露出微笑，而我努力忍住淚水。

看診接近尾聲時，醫師查了他的其中一本魔法書，確認了我早已在網路上知道的事。希杰性別不一致。醫師告訴我們，希杰不必再接受治療，然後給了我們一些一般的教養印刷品，我們一走出大樓，我就把它們丟進垃圾桶裡。

「至少我們知道兒子不是性偏差。有多少父母能夠這樣說自己的四歲小孩？」我對麥特說，他不發一語。

麥特開車回家時，我陷入沉思。我思考剛才的門診、那一位兒童精神科醫師，以及性偏差測驗。我決定我要成為兒子的專家，未來不要再尋求他人來擔當這個角色。有大半年的時間我都感覺自己像是一名專業研究員。這變得很討人厭。我這輩子從來沒有這麼求知若渴，除了第一夫人賈姬過世時，以及威廉王子和凱特王妃大婚前的那幾個月。

一個月後，我在公園看著希杰的一個朋友跑來跑去假裝自己是超級瑪利歐，希杰則忘情演出小桃公主。

我坐在一張長椅上，全神貫注的讀著《教養》（*Parenting*）雜誌中的〈你的孩子可能是同性戀嗎？〉文章。突然之間，一個鬼鬼祟祟的鄰居爸爸在我身旁坐下，露出微笑。他像鬼魂一樣，我被他逮個正著，急忙翻頁，雙手不受控制。我以最快速度翻到其他頁，然後把雜誌藏到包包底下。我覺得自己像是看 A 書被抓包的十六歲男孩。我真的不希望別人偷看到我正在讀的文章標題。他們會怎麼想？當那個爸爸走掉，去幫兒子推盪鞦韆之後，我才又繼續讀下去。

「除了（男孩）偏好粉紅色和玩扮裝之外，還有其他行為可能讓父母大感震驚：經常假裝是異性，或只喜歡跟異性玩；（女孩）愛好或（男孩）討厭打鬧；偏好在日常生活而非個別事件中裝扮成異性。這類行為在心理學的正式名稱為『性別不一致』。」文章如此寫道。

「無論你或你的配偶怎麼想，對孩子而言，有件事情是確定的：他們渴望知道自己被父母所愛和接受。你必須決定孩子的幸福和安全必須完全與他的性傾向無關……唯一不能讓孩子感到害怕的地方就是自己的家。」謝巴德基金會（Matthew Shepard Foundation）的茱蒂・謝巴德（Judy Shepard）說。

「《小兒科期刊》（*Journal of Pediatrics*）的新研究指出，年輕成年的男同性戀、女同性戀和雙性戀若出身自極度排斥他們的家庭（相對於中立或輕微排斥的家庭），患有重度憂鬱症的機率高出將近六倍，使用非法藥物或進行不安全性行為的機率高出三至五倍。」文章描述。

我讀完文章之後，不禁開始想公園裡的其他成年人有多少機率正在讀同一篇文章，並猜想他們的孩子是否其實是同性戀。有位女性在講電話，一個爺爺在吃冰淇淋，鄰居爸爸繼續幫兒子推盪鞦韆。我把超級瑪利歐和小桃公主聚在一塊，帶他們回到車上。雙手各牽著一隻濕軟的小手。希杰會是同性戀嗎？他會是異性戀嗎？他會是跨性別者嗎？

「不管怎樣我都愛你。」我告訴他。

「我知道。」他笑著說。

我在網路上查資料時，發現十分駭人的例子，有的家庭試圖強迫性別不一致的年幼兒子順應，有的家庭並非無條件地愛自己的孩子。安德森・庫柏11做了一篇標題為〈娘娘腔男孩實驗〉（"The Sissy Boy Experiment"）的報導，一九七〇年代有個名叫「克雷格」的五歲男孩在加州大學洛杉磯分校接受實驗治療，目的為減少他的女性化程度，避免他成年後變成同性戀。治療的環節之一，是他的母親會獎勵他的男性化行為，父親則會因他的女性化行為毆打他。這項研究受政府資助，被認為大獲成功，雖然這個家庭表示這是一場災難，男孩長大後變成同性戀，最終自殺結束生命。

這個故事令我心碎，直接粉碎一地。它告訴我應該要多看CNN而不是娛樂新聞！

我在谷歌搜尋「娘娘腔男孩實驗」，讀到一篇《時代》雜誌的文章說：「在心理學和醫學領域中，一些最悲慘的醫療過失案例都和試圖改變兒童的社會性別或性別認同有關。這些被誤導的『治療』不僅經常導致病患自殺，還再三助長科學不端行為。」
我隔天出門慢跑時編了自己的寧靜禱文：「上帝啊，請賜予我平靜，為了我性別不一致的兒子，讓我當個了不起的媽媽，也賜給我勇氣不把他送去加大洛杉磯分校接受實驗；並請賦予我智慧，因為我們與眾不同。噢，另外也請保佑安德森。阿門。」

11 編註：安德森・庫柏（Anderson Cooper）為美國知名記者、作家和電視主持人。

16 朋友

希杰要找到合得來、接受他和瞭解他有多棒的同儕並不容易。他在學步時期建立起的友誼不是每一段都能持續。自從他之前最要好的朋友（一個性別一致的男孩）迷上「星際大戰」，而希杰開始玩起公主後，他們便漸行漸遠。不過，他也擁有出生至今都經得起考驗的友情，以及在彩虹之路上遇見的新玩伴。這些和他建立起特別友誼的特別孩子覺得傳統的性別角色十分無趣，所以更喜歡流動的特質。如果一個女孩在四歲時就已經有第一個「男同閨密」，那麼她就比其他在大學找男同閨密的女性同胞早了好幾個光年。而希杰是在什麼時候交到了真正交心的好朋友呢？扶好你的頭冠，因為神奇的事情就要發生了。

兩個小男孩在南橘郡的一座公園裡，一個五歲，一個四歲。兩人手上各拿著一個草莓樂園，面對面，好讓酥餅太太可以和她的複製人談話。兩名男孩都把一隻手放在右邊屁股上，頭往右邊翹，架式十足。他們玩得很投入。我看不出來兩個草莓樂園之間發生了什麼事，但我看得出來我兒子宛如身處天堂，即使他表現得很傲嬌。我也欣喜若狂，因為這是我兒子第一次和這麼相似的小男孩一起玩耍。

約翰的媽媽珍妮佛找到我的部落格，並寫了封電子郵件給我。我很感激她找到了我，堅持見面讓兩個小孩一起玩。她是對的：我們生活相像的程度簡直不可思議。希杰和約翰就在兩個多事母親的安排下進行了「盲目的遊戲聚會」，我們過去一直誤以為自己的兒子不可能找得到另一個女性化的男孩玩伴。

約翰喜歡麥當勞快樂兒童餐的「女生玩具」，喜歡迪士尼公主，也喜歡在一整天放學後穿上他的瑪麗珍。約翰在公園走向我們時，背後藏著一隻貓咪填充玩偶。他一看見希杰的樂佩公主絨毛娃娃，馬上就把貓咪玩偶拿出來玩。

約翰是個很棒的孩子。他戴著眼鏡，有長長的睫毛、溫柔的靈魂和一頭拖把般的沙棕色長髮。他雙腳穿著同款但不同顏色的鞋子。他是台驚奇製造機。

珍妮佛也很酷。她穿著磨損的牛仔靴和別著混搭胸針的羊毛衫，約翰在覺得有點害羞的時候會去把玩那些胸針。她為我們帶來有機草莓，而且就跟我一樣，死都不想改變自己的小兒子，只想愛他。

約翰和希杰都有徹底像個男生的哥哥，他們的爸爸雖然有時會陷入掙扎，但仍全心全意愛著他們，而且現在已經分得出來貝茲娃娃（Brarz）、芭比娃娃和美國女孩（American

Girl）的不同。

約翰和希杰玩著草莓樂園和樂佩公主，小口吃著迪士尼公主水果零食，然後四處走走看看尋找瓢蟲。他們忘卻了他人的眼光。

我和珍妮佛坐在長椅上聊天。對於兒子穿著女性化的服飾出門，妳有什麼感受？如果兒子要求辦一個小粉紅（Pinkalicious）主題生日派對，妳會怎麼做？迪士尼商店的樂佩公主洋裝為什麼要價五十塊美元?!

我們都想盡力保護兒子，同時試著讓他們自由。遇到生日派對、面對愛品頭論足的朋友以及幫女性化的兒子穿衣打扮時，我們必須發揮創意。

她給了我一些訣竅，因為她在養育性別不一致兒子的冒險路途上比我多走了一年。她也給了一些警告：希杰在接下來一年可能會意識到自己與眾不同而開始感到丟臉和變得孤僻。隨著他開始面對生活現實，他可能會失去一部分的純真。我一邊聆聽，一邊記在心裡。

約翰那天早上在學校有「秀寶物講故事」活動。他花了不少時間決定要帶什麼去跟班上同學分享。他衡量了幾個選項；要帶他喜愛但可能被取笑的「女生玩具」，還是他沒興趣但不會被取笑的「男生玩具」？他打了安全牌：帶一隻棕色的泰迪熊。沒有人取笑他，他很開心。

這是另一件我跟珍妮佛聊的事：我們的兒子在四歲和五歲的年紀就要因為擔心被別人取笑而改變很多決定。我們都覺得他們還太小，不應該懂得去根據結果做決定。其他同齡的孩子就不需要衡量那些決定。這不公平，但這也讓他們的思考能力得以發展。於是我們往好處想。

我們相處的前兩個小時像是十分鐘，完全忘了時間，匆忙慌張地把孩子叫回來、收拾東西，以免去接哥哥們時遲到。珍妮佛那天晚上寫了電子郵件給我，告訴我他們開車離開時，約翰說：「媽，真不敢相信希杰喜歡公主！他完全不會取笑我，好棒喔！」

約翰的感想讓我同時欣喜若狂又難過不已。我很開心兩個孩子找到了性別不一致的朋友，可以讓彼此完全做自己，卻也很難過他們在找到這樣的朋友之前，必須承受他人嘲笑。

下一次的遊戲聚會，我和希杰去了約翰在海邊的家，後院就聞得到海水的味道。在這裡啜飲冰茶、和我的新媽媽朋友聊天再理想不過了。希杰很喜歡他們家，因為約翰的扮裝收藏豐富到連性別一致的男孩都會想穿成女生的樣子。更棒的是，它們被掛在一個可以推著走的小小服飾架上。希杰推著它，彷彿推著新品要去林肯中心參加紐約時尚週。他一邊移動架子，一邊看著衣服擺動。

「這小孩用的服飾架是在哪裡買的？」我問珍妮佛。我也想要一個。

「妳絕對想不到，是在沃爾瑪賣場（Walmart）買的。他的扮裝衣服多到從箱子裡滿出來，令我抓狂，我需要讓他的洋裝整齊一點。」她說。

「我需要幫希杰買一個來整理他的洋裝。」

希杰將架子推回原處。兩個男孩換上洋裝，去玩跳跳床。希杰穿著樂佩公主洋裝，約翰穿著黑色天鵝絨長洋裝。

「妳看！那件就是迪士尼商店買的樂佩公主洋裝。要五十塊美元！我自己買一件洋裝都沒那麼貴！」珍妮佛說，「那是他的生日禮物。」

「我知道！沃爾瑪也有賣，但品質沒那麼好。我會看看萬聖節過後戲服店有沒有出清特賣。他真的很想要那一件。」我說。

這是性別不一致兒子的母親才會聊的話題。

吃過午餐後，珍妮佛和男孩們一起捏麵團。

「你們想要做什麼顏色的？」她秀出所有顏色的食用色素問他們。

「紫色！」約翰大喊。

「粉紅色！」希杰歡呼。

「那就粉紅色和紫色囉！」珍妮佛說。

約翰的哥哥放學回家後加入我們。他是個徹頭徹尾的性別一致男孩，讓我想起查斯。他一邊舔著冰淇淋，一邊看著希杰和約翰穿著洋裝、捏粉紅色和紫色的麵團。他觀察的舉動並露出微笑。我知道讓他看見有其他男孩和他的弟弟一樣是一件好事。

我和珍妮佛都希望約翰和希杰可以一起上學，因為人多勢眾，而且他們不會覺得自己落單。

當時希杰的學前班上有十幾個男生和一個女生。猜猜看誰是希杰的閨密？就是那一個小女孩，他親暱地稱她為「餅乾」，因為她真正的名字對他來說太難唸了。餅乾和希杰兩小無猜。

「你去參加家長會時，琪娜老師有沒有告訴你我們的孩子太過親密，不該有過多肢體接觸？」餅乾的媽媽有一天去接孩子時這麼問麥特。琪娜老師還沒有對我們提過這件事。

「你和餅乾在學校是不是會摸對方？」那天晚上我們問希杰，試圖假裝整件事沒什麼大不了的。

「會啊。」他毫不在意地說。

「什麼意思？」我們問，故作不經意、不在乎來應對。

「我們會牽手和抱抱。」他說。

「你們會親親嗎？」我的問題讓麥特嚇得睜大眼睛。

「很噁耶！會啊，有時候。餅乾要我親她的臉頰，因為我們以後要結婚。」希杰解釋。

我想過餅乾可能和希杰是絕配，或是她可能會讓性別對希杰來說變得更有流動性。餅乾是個可愛的女孩，有一頭褐色短捲髮、愛睏的眼睛和燦爛的笑容。她穿著復古的紅色帆布鞋和《玩具總動員》上衣，背著一個裝滿恐龍玩具的蝙蝠俠背包。她喜歡所有超級英雄，但最愛蜘蛛人和鋼鐵人。餅乾一心想要佔有——我是說保護——希杰。就連她的雙胞胎妹妹都知道不要去碰希杰，餅乾覺得其他人最好距離希杰十呎之外。

餅乾和希杰沒有什麼共同點，除了他們在性別上都富有創意。他們是學前班的遊戲場上古怪的天生一對。

當希杰收到餅乾和她妹妹四歲生日的海盜主題派對邀請函，你如果看到那張卡片，會以為他受邀參加奧斯卡頒獎典禮。

派對那一天終於到來。這不是那種女性化的海盜主題，不會出現戴著愛心眼罩的粉紅骷髏頭。不，這是一個道地的海盜派對，希望參加者都可以扮裝。

「希杰，餅乾的海盜派對要大家一起扮裝。是不是很好玩呀？」

「耶！我要扮成公主。」他說。

「不行，餅乾希望你扮成海盜。」我告知他。

「告訴餅乾我不想扮成海盜，我想扮成公主。」

「可是這是餅乾的派對，她希望所有朋友都扮成海盜。」我解釋。

「那等到我辦生日派對，我可以叫每個朋友都扮成我想要的樣子嗎？」

「當然。」我說，不想引發爭吵。

我的老天爺呀，希望他可以忘記我做過這麼大的承諾，但他大概會牢牢記住，時間一到我就不得不去應付。我很確定所有男孩和爸爸們都不會想扮成公主或啦啦隊員，來參加希杰下一次的生日派對，雖然那景象對我和我的姊妹淘來說應該是精采萬分。

我把我的小海盜放到車上，前往赴約。

漢堡、跳跳屋、泡泡，還有臉部彩繪。壽星們當然第一個先畫。餅乾的妹妹想當美國隊長，餅乾選了蜘蛛人。下面一位？希杰想畫成霸氣的神力女超人。這三名具有性別創意的超級英雄一起合照。

「好好笑，那對雙胞胎姊妹想變成男生，那個男孩則想變成女生。」我聽到一個看似祖母年紀的賓客這麼說。

「他們是很棒的組合。」我對餅乾的媽媽說，我們看著這三個性別顛倒的超級英雄。

「的確是。」她同意。

「我很欣賞妳讓孩子喜歡她們喜歡的東西。」這是我第一次和餅乾的媽媽聊到這個話題。

「那當然，她們只是孩子。」她說。

「是呀。」我回答。

接下來是動物氣球的時間。餅乾和妹妹想要劍，希杰則是要了一個漂亮的粉紅色花朵氣球。女孩們對希杰揮舞著劍，希杰則聞著他芳香的粉紅色乳膠雛菊。女孩們開始追希杰，他尖叫著跑走，手裡抱著那朵粉紅花。

到了送禮物的時間，餅乾拆開我們買給她的超級英雄小隊總部，而餅乾的妹妹拆開彩虹小馬，有小馬寶寶和推車。她們都跳起來感激地抱著希杰不放，吵著誰該先放手。大人們笑成一團，我也是。擁抱結束之後，希杰轉向我，臉上掛著淚珠。

「怎麼了，寶貝？」我問，蹲下來看著他。

「我想要那個彩虹小馬。」

「等到你生日就可以拿到那個彩虹小馬。」我說，我知道我可以實現這個承諾，也一定會這麼做。

道別後，我們上車，我的海盜神力女超人抱著粉紅色花朵一路睡回家。

17 琪娜老師

希杰和餅乾的老師琪娜小姐是個特別的天使，她用彩色圖畫紙、手指畫和配上手勢的歌曲散播善良。希杰三歲時第一次進入她的教室，當時性別不一致的跡象正在顯現，但大部分被我們控制住，只會出現在安全的家裡。上了她一年半的課之後，他的個人、學生和性別不一致者身分都蓬勃發展。

琪娜老師開始注意到希杰性別不一致的特質，但一開始只是暗示。人們一旦發現他與眾不同，往往都會這麼做。

如果對方不知道該說什麼，通常就會說「他好貼心」或「真是個獨特的男孩」或「他很有創意，這一點無庸置疑」或「願上帝保佑他」。我漸漸覺得用「貼心」、「獨特」和「有創意」來形容希杰等於是在說他「女性化」、「不一樣」或「同性戀」。琪娜老師甚至超越這些，說他是個「天使」，當時我就知道她注意到了。

「我發現妳的部落格了。」某天下午我去學校接希杰時，她親切又羞怯地對我說。

「喔，是嗎？妳怎麼想？」我問。這是我第一次被認出來，我覺得自己暴露在陽光底下，心裡很是激動。這可能改變一切。

她告訴我她覺得這個部落格很棒，她很敬佩希杰和我們一家人。那一天我們的關係有了轉變。我感覺到這個變化：她不再只是這個團隊的粉絲，而且還是其中一員。我開始看到她欣賞希杰，支持他、保護他和替他發聲。她認為他是個很棒的孩子。隨著希杰來到學前班第一個完整學年的尾聲，琪娜老師安排了義務性的家長會來討論希杰的進展以及未來的教育。琪娜老師、另外兩位幼教專業人士、麥特和我都參與了會議。

琪娜老師在長達六頁對希杰的評估書中，寫得最好的一句話是「希杰懂得捍衛自己的權益」。我和麥特都相信琪娜老師只是用比較婉轉的方式描述希杰在學校耍大牌的樣子，因為他在家也是這樣。當我向她指出這一點，她笑著說希杰是她的明星學生。顯然琪娜老師有時候會迴避事實，把事情看得太美好。

到了家長會的尾聲，其中一名幼教專業人士說：「我很想要追蹤希杰，並知道他長大後會不會成為髮型設計師。因為每次我要他好好專注和配合時，都必須賄賂他，答應他如果做到就能梳課堂上公主娃娃的頭髮。」

校方每個人都點點頭表示同意，露出溫暖的微笑。這是我和麥特第一次聽到學校在教導希杰時，把梳頭髮賄賂當作激勵因子。我們的祕密已經露餡了，這些老師知道如何抓住兒子的心，那就是用公主和漂亮的秀髮。他們都認真希望知道希杰未來會選擇何種人生道路，他們忍不住感到好奇。這是我們第一次發現到希杰對人有這種影響力：他能夠激發他們的好奇心。認識他的人會想要知道他發生什麼事，想要追蹤他的歷程，彷彿他的人生是一本你捨不得放下的書。

「我很高興我們的兒子懂得捍衛自己的權益，這是好事。他在人生中會需要這種頑強的韌性。」在學前班參加完家長會後，我在走到車子的路上對麥特這麼說。

「是呀，只要他能尊重老師和其他孩子，不要覺得自己掌控一切就好。」麥特說。

「我也很高興他對頭髮有興趣，因為如果他變成髮型設計師，我這個媽媽就可以省下一大筆挑染和護髮的錢。」我補充。

「當然囉。」我們上車時麥特說。

希杰從琪娜老師的班上畢業的那一天，令我心情陰鬱。我開始思考。在我們住的地方，許多家庭會讓兒子晚一年上學，抱著很高的期望藉此為他們帶來優勢，在運動上表現優越，成為校隊明星，接下來變成職業運動員，畢竟這十多年來，私人教練一小時的費用要價一百美元。希杰有可能是這些男孩的其中一個，儘管運動不一定受他青睞。搞不好延後入學可以讓他成為最好的合唱團員、演員、啦啦隊長、設計師或造型師。或許我應該讓他延後入學，繼續待在琪娜老師的班級。在盛大告別之前的那幾個星期，我不斷詢問琪娜老師。

「妳確定他準備好要進入下一個階段了嗎？」

「或許讓他再待在妳身邊一年，可以讓他為幼稚園學前或幼稚園課程做更好的準備。」

「有什麼方法可以讓他繼續待在妳的班級？」

「他已經準備好進入下一個階段了，」琪娜老師說，她向我再三保證，「我很捨不得他，但他不會有問題的。他準備好了。」

她知道我很害怕離開她安全的教室。我覺得我是為了兒子好才對他層層保護，但在很多時候，這麼做是為了讓我和麥特不那麼脆弱。從琪娜老師的學前課程畢業就像剝開一層保護，讓我們稍微更接近了這個世界的殘酷，雖然尚未見識到，但深知它確實存在。

大部分的母親看到自己的孩子通過學業測試並準備好更上一層樓，都會感到喜悅與驕傲，我卻憂心忡忡。我們一直處在安全的環境，現在只剩夏天這幾個月可以準備進入幼稚園學前的世界了。

18 科羅拉多

這個夏天我們試著不要去想太多下一個學年的事。我們依照一年一度的慣例去了聖胡安國家森林（San Juan National Forest），它是科羅拉多爺爺和奶奶──也就是麥特的雙親──的後院。開車前往要花十四個小時。我們還沒抵達就已陷入瘋狂崩潰，下車時看起來像是得了創傷後壓力症、眼睛瞪大的瘋子，因為我們必須忍受長時間在荒涼的印第安保留地行駛，只能一直吃加工食品讓自己有事情做。我們停了超過五座加油站，試著去上廁所，我同時不斷大吼：「什麼都別碰！」這想必讓孩子們留下了揮之不去的陰影。有時候媽媽會覺得這世界上有再多的乾洗手液都不夠。

在我們停留的兩個星期中的頭幾天後，我們坐在露台上，享受晚餐前的寧靜氛圍。我們聊著來到大自然可以聽見風吹過枝頭的聲音，是郊區聽不到的風聲。

「爸比，我在科羅拉多喜歡男生的東西。」希杰出乎意料地說。

麥特猛然把頭轉向我。我知道他在想什麼，我們都在心裡盤算。我們可以把橘郡的家賣掉，用現金在科羅拉多州買一間佔地數英畝的好房子。我們要做什麼工作？這邊的學校怎麼樣？冬天如何？我的新衣會是鄉村復古牛仔風，還是波希米亞牛仔時尚風？

接著我想像十年之後的光景，確信如果希杰持續性別不一致，這個小鎮絕對會是養育他最糟的地方。這裡的人口只有一千五百人，大部分是猶特印地安人或白人，單身無業並且生活在貧窮線以下。地方經濟靠退休人士挽救，他們一年會居住在當地幾個月，並擔任義工、捐錢和做善事。

我聽過有家庭從加州搬到華盛頓州，因為家裡有皮膚癌的遺傳基因，他們為了不讓小孩罹癌所以逃離陽光。我心想：如果從加州搬到科羅拉多州可以讓性別不一致的兒子變得性別一致，我們會這麼做嗎？當時我們真的考慮了這些可能性。

如果搬到半個美國外的地方，能為一個或所有家庭成員免掉不必要的苦難，我們會搬家嗎——或說我們應該搬家嗎？你能夠逃離性別不一致嗎？如果搬家能讓我們家變得「正常」，我們會這麼做嗎？我們想要變得正常嗎？搬到科羅拉多州會是為了兒子好的善意作為，還是是為了改變他而孤注一擲？我捫心自問許多問題。

希杰的性別認同、對性別的認知和獨特的性別表現都是他自我的一部分，無論到哪都會跟著他。我們可以把性別不一致的兒子帶離加州，但無法把性別不一致帶離他。五天前我們在家的時候，希杰還想要打包他的二手粉紅花童洋裝、踢躂舞鞋和褐色唇蜜，好踏上荒野之旅。

這個城鎮人口稀少，但十分落後。它的居民顯然不怎麼在乎消費主義。最近的手扶梯要開車一個半小時才會到。沒有他們所謂的「大盒子商店」（big-box store）。沒有達吉特、沃爾瑪、凱馬特、好市多。他們最近有了一間索尼克（Sonic）速食餐廳，但居民抵制它以支持當地的快餐店，而它的名字很巧地就叫「快餐店」。他們沒有支領薪水的消防隊員，全部都是義消。如果有人放火，整座城都會完蛋。當地警察和我們住在同一條街上；如果他的車停在自家車道，那就是犯罪的好時機。

接著我開始思索。在科羅拉多州，就連我也比較喜歡男生的東西。我會騎越野車、射槍、玩滑索、拿著釣竿假裝在釣魚，甚至喝了一小口啤酒。我在科羅拉多州是個性別不一致者。我應該把這句話印在T恤上，穿去參加當地的PFLAG聚會。什麼？當地的PFLAG分會已經荒廢多年，因為他們只有一名會員？真該死。

此外，科羅拉多奶奶家只有「男生玩具」，因為他們家幾十年來都只有這些東西。家族成員有非常多男孩。接著希杰來到了這個家庭以及這個無論男女都很有男子氣概的州地區。

那年，我好友的丈夫蘇利文和我們一起在科羅拉多待了幾天。當希杰哭著不肯從越野車上下來時，他也在場。希杰想要「繼續搭摩托車」。蘇利文看著我，打趣地說：「糟糕了，現在怎麼辦？妳要在部落格上寫什麼？」

我的小彩虹要轉性了嗎？

沒那麼快。果不其然，午餐後其他家族成員準備在射槍場上大顯身手，希杰拒絕戴耳罩，直到他看見某一副上面貼了粉紅色貼紙，馬上指定要戴那一副。到了晚上，我們全身都髒兮兮的。希杰看到阿嬤的粉紅色肥皂玫瑰花瓣和蠟燭，於是每天晚上都要洗燭光粉紅花瓣浴。阿嬤有兩副銀器餐具，一副比較時髦、一副比較老舊，上面有很多渦卷和玫瑰裝飾。希杰只願意用有裝飾的那一副，因為「那是公主在用的」。

我記得去年夏天我們帶著三歲的希杰去科羅拉多州，麥可和他的男友替我們看家，其實就是坐在游泳池邊、用我們的冷氣和喝我們的酒。到了旅程中途，我打電話回家，給了他們一個任務。他們接到清楚的指示，要把希杰所有的女生東西藏起來。

麥可照做了，因為他在我們家白吃白住了一個星期，加上他雖然對ＬＧＢＴＱ的生活方式感到很自在，但他知道在某種程度上順應性別角色可以保護希杰。我們都還是很好奇，如果所有女生的東西都不見，希杰會學著只喜歡男生的東西嗎？

我們回到家後，希杰並沒有吵著要他的女生玩具。眼不見，心不念。可是他卻在玩所有被遺漏的女生玩具，因為麥可和他的男友顯然連找出「女生玩具」、把它塞進一個袋子、再把袋子塞進我的衣櫃這種簡單任務都無法勝任。「你們漏掉了至少兩個芭比娃娃、一個奇妙仙子和一個草莓樂園！」我打電話告知我哥哥。

「對不起嘛，我很不會做這種事，真的沒看到它們。」他說。

我們都已經太習慣看到女生玩具，不會去注意；它們沒那麼顯眼了，我記得以前一個娃娃出現在家裡都很刺眼。麥可和他的男友發誓他們真的盡力了。

結束旅程返家後過了幾個星期，我慢慢重新把一些藏起來的違禁品偷偷摸摸的放回希杰的生活，把它們混在麥可和他男友遺漏的所有女生玩具之間。這比買新玩具省錢，雖然我深感罪惡。母親的罪惡感最可怕了。有些玩具我直接丟棄了，因為已經過於老舊破爛。

我一時有了個愚蠢的念頭，想和去年做同樣的事，希望我們從科羅拉多回家前清掉家中所有女生的東西。但我學到了教訓，克制了這個衝動。希杰可以在加州喜歡女生的東西，在科羅拉多州喜歡男生的東西。他可以在任何一州喜歡任何東西。我很高興他有機會可以接觸到所有的東西。這就是我對孩子們的期望，希望他們能夠接觸許多不同的事物，選擇自己所愛，而非我或他人所愛。我們家不會再有娃娃被悶在黑暗的衣櫃深處。

19 新盟友

我們一年只會見到科羅拉多的爺爺奶奶幾次，要不是我太喜歡他們，不然偶爾拜訪還可以接受。我不知道我為什麼能如此幸運，和公婆相處得這麼好，而且還不是因為我們有很多共同點。我婆婆完全是個男人婆。她是個職業衝浪手，討厭購物，毫不關心名人八卦，主要是因為她對名人一概不熟。她最近剛好滿三年不曾看過電視。我告訴她麥可・傑克森六個月前過世，她很震驚，但並不悲傷。她對電腦或購物中心十分陌生。她不在乎衣服搭配、工作升遷或預防性維護這類的事情。她總是把我逗得很樂。

至於我公公，如果我再早個三十年出生，可能會跟他成為靈魂伴侶。他是個非黑即白、男人中的男人，擁有英文碩士學位，嗜飲威士忌。電台放的每一首千禧年前的歌他都知道，還會隨著音樂起舞，你很難看到身高超過六呎的男人能有他那優雅的舞姿。他蒐集名言和刀子。他擁有藝術家的精神和藍領階級的善感。他比所有我認識的人都還要瞭解女人、魚類和木工。他用帶有性別歧視的暱稱稱呼我和我的朋友們，像是寶貝娃娃、寶貝女孩和小母馬；

我們不但不感到厭惡，反而還有點喜歡。

科羅拉多爺爺奶奶是六〇年代出生的孩子。他們在曼哈頓海灘相遇，幾個月後結婚，加入和平工作團（Peace Corps），但他們不是你想像中的那種嬉皮士。他們在很多很多方面都十分老派而傳統。

他們總是張開魁梧的雙臂，熱情歡迎我的同性戀哥哥來到他們的生活和家中。但他不是他們的兒子，所以要接受和愛他比較容易一些，之後再送他搭上夜班火車回西好萊塢就好了。可是希杰不一樣，他是親生骨肉。我之前經常在想，他們會不會把希杰的性別不一致歸咎於我。據我所知，他們的血脈當中從來沒有出現過ＬＧＢＴＱ族群的成員，所以我相當確定，他們一定認為希杰會這樣不可能是他們的錯。

「我真不敢相信麥特這麼寬容希杰。」科羅拉多阿嬤在我們去拜訪時對我說，她啜飲著我介紹她喝的莫希多調酒。

「什麼意思？」我問。

「我不敢相信麥特這麼寬容希杰……還有你也是。因為你哥哥是同性戀，希杰跟他一樣。」她說。

「妳的意思是『寬容』還是『接受』？」我詢問，試著不要太直接地糾正她。

「應該說『接受』吧。」她說。

我沒再回話，因為我不確定自己一開口會說出什麼。我本來並不是一個缺乏安全感的人，但在那個當下，我那說話不經思考的婆婆踩到了我最大的地雷之一：希杰之所以會性別不一致、女性化而且可能變成同性戀都是我的錯，因為如我哥哥所示，我身上帶有「女性化男孩長大後會變成典型男同志」的基因。我婆婆說出了我認為許多人會有的想法：我應該要感謝我丈夫心胸足夠寬大，沒有因為希杰性別不一致而對我有所怨言。

「那表示妳做了對的事。」一陣沉默之後我對她說。

後來，我和我母親在電話上聊這件事。

「這樣啊，真要怪就怪我好了，誰叫我生了麥可。」我母親說。

我們笑了出來。如果要把LGBTQ怪到某人頭上，那我們就是代罪羔羊。我對我母親那邊的家族做了一些研究，最近才發現如果我養了一個異性戀兒子，那會是三代之內的唯一例外。從族譜的同性戀分支來看，我們家生下了許多同性戀男孩。真要怪罪的話，我可以理解為什麼要把LGBTQ要怪到我們頭上。

那次造訪，我們也決定告訴麥特的父母，我已經寫了六個月的部落格。我或許應該早點告訴他們這件事，而不是把這部分的生活隱藏起來，不讓他們知道，但當時我仍躲躲藏藏地寫我的部落格，有時也會隱瞞希杰的事。偶爾我和婆婆通上電話，她會問：「希杰還在玩娃娃嗎？」

這是一個很簡單的問題，沒有多餘的暗示。我婆婆只是好奇，不是在耍心機。她想知道孫子的狀況，但我卻感覺被針對了。好像如果回答「是」，她會質疑我的教養方式和我本人，如果回答「不是」，那就是在欺騙她，要是她一副鬆了口氣的樣子，我會非常失落。

「我開始在部落格寫養育希杰的事。」某天晚上我和公婆還有麥特圍在桌邊拼一千片拼圖時說。

「什麼是部落格？」他們問。

「就是寫在網路上的日誌，別人可以去讀。」

「我們沒有臉書。」我婆婆就事論事地說著，試圖用蠻力把顯然不符的一片拼圖拼進去。

「那不是臉書，而是一個我想寫什麼就可以寫什麼的網站。」好像有講等於沒講。

「在網頁上？」的確有講等於沒講。

「對，網路。」我表明。

「我們會像臉書那樣被封鎖看不到嗎？」有趣了，顯然他們在某個時間點曾經試圖上臉書瞧瞧。

「沒有封鎖，你們看得到。」麥特說。

「我們不太上網，而且完全沒有在用臉書。」

話題無縫接軌地轉移到天氣、紅棕熊比黑熊更具侵略性，以及街上那個鄰居愛他的獵狗勝過妻子。公公問婆婆她需不需要拿木槌把不合的拼圖敲進去。

「妳知道，我們的好朋友告訴我們妳在報紙上寫了有關希杰的不恰當文章。這一定就是他們在講的東西。」我婆婆經過幾輪閒聊之後說。

我的心沉到胃部，胃彷彿掉到膝蓋，而膝蓋開始發抖。我的臉因怒氣和哀傷而脹紅。我放下手中的拼圖。

每天都有人不認同我用這種方法把養育希杰的歷程記錄下來，我變得愈來愈厚臉皮，但當這種批評出自親近的家人，痛苦特別鮮明。

「不是每個人一開始都能認同我的決定，但如果他們肯花時間好好讀我寫的內容，通常會改變看法。你知道，其實有滿多人在讀我的部落格，我覺得我在做一件很重要的事情。」我解釋，麥特點頭表示支持。

「這我不清楚，我不上臉書。我只知道無論如何我們都愛希杰。」我婆婆說。

「這樣就夠了。」

沉默吞噬了夜晚。我們一個個離開拼圖桌，回房休息。隔天，我到樓上用家裡的電腦，我公公從我背後偷偷接近。

「妳可以把妳的部落格加到『我的最愛』嗎？」他俏皮地問。

「沒問題。」我微笑著說。

接下來那幾天都沒有人再提起部落格或希杰的事。我後來才知道我們離開後，科羅拉多的爺爺奶奶讀了每一篇文章。經過了將近一年的消化時間和自我教育之後，他們出乎意料地成為擁護者。他們所有的朋友都知道他們的孫子是性別不一致者。如果有人不喜歡，可以從他們家的石子路自行走去大陸分水嶺（Continental Divide）。科羅拉多爺爺奶奶總是第一個打電話來告訴我電視新聞節目播了什麼ＬＧＢＴＱ專題報導的人。他們當義工幫助弱勢青少年時，遇見並接納了賽斯，他是一個四年級的性別不一致男孩，會戴髮圈去學校，而且喜歡米妮。我幾乎每個星期都會聽到賽斯的近況分享。看到他們能有這樣的進展很酷，我們的跨世代家族和希杰一起成長，並認識到性別不一致的特殊需求。

20 給老公

那年夏天，在希杰進入查斯學校的學前班就讀前，我花了很多時間研讀生理性別、社會性別、性向和兒童的資料。我渴望瞭解任何有關性別不一致兒童的事、如何用最好的方式教養他們，以及他們面對什麼樣的未來。

我特別沉浸在一本最近剛出版的書《先天與後天性別》（*Gender Born, Gender Made*），作者是黛安・艾倫賽夫特（Diane Ehrensaft）博士，這本指導手冊教你如何養育健康的性別不一致孩子。對於不順應傳統性別規範的孩子而言，我敢說艾倫賽夫特就像守護神。學校和公司都應該要放假一天來紀念她；擁有性別創意親人的家庭都應該戴上聖黛安勳章；她應該要被畫成壁畫裡的吹笛手，後面跟著一群各種性別表現的快樂孩子；或是良善之人對保護者表達敬愛的任何方式。

艾倫賽夫特是一個發展與臨床心理學家，過去二十五年來專注於研究性別不一致兒童與他們的家庭，希望「為所有在我們的文化裡脫離性別常規兒童與青少年的性別健康鋪路」。

她稱呼這些兒童為「性別創意者」而非一般的「性別多樣者」或「性別不一致者」。

所有準父母都應該讀她的書；雖然新手可能會受到驚嚇，他們應該壓根沒想過自己的小寶貝可能是個想要變成女孩的男孩，或者反過來，或者兩者皆是，又或者是更獨特的狀況。所有父母和家庭成員只要跟性別創意孩子的生活沾上一點邊，也都應該讀讀這本書。

艾倫賽夫特可以體會性別創意孩子的父母的實際感受，因為她也是其中之一。她成年的兒子是性別創意者，現在認同自己為男同性戀。在她之前，我只從有限的研究和（或）觀察中讀過和聽過所謂的性別不一致兒童「專家」。我從未聽聞哪個經過認證的專家自己本身也是性別不一致兒童的家長。

她解釋「性別創意是一個發展位置，兒童在此超越文化對於男性或女性的規範定義，有創意地將不同性別意識交織在一起，它既不完全來自於內在（身體、心靈），也不完全來自於外在（文化、他人觀感），但存在於兩者之間。」

艾倫賽夫特認知到性別創意兒童若落入不對的人手裡所會造成的傷害。這些不對的人可能是與她具備相同專業的人士，其中僅有少數人「剛開始在從事長期專案，重新檢視在二十一世紀何謂性別健康的男孩、女孩等」。

她養育性別創意兒童的模式是「跟隨孩子的腳步，讓他們帶領我們。它假定孩子最有可能帶著完整的性別創意走向我們，而非在出生後被不幸的父母形塑，因為這些父母帶有某些性別偏斜的目的，或沒有能力為孩子設下適當界線和提供適當的性別引導。」

可想而知，這一點就是我最喜歡艾倫賽夫特的地方。她為父母除罪，提出有力論據，說服其他人做同樣的事。她認知到「面對著困惑、不被認同並遭公然反對，家裡出現性別創意孩子的父母所踏上的旅程充滿挑戰、困惑和勇氣」。譴責和罪惡感稍微被減輕的感覺真好，我可以好好喘口氣了。

她稱性別創意兒童「是受祝福的孩子，能夠堅持一種觀念，也就是我們想成為誰就可以成為誰：男孩、女孩，或許兩者皆是。我們每個人在一生中都曾有這種觀念。」

除了艾倫賽夫特，沒有人說過我的孩子因為是性別創意者而「受到祝福」；大家經常告訴我完全相反的話。艾倫賽夫特讓我再快樂不過了。但接下來她把我給嚇壞了。

性別不一致者具有被殺害的風險，但這在日常生活中比較有可能代表在社群裡被騷擾、混淆和誤解，或是被心理健康專業人員粗暴對待……無庸置疑，這些兒童是我們社會中的少數族群，必定會令人產生偏執和反感，這些人要不是不瞭解、孤陋寡聞、思想被迷思而非現實主宰，就是……把憎恨投射到與他們不同的人身上。同時，性別創意兒童和幾乎所有其他少數族群兒童相去甚遠的地方，在於他們有另一項不利之處：他們可能面對來自家庭和親人的中傷，而這些人原應該是他們的保護者。

我的情緒激動了起來，思考我希望用什麼方式照料我的性別不一致兒子，此時突然冒出一個想法：要是我無法在他身邊照顧他怎麼辦？我向一個透過部落格認識的朋友提到這個擔憂。嘉柏麗的兒子從小就是性別不一致者。他在差不多希杰的年紀時，對她說他的男孩身體裡流著「女孩血液」。現在他是一個迷人的同性戀青少年，還是喜歡偶爾在家裡穿媽媽的高跟鞋四處走動，因為他很享受高跟鞋踩在硬木地板上的聲音。

嘉柏麗告訴我，她人生中最大的恐懼就是自己發生某種意外，而無法繼續支持和保護兒子。她說我應該要習慣這種恐懼，因為它永遠不會消失。嘉柏麗是個美麗又直言不諱的女性。

我陷入全然的恐慌，於是決定寫一封信給麥特解釋我的感受，並告訴他如果我不幸過世，我希望他如何養育希杰。接著我把這封信張貼到部落格，讓我的姊妹淘也可以讀。我讓她們知道，如果她們沒有幫助麥特遵照我的遺願，我做鬼也要她們負責。她們覺得我在發神經，但讀了信之後還是同意了我的要求。

給老公：

我從來沒有告訴過你，我有多擔心失去生命，把你和孩子們留下。沒有母親想要白髮人送黑髮人，但也沒有母親想要在孩子還小的時候就從他們的生命中消失。壽命長短是更大的隱憂，因為我們的小兒子希杰擁有不尋常的想望和非傳統的需求。有時候，當他做了某件只有母親會愛他的事，我便感到恐懼。如果只有母親會去愛他，要是我走了，還有誰會去愛他？

萬一我發生不測，不能繼續在這裡養育希杰，你要記住以下這些事……

享受這趟獨特的旅程，雖然我無法牽著你的手走完。

為你、為他、也為他哥哥尋求治療。創造一個堅實的團隊來把我們的孩子養大，成為像你還有其他長輩一樣的人。養一個孩子需要整個村莊的力量，但你要有智慧地選擇適合希杰的村莊。

如果他做了什麼讓你厭惡的事，便自我省思：「為什麼我會如此不悅？」我發現這個答案通常都和其他人的想法或意見有關。要記得，重點不在於你的感受，而是在於他的感受。

讓他盡情表演。讓他唱歌、跳舞、演戲直到心滿意足。他可能是唯一一個這麼做的男孩，但如果他不覺得討厭，你也要試著不感到討厭。

讓他發揮創意，就算你必須帶他去手作材料店。他想要創作，而這會是一個亂七八糟的過程。放下報紙，任他自由揮灑。你可能需要指導他或參與其中。好好享受！幫他報名美術課。

強烈鼓勵他從事運動，一種運動就好，任何運動都行。他可能不喜歡典型、被認為比較男性化的運動，但還有其他選擇。他在最需要的時候，可以在健身和藝術之間找到健康的發洩管道。

對他感興趣的事物也感興趣。就算沒興趣也要假裝有興趣，就像你學會正確認出所有迪士尼公主一樣，你要瞭解他在興奮談論的事情是什麼。

讓他對自己負責任，不找任何藉口。

讓他身邊圍繞著對的人。保護他，確保他的安全，成為他的擁護者。你不必寫部落格，但你必須為他挺身而出。讓自己親身參與，永遠瞭解狀況。

支持他的精神，絕對不要叫他放棄對角色扮演的熱愛。和他一起假扮成各種人物。讓他知道一切都有可能，你自己也要如此相信。

帶他去平常你不會去的博物館、戲院和演唱會。繼續幫他梳頭髮，直到他滿意為止。讓他的扮裝衣櫃裝備充足，但不用太過花俏，有心便已足矣。

將他養育成堅強的人，但富有幽默感。將他養育成聰明的人，但對他人及其歷程富有同情心。「怪異」只是「不一樣」，而「不一樣」不是一件壞事。

在養育他的過程中讓他知道，如果他需要找人談談，你會全心傾聽。如果你無法完全瞭解，仍然會傾聽，並試著幫他找其他可以商量、願意傾聽且更能夠瞭解的人。為他找尋心靈導師，無論問題為何。

成為他的頭號粉絲。你該做的是深愛他，而不是改變他。支持他，讓他知道你會無條件成為他的後援。

你要記住節日的目的是要創造驚奇、喜悅和不可能的事物。根據節日去創造它們。給他最想要的玩具，即使這代表得去粉紅色走道購物，而非藍色走道。

記得照相。留著成績單。幫他保守祕密。認識他的朋友。

記得他所有男朋友或女朋友或男朋友和女朋友的名字。記得霸凌他的人的名字，讓那些霸凌者知道你清楚他們是誰。絕對不要讓其他人把他當作弱小欺負，來突顯自己的偉大。到他的班上當志工爸爸。

鼓勵他出去看世界並尋求靈感。買書給他讀。就算他不想要你這麼做，你還是要每天抱他、親他、告訴他無論如何你都愛他。

教他尊重自己的身體和性，無論他的性傾向是什麼。

幫助他成為他夢想職業中的佼佼者：髮型設計師、技工、律師，什麼都好。不管他想做什麼，都鼓勵他好好去做。

讓他看《與星共舞》。如果他繼續迷寶拉・狄恩[12]，也就是他口中「煮晚餐的女士」，那就帶他去她的餐廳。替我品嚐那裡的炸雞和香蕉布丁。

告訴他我聽得見他說的悄悄話，我會一直照看著他。

養大他，讓他知道當他天真地在另一個房間玩芭比娃娃時，他的媽咪深愛著他、為他而戰。養大他，讓他知道你會為他而戰。養大他，讓他知道你不會想要他變成別的模樣。他天生的樣子就是最完美的。絕對不要讓任何人說三道四。

我會想念看著你們手牽著手走在街上，你和穿著黑白圓點圍裙的小男孩。

永遠愛你的老婆

12　編註：《與星共舞》（*Dancing with the Stars*）是美國老牌的舞蹈比賽節目，名人會搭配一名專業舞者為舞伴，互相競爭舞技。寶拉・狄恩（Paula Deen）則是美國知名主廚和烹飪節目主持人，二〇一五年曾出現在《與星共舞》節目中。

21 小圈圈

我和麥特經歷了一段十分寂寞的過渡時期，我們一家人對於希杰的性別不一致已經愈來愈公開，也不再辯解，也不怎麼躲躲藏藏了。我們知道了他這種行為的名稱，我也做了研究，很清楚我們在養育希杰的過程中不該對他天生的樣子感到羞恥，而且說實在的，我們已經很習慣希杰玩娃娃和扮裝，有時要不是別人注意到，我們根本不會發現。

親如家人的好友們和我們一起走過這段歷程的每一步，直至今日。他們希望成為我們生活的一部分。有些朋友因為希杰和我們的教養方式而選擇不要參與我們的生活。我們也認定了某些朋友對孩子們或我們來說都不健康。有些人際關係的歷程加速了。恐同者？不必來往；給予負面批評的人？不必來往；嚴厲質疑我們教養方式的人？不必來往；愛八卦的人？更是不必來往。

我們不想過著疏離、脫節的生活。我們歡迎新的家庭和我們做朋友，但因為希杰的關係，我們接觸新的人之前會有所猶豫。我們無法預測別人對我們獨一無二的兒子會有什麼反應。如果他們不能接受LGBTQ族群，那就無法成為我們的一份子。如果他們不想和自己的孩子談性別和同理心，那他們可能不會想和我們的孩子見面。如果他們沒辦法想像讓自己的幼子打扮成迪士尼公主，那我們兒子的神奇魔力可能對他們起不了作用。

當希杰開始喜歡女生的東西、行為舉止變得女性化時，生活很美好。我們只是有點不一樣、有點古怪。我們家有個自由自在的紅髮男孩，不痛不癢。

接著我們發現，同樣是玩芭比娃娃又穿得像女生，一個兩歲男孩和一個五歲男孩這麼做時所引來的陌生人側目和訕笑程度完全不同。永遠別低估那些側目和訕笑的力量，它們會令人感到孤立又耗竭。

養育一個性別不一致孩子的生活有時極度孤單、引人落淚，我們走過這一切，希望不要讓孩子們去承受。有時候我們感覺自己像是獨自走在鋼索上的父母，被看好戲的人圍繞，但要是我們掉下來，他們並不會把我們接住。

過去有兩個家庭是我們的朋友。他們各有兩個與我們家兒子年紀相仿的男孩。我們以前常常聚在一起，看著男孩們學《星際大戰》裡的角色玩光劍，兄弟檔對抗兄弟檔對抗兄弟檔。不過希杰並不想玩，所以會變成兄弟檔對抗兄弟檔對抗一個查斯。這不公平。這個遊戲和這件事實讓查斯覺得希杰不是每次都站在他那一邊，不是每次都挺他，不是每次都能像個真正的兄弟。我會看著查斯從背後一次被兩支光劍猛砍，然後我們就會啟程回家。

另一個和我們曾是朋友的家庭有個大希杰不到一歲的小女孩，她衣櫃裡的行頭是我們見過最厲害的。希杰很喜歡她，只想要跟她一起打扮得漂漂亮亮。這個通常是扮裝女王的小女孩會尷尬地看著希杰。她不太能把希杰清楚歸類，他是男孩？女孩？男人婆？娘娘腔？怪咖？她會遲疑，然後不肯在希杰在的時候打扮，因為她很不自在。希杰每一次都希望她可以和他一起角色扮演，但她不想，所以我們只好回家。

有一次，我們去幾個朋友家，走進旁院，可以聽見他們在後院打棒球。他們的大兒子跑來對希杰說他不可以過去，因為他們在打棒球，而希杰不喜歡棒球，他喜歡的是公主。希杰感覺很受傷，但他試圖隱藏。這令人很不舒服，所以我們待到查斯打擊完之後便回家了。

幾天後，我們參加一場晚宴到一半，希杰哭著跑向我，把頭埋在我的膝上。他穿的佛朗明哥舞裙皺成一團，一個男生朋友對他說他們再也不能當最好的朋友，因為希杰喜歡女生的東西。每個人都有感受，每個人都很敏感，而希杰和其他同齡的男孩相比更是如此。他的情感受到嚴重傷害，羞恥到無法平復，於是我們回家了。

我們培養多年的友誼可能前一天還很健全，隔天就枯萎了。膚淺的朋友會問膚淺的問題。他還喜歡娃娃嗎？噢，他還處在那個階段是吧？妳可以不要讓他在我兒子面前穿裙子嗎？他的頭髮愈來愈長了，妳會幫他剪嗎？他為什麼喜歡女生的顏色？妳為什麼放任他這麼做？妳覺得他什麼時候會變得更像「男生」？妳要拿他怎麼辦？

真正的朋友會問真正的問題。你們過得都還好嗎？他會不會被嘲笑？這對妳、對他、對查斯來說是不是很不好過？妳最擔心什麼事？妳覺得他是跨性別者嗎？他的哥哥能夠適應嗎？這如何影響你們的婚姻？我可以幫什麼忙？

我們希望與人建立真誠的關係，但有時我們性別不一致的孩子以及我們選擇養育他的方式會成為阻礙。我們常常注意人們明知卻不願多談的問題是我們的兒子。

我和其他女性以及媽媽們的關係逝去最令我傷感。我和一個患有唐氏症的堂姊一起長大。看著我的姑姑養育她，我意識到教養一個有特殊需求的孩子既深具意義又充滿挑戰。我知道一個母親有時候會遭遇諸事不順的一天……或是一連一百天。在那些日子裡，她需要她最要好、最堅強也最忠誠的女性朋友，陪她在露台上喝一杯冰茶（或是偷偷在屋子旁邊抽根菸，這是我偷看到的。）

從我的角度來看，最能把女人凝聚在一起的就是成為母親這件事。當妳的姊妹淘裡有人生了寶寶，那個寶寶會成為整個朋友群的孩子，自動擁有所有權利和特權。

幾十年之後，我看著我最要好的朋友們在成為母親時經歷各式各樣的掙扎：不孕、流產、死產、領養、特殊需求的孩子，也有完全健康快樂的孩子，讓我的朋友們——也就是他們的母親——覺得自己很乏味。在某些情況下，就算丈夫或伴侶再貼心，還是無法取代朋友在一個母親生活中的地位。

我有幸和閃閃發亮的幾位女性建立了很棒的關係。我一再體認到女性會在非常時刻團結在一起，特別是涉及母親和孩子的時候。不過，我並未完全瞭解女性和友誼的力量，直到我變成最需要它們的人，因為我養了一個想變成女孩的男孩。

在大部分的情況下，我人生中的女性都很樂意面對我們家獨特的挑戰，她們愛希杰，並且在我深夜睡不著覺、揪著心擔憂兒子和他的未來時，接起我的電話，或回覆我的簡訊。我的朋友大力支持著我們。我絕不會拿這一群女性去和世界上任何事物交換。

有時我的朋友也讓我大失所望或大受打擊，我把她們當一輩子的摯友，她們甚至名列在我兒子學校檔案裡的「其他緊急聯絡人」一欄。我和她們分享的事物並不只是一瓶酒、一個衣櫥或一個祕密這般表面，而是分享生活。但在我的兒子開始穿洋裝之後，我想某部分的生活就不是那麼值得分享了。

不少其他女性和媽媽們質疑過我的教養方式。什麼樣的母親會在大庭廣眾之下讓兒子穿紅色瑪麗珍高跟鞋騎他的紫色滑板車？我就會。什麼樣的母親會幫兒子編法國辮？我就會。

什麼樣的母親會替兒子舉辦公主主題的生日派對，然後根據他的要求建議賓客送他同齡女孩會喜歡的東西？我就是這樣的一個母親。

我們讓陌生人覺得不舒服，這我懂。可是當我們開始讓一些最親近的朋友也感到不舒服，我努力地試著理解他們出乎意料的負面批評。我們曾是最親近的朋友，盡力扮演好母親的角色，總是互相幫助，但突然之間竟變得什麼也不是。

我有一個姊妹淘，她的兩個兒子第一次見到希杰時都很喜歡他，那時希杰還比較像個男生。後來希杰發生了變化，他們也是。他們變得很難相處。我和我的朋友談這件事，問她是否曾和兒子們討論過希杰的與眾不同。

「沒有。」她說。

「或許是時候了。」我輕聲但嚴肅地說。

「我不要，我不想跟兒子談性別和同性戀。」她堅決地回答，我看得出來她一直在想這件事。

「重點不在於性別或同性戀，而是同理心。」我震驚地說。已所不欲，勿施於人，其實事情不過如此簡單。

悲哀的是，她搖搖頭表示拒絕。我走出她家，默默流下豆大的淚珠，那裡本來是我不敲門都能自由進出的地方。

「妳會覺得妳在養育一個特殊需求的孩子嗎？」一個朋友問我。

「會，但這麼說感覺很糟。」我承認。

「別這樣想，」她向我保證，「我和我先生都說不知道妳是怎麼辦到的，如果我們有一個和希杰一樣的兒子，真不知該如何是好。」

特殊需求孩子通常以他們無法做到的事來定義。我的兒子無法融入群眾。他無法穿上無趣的襪子。他無法忍受不塗指甲油。當音樂響起，他無法不手舞足蹈。他無法克制不在鏡頭前擺姿勢。他無法玩平常的遊戲，像是警察抓小偷或牛仔大戰印地安人。他在穿著一條美麗的裙子時，無法停止大肆「轉圈」、搖動裙擺。他無法在一群男孩和一群女孩之間選擇和男孩一起玩。他無法不去撫摸漂亮的頭髮。他無法拒絕一項美好的工藝品。他無法抗拒閃亮發光或配色巧妙的東西。他無法順應傳統的性別角色。門兒都沒有。

我愛他這所有「無法做到的事」，而且我需要我們的小圈圈、親如家人的朋友也一樣感同身受。隨著我們準備好進入幼稚園學前階段，我有些朋友透露希杰女性化的胡鬧行為不再天真可愛，愈來愈令人不悅。於是我的小圈圈變得更小了，但也更為堅實。留下來的都是強大、活潑、貼心、真誠、可靠的女人，大力保護我們，全能又犀利。她們是那種可以和你一起在露台上喝冰茶（或偷偷在屋旁抽菸）的女人。

22 梅爾老師

「我很好奇要是學校其他媽媽發現希杰和部落格的事會怎麼想。」在某個夏日的日落時分，學校的一個媽媽這麼對我說。

「如果真有人發現，那我就知道是誰講的了。」語畢便掉頭走開。

有些人的確知道或正在發現部落格的事，我覺得無所謂，只要他們別和我談起它。當時我的防備心很重，除非其他媽媽能產生共鳴，否則我不想和她們討論這件事，會令我感覺自己好像在助長八卦簡訊、電子郵件、社群媒體和電話，讓十哩之內愛管閒事的媽媽都聚集過來，她們所有人彷彿都拿了兒童發展的學位，副修則是批判他人。

距離查斯上三年級以及希杰就讀幼稚園學前課程的日子已經進入倒數，我不想要如此開始我們的新階段。若說我對於希杰開始上學這件事「有點憂慮」，實在太過含蓄，這就像是說雷恩・葛斯林（Ryan Gosling）「長得還可以」或愛馬仕柏金包「貴了一點」。

孩子們開學的那一天應該是令人愉悅的，整個漫長炎熱的夏天他們都在家煩著我要找樂子和吃思樂冰。我應該可以帶他們去教室（努力克制我歡天喜想要跳踢踏舞的衝動）、衝回家、撲向沙發、穿著睡衣看實境秀，最好再來一大盤墨西哥玉米片當午餐，然後睡個午覺。我毫無羞恥心。可是，想到要把一個性別不一致的兒子丟進小獅子坑裡，和一群四到六歲、性別一致的孩子相處，讓我變成了一個膽小鬼。

老師會不會注意到希杰和其他人不一樣？她怎麼可能看不出來呢？她會在意嗎？那其他孩子會不會注意到？他們會在意嗎？希杰會被欺負嗎？如果他被欺負，我會怎麼做、我能怎麼做？我思索著是否應該事先告知希杰的新老師他是性別不一致者。我總是在想，養育一個性別不一致孩子的規矩是什麼。

我心裡有部分覺得應該在開學第一天之前告知希杰的老師，但我總是不太情願讓他人在親自認識希杰之前就替他貼上標籤。我可以讓她自己去搞清楚，但又擔心她在這個學習過程中難以察覺到希杰可能引來欺負和霸凌。我明白孩子就是孩子，在成長歷程中不免被取笑。但希杰的性別不一致可能會讓他更容易遭受騷擾，所以我認為他的老師應該要早點知道這件事，才能對我兒子的狀況稍微敏感一點。

我的腦海中盤旋著許多問題。告訴老師希杰性別不一致是在幫助他還是傷害他？怎麼做對希杰最好？要怎麼做才能讓希杰在開學那幾天過得更順利，持續對學習感到興奮，並在新環境中得到安全感？要怎麼做才能讓我在開學那幾天過得更順利，得以在沒有孩子或擔憂的狀況下安心睡午覺和出門辦事？

我有個朋友是幼稚園老師，在詢問過她的意見之後，我認為和希杰的新老師早點聊聊對他會是最好的。希杰的學習方式與他人迥異。如果他的老師上課要把男生和女生分開，而他被分到男生那一組，他可能會腦袋當機，但當然也可能不會。他經常搞混代名詞，因為他認知性別的方式和其他孩子不同，而學會正確使用代名詞是剛入學那幾年很重要的課程目標。如果要希杰畫一幅自畫像，他可能會把自己畫成女孩。他可能畫出男生的身體、女生的腿、男生的腳和女生的頭髮。這樣的美術作業能得到什麼分數呢？

如果老師要根據他的學習進度、成熟度和資質打分數，那麼混淆代名詞、半男半女自畫像以及在一群同性同儕之間放空可能代表著他尚未準備好進入下一個教育階段。但他準備好了，只是爬教育階梯的方式不太一樣，而老師應該要知道這一點。

希杰新學校的幼稚園學前課程開學日是星期一。在那之前的星期四，我上班時提早午休，跑去他的教室看看他的老師會不會剛好在那裡備課。我打開教室門，看見她在裡面。我沒料到她真的在那裡。那天的氣溫高達華氏九十度[13]，但我渾身凍結。門敞開著，她望向我。

「嗨，請問妳是梅爾老師嗎？」我汗流浹背地問。

「是的。」她看著我說，十分好奇我是誰、為何而來。我走進擺著迷你桌椅的教室，感覺巨大又笨拙。

「嗨，我是希杰的媽媽，希杰今年會進妳的班級，我只是想讓妳知道他性別不一致。」

我真是個白痴，蠢到不行的智障，而且現在梅爾老師知道了。

她還是盯著我，眼神充滿疑惑。她可能在想我患有妥瑞症或某種棘手的社交焦慮症吧。在我的性別不一致兒子和我之間，她很有可能已經在想辦法要把我們轉出她的班級。我知道誰絕對不會是志工媽媽的人選。

我原本打算讓自己聽起來更冷靜，或甚至更聰明，至少有條有理。過去幾天夜裡，等著睡意來襲時，我已經在腦中把這一刻演練過上千回（也擔心梅爾老師會不會極度保守、過度虔誠和〔或〕完全恐同）。但在我向陌生人揭露重大家庭祕密的那一刻，我的腦和嘴都不聽使喚。我覺得不能跟她閒聊太久，因為我打擾到她的私人時間了。

「好的。」她說。

「所以我只是想讓妳知道我們已經注意到這件事，也接受他這個樣子，並盡可能做到最好。」

現在我只是在試圖填補沉默，完全沒有依照我之前列出的關鍵訊息要點來表達。我的襯衫腋窩已經被汗水浸透。一個腋下有汗漬的瘋癲媽媽——我原本對自己的期望是更高的。

「『性別不一致』確切是什麼意思？」她問。

我解釋了——這我還做得到。謝天謝地她沒有讓這段預先想好的對話偏離正軌。

「妳希望我怎麼做？我能幫上什麼忙？」她面露同情地問，目光對上我的視線沒有移開。

我忍住淚水和擁抱她的衝動，每次有人願意站在我們這一邊幫助希杰我都會想這麼做。

「只要幫助他學習，讓他做好上幼稚園的準備，保護他不被霸凌，並且抱持著開放的心胸和態度就好。」我終於講出了練習過的台詞。

「這我做得到，」她說，「在我十二年的教學經驗中，我似乎沒有遇過『性別不一致』

13 編註：約等於攝氏三十二度。

的學生，所以我需要做些研究，也可能會有些問題。」她深思熟慮地說。

「歡迎妳問，有任何問題請別遲疑。我真的很樂意回答，」我誠心地說，「當然了，我們真心希望妳盡可能保護我們家的隱私。」

我們又談了一會兒，討論希杰可能用不同的方式學習，在男女分組時可能表現不佳。我想她不再認為我是個瘋子，開始瞭解我處在一個不尋常而且有時萬分艱難的教養情況。我們的對話來到尾聲時，她謝謝我告訴她希杰的事。我帶著微笑走出去，小心翼翼地把手臂伸出身體兩側，試著在回去上班之前將腋下晾乾。

23 內褲

這是我的兩個兒子第一次上同一間學校。可想而知，查斯有點緊張，不知道希杰會為他的社交地位帶來什麼影響。畢竟他三年級了，是低年級的霸王，也是小小操場上的老大。如果你和穿著奇妙仙子靴子、背著迪士尼公主背包的弟弟走進校園，突然之間好像就沒那麼酷了。那一年我們必須稍微調整希杰上學穿的服裝。

如果希杰上的是專屬於三、四歲幼兒的學校，那他或許可以比較自由地做自己。可是在這個學年，他走進了一個學生超過一千名的校園，他們的年紀從四歲半到十二歲不等，老練的孩子已經會剃除體毛、在臉書上追蹤別人、在接送區附近大肆舌吻。

三、四歲的幼兒不見得會聰明到發覺希杰與眾不同，但前青少年期的孩子就會，他們會向希杰、向他的哥哥，也向同儕指出這一點。於是希杰不能買他想要的迪士尼公主背包，也不能穿他的奇妙仙子靴子去學校。他去年的背包還堪用，可以背到真正需要買新的為止。他不能穿奇妙仙子靴子去學校，因為在遊戲場上不安全。像這樣的藉口和實際考量通常會被拿出來用，因為我們不想直截了當地說：「我們看不慣你穿戴女生的衣物去學校。我們超級害怕你和你哥哥遭人取笑，不只會使你的光芒黯淡，還可能永遠毀掉你的人生。」

藉口和實際考量在我們購買開學用品時被運用到極致。現在我已經穿內褲超過三十年，應該可以算是這方面的專家。沒錯，我對穿內褲這件事略知一二，而有件事我很確定：被人發現穿異性的內褲一定會招來異樣眼光。

希杰想要迪士尼公主比基尼三角褲組，一星期的每一天都可以換不同的公主來穿。我詢問了幾個朋友的意見，也和我哥哥談過。眾人一致認為別買公主內褲給希杰。某天深夜我和先生聊天時，我的直覺也是這麼告訴我的，特別是因為希杰想要穿著厲害的內褲去新學校見新老師和新同學。

讓他穿迪士尼公主內褲有什麼關係？又沒有人會看見。但如果真有人看見了呢？我們家通常不會說什麼東西是給「男生用的」、「女生用的」。在家裡，芭比娃娃不只是給女生玩的，無敵風火輪也不只是給男生玩的。但我還是這麼說了；我慎選用字，告訴希杰：「他們沒有做迪士尼公主的男生內褲。」

「怎麼會沒有？」他問。

「你不能穿女生的內褲，因為沒有放小雞雞和蛋蛋的空間，可能會受傷。」

我們大眼瞪小眼，不確定這是什麼情況。我希望這件事就此結束，因為我可以想像接下來會出現什麼問題。希杰希望我是錯的，想像他的私處被公主們壓扁。

這段內褲對話過後幾天，我們到柯爾百貨公司（Kohl's）買一些必備的開學用品。柯爾百貨公司跟宜家家居（Ikea）很像，都有令人眼花撩亂的商品、不怎麼冷的冷氣、沒有窗戶也沒有門，引發零售店恐慌發作。更糟的是，沒有足夠的結帳櫃台，排得長長的人龍總是很危險地靠近高級珠寶櫃，而我的孩子們如果好好和我一起排隊，總是喜歡用髒手去抹玻璃展示櫃，有時會去舔玻璃，感受裡面燈光的溫度。我們走掉之後，通常玻璃會看起來像是被人抹上了馬鈴薯泥。

這天一如往常大排長龍。我的前方是一個小老太太，後方是一個一臉孤單的空巢族長輩。希杰走離了幾呎，去到收銀機附近，那裡展示著一些孩子想要但父母不想要的商品。

希杰拿起一雙粉紅色絨毛拖鞋。

「媽咪，妳可以把這個列入我的生日禮物清單嗎？」他問。

「沒問題。」我說，想起我們列了一整年的清單。在我不想買某樣東西但也不想爭論的時候，我們會把它列入想像中的清單。那樣東西排上「清單」後，會等到下一個送禮物的時機再買。我們的「清單」現在可能已經長到從美國西岸延伸到東岸再繞回來了。

「媽咪，妳可以把這個列入我的生日禮物清單嗎？」他問，拿起一個紫色的水壺。

「好呀。」

排在我前方的老太太轉過頭微笑。

「距離他的生日一定還很久。」她笑著說。

「還有六個月呢。」我嘻嘻笑。

「那他還有很多時間改變心意或忘記。」她說。

我轉頭看查斯跑去哪兒，此時聽見……

「媽咪，這會害我的小雞雞和蛋蛋受傷嗎?!」

我轉頭看。希杰站在距離我差不多六呎[14]的地方，在整條人龍的眾目睽睽之下，舉高一包小美人魚內褲。

查斯快速回到我身旁，很難為情。

我招手要希杰過來，因為我想不到還能做些什麼。我招手招得更快了。結果他把我的動作理解成「我聽不見，大聲一點。」

「**我說，這會害我的小雞雞和蛋蛋受傷嗎？**」他再清楚不過地大聲叫嚷。

我滿頭大汗、滿臉通紅，提醒自己這一幕最終會變成好笑的回憶。

排在我前方的每一個人都轉過頭來盯著我。我甚至沒有轉頭去看我後方的人在做什麼，但我敢說他們一定也在盯著我看。希杰還是站在收銀機旁，他把那包小美人魚內褲高舉過頭，不耐煩地揮舞著。

我再輕不過地搖搖頭表示「會」並微笑。突然之間，我覺得我對穿內褲、養小孩或排隊都一無所知。或許讓他們回到學校給別人照顧也不是什麼壞事。

14 編註：約一百八十三公分。

24 尋求解答

四天後，梅爾老師和希杰相見歡的時刻到來。他堅持要自己挑衣服：粉紅色寬條紋 Polo 衫、達吉特一美元商品區的紫粉色女襪和紫色帆布鞋。梅爾老師對我和麥特會心地點點頭，彎下身，向希杰自我介紹，而他緊張地絞著手指。他揮手向我們說再見，走進教室。

開學那幾天，希杰回家時都很快樂，但幼稚園學前經驗沒有讓他太興奮。他說他有和男生一起玩，感覺「還好」。他說他想和女生玩，但她們邊跑走，邊大喊：「好噁喔——是男生！」最後，一個叫黛西的小女孩想通，決定不要跑走，和希杰一起玩。這時女孩們才發現希杰可以是多棒的朋友。

希杰很快適應了學校的日常生活，也找到了可以在空閒時間一起玩的姊妹淘。在梅爾老師的幼稚園學前班上做勞作很有趣，點心時間超棒，學校生活很美好。

在兩個兒子都在學校、我也不用工作的那幾個小時當中，我放棄去開家長會，選擇在網路上做一些有關LGBTQ孩子和學校的研究。我的線上研究常常把我帶到可怕的地方去。（我已經看過世界上最大的青春痘被擠破、長在女人乳頭裡的蛆，以及在WebMD.com錯誤地輸入我的症狀，得出我正在瀕臨死亡的診斷結果。）研究霸凌和ＬＧＢＴＱ青年可能已經讓我留下揮之不去的陰影。我找到男女同志與非同志教育網絡（Gay, Lesbian and Straight Education Network）在二〇一一年進行的全國校園風氣調查（National School Climate Survey）。調查發現超過八成的ＬＧＢＴＱ學生曾遭語言騷擾，將近四成曾遭肢體騷擾，而將近兩成過去一年曾在學校遭受肢體攻擊。

我火速在腦中制定了一個永遠都不可能實現的計畫：我要讓他們在家自學。我要複習我的長除法，去本地的教學用品店買幾本練習簿，在起居室幫他們上課。我之前總是在想為什麼有人要讓孩子在家自學，我現在明白了。我開始規劃戶外教學可以去哪裡：動物園、公園、圖書館、美甲沙龍。由我當他們的老師、校長、教練和諮商師，可能沒辦法幫他們做好上大學的準備，他們可能不會有太多社交生活，可能不懂數學，但老天，他們絕對不會被霸凌。這一點我可以保證。

我持續進行研究。我讀到說希杰這樣的孩子擁有全世界最高的自殺未遂比例。他們患有重度憂鬱症、濫用藥物和從事不安全性行為的機率比別人高出三至六倍。我的居家衛教課程會廣泛涉及這些主題，甚至得放棄歷史課也在所不惜。

接著我讀到：「認為自己有一位學校職員可以商量事情的ＬＧＢＴＱ青年比起沒有這種支持的ＬＧＢＴＱ青年只有三分之一的機率在學校被人用武器威脅、傷害或多次自殺未遂。」如果我決定不要讓兒子們在家自學，就必須在校園裡幫他們找一位可以吐露心事的ＬＧＢＴＱ成人。

隔天下課時，我見到副校長在操場巡查。他看起來光鮮亮麗，頭髮一絲不亂，穿著燙過的斜紋棉布褲、單寧襯衫和「會員專屬」（Members Only）品牌風格的外套。我看不見他的鞋子。我感覺口水開始分泌，我的夢想可能要成真了。我當時站在一個消息靈通的媽媽身旁。

「那個人是副校長嗎？」我若無其事地問。

「是啊。」她熟練地回答。

「他是男同志嗎？」我問，忽視她臉上露出的厭惡神情。

「不是，他結婚了，有兩個年幼的小孩。我記得他的老婆是老師，好像是教四年級。」她告訴我。

「可惡！」

「怎麼了？」她問，用奇怪的眼神看著我。

「沒事。」

剩下唯一一個駐校同志心靈導師的人選是四年級的男老師，他也是校園裡除副校長外唯一的男性。我會進一步調查，目前就先讓孩子們入學。

其他我必須觀察的事情（它們證明可以降低LGBTQ青年的受害率和自殺念頭與行為）包括同儕支持團體、非學術諮商、反霸凌政策、學生司法機構、性騷擾相關之員工訓練和同儕教學制度。如此你還能怪我不去開家長會嗎？我真的沒時間搞烘焙義賣。

有一件事對希杰有利：一個支持他的家。自殺風險之所以增加不是因為孩子自我認同為LGBTQ，而是因為他們在家裡、學校、社群和宗教機構被對待的方式。我必須確保希杰在這些地方被善待。

我也開始進一步研究「兄弟排行效應」（fraternal birth order effect），我哥哥前陣子也曾模糊籠統地提到過（因為他有時無法像他妹妹這麼鉅細靡遺）。我有一個部落格讀者最近寄給我一封電子郵件，裡面只有簡單一句：「查一查兄弟排行效應。」

兄弟排行效應，聽起來煞有其事。好像《達文西密碼》裡面的團體、哈佛大學的兄弟會，或是超級有錢、裝腔作勢的人去的祕密俱樂部。一定要有祕密握手、裝在酒杯裡的陳年蘇格蘭威士忌、深色木板牆和圖章戒指。當然還有戴著領巾狀領帶的男士。

某一天晚上，麥特去工作，兒子們入睡之後屋內一片寂靜，此時我聽見谷歌在呼喚我。我一直到半夜都醒著（根據媽咪的標準時間，半夜指的是凌晨三點），閱讀這個神祕名詞可以查到的任何資訊。

我在《舊金山紀事報》（*San Francisco Chronicle*）找到一篇文章，用我可以理解的方式解釋了兄弟排行效應：「這個理論顯示，母親在分娩時可能對長子Y染色體製造的蛋白質產生抗體，之後的妊娠可能在免疫反應中激發那些抗體，影響男胎兒的發展。」

根據我找到的幾項研究來看，一名生理男性若有哥哥，他成為同性戀的機率會增加大約百分之三十三，而如果你是男性的話（女性則另當別論），出生排行是性傾向最有力的已知預測指標。這適用於同一個母親所生但沒有一起養大的兒子們，但不適用於同一個家庭領養的兒子們。

在谷歌搜尋了一陣之後，我忍不住一直去想，所有我認識的男性當中誰有好幾個哥哥。我數著這些同性戀弟弟助眠。我想到外面賣的那些印著「我是大哥哥」和「我是小弟弟」的T恤，其實最小的兒子穿的應該印上「我是最有可能成為同性戀的弟弟」。

我忍不住一直去想那些生了很多男孩的家庭。貝克漢家族、強納斯兄弟、甘迺迪家族、馬克思兄弟、杜格斯家族。不會吧，杜格斯家族那十個男孩裡該不會有人是同性戀！「老天爺，請保佑那個名字 J開頭的杜格斯男孩，要是他的父母吉姆・鮑勃和米雪兒對他說他是會下地獄的罪人，請幫助他找到我們家。」[15]那天晚上我在睡著的前一刻如此祈禱。

在接下來十幾年，希杰可能需要穿一件T恤上面寫著「我是媽媽子宮裡的最後一個兒子所以才會有這種愚蠢的性向」。查斯可能霸佔了我的子宮可以提供的所有異性戀因子。

接著我想到：「要是科學進步到可以改變母親體內的抗體，兄弟排行效應發生的機率會降低嗎？」女性和醫生是否可以開始在懷孕期間改變荷爾蒙注射，預防同性戀？真有女性會這麼做嗎？我很清楚，如果有這個選項，很多女性會做。

我回去讀《舊金山紀事報》那篇有關兄弟排行效應的文章。

文中寫道：「兄弟排行效應僅作用於右撇子的年幼男孩。換句話說，如果一名年幼男孩

15 編註：強納斯兄弟（Jonas Brothers）為美國男子演唱團體，由三位親生兄弟組成。馬克思兄弟（Marx Brothers）為美國經典喜劇演員，由五名親生兄弟組成，作品常見於音樂劇、電影、電視等。杜格斯家族（Duggars）於二〇〇八年的電視實境秀《十九個孩子不嫌多》（*19 Kids and Counting*）而聞名，播出長達七年，吉姆・鮑勃（Jim Bob）和米雪兒・杜格斯（Michelle Duggar）擁有十個兒子和九個女兒，名字全都是字母 J開頭。他們是虔誠的浸信會教徒，因此避免節育，十九個孩子都在家中自學。

有許多哥哥，但本身是左撇子，那麼他成為同性戀的機率不會比較高……兄弟排行效應的右撇子例外特別令人吃驚，因為其他研究之前曾解開另一道謎題：左撇子的男性和女性成為同性戀的機率皆稍高。」希杰是第二個兒子而且是右撇子。如果他是同性戀，那麼兄弟排行效應可以應驗在我們家。我的哥哥是左撇子長子；他的慣用手比較能顯示出他的性向，而非出生排行。

在順勢打開維基百科時，我很驚訝地發現，如果當初在學校可以研究兄弟排行效應而非石頭，我應該會對科學更有興趣。維基百科說，童年性別認同障礙最有可能的結果是同性戀或雙性戀，而孕期的壓力也會讓婦女生出同性戀兒子的機率變高。

希杰是同一個母親所生的第二個兒子。他成為同性戀的機率比哥哥高出百分之三十三；條件符合。他有童年性別認同障礙，讓他成為同性戀的機率增加；條件符合。我懷他的時候症狀包括早產陣痛、妊娠糖尿病和子癇前症，被認為是高風險孕婦，這也讓孩子成為同性戀的機率增加；條件符合。我懷疑過我兒子目前的行為是他未來性向的預測指標，而現在我有科學佐證。然後呢？什麼也沒變。

我一直想找到一些證明和鐵證來支持我覺得兒子是ＬＧＢＴＱ一員的想法，如此才能知道我們家面對的問題為何。一旦找到之後，我發現什麼也沒變。我還是沒有絕對的答案，而且會繼續以同樣方式養育兒子。我以為得到「最有可能發生」的答案，問題就會憑空消失。但事實並非如此，而且這一切也突然不再重要了。

25 足球或棒球？

開學之後，足球季也開踢了。我們幫希杰報名足球社團，原因有幾個。這就像是一個成長歷程，你永遠不知道孩子會在哪裡找到熱情，這無關社會性別、生理性別或性向。即使我們開始讓性別不一致的希杰隨興所至，還是會鼓勵他嘗試符合性別的事物，如同我們敦促查斯全方位發展，要他考慮將舞蹈、藝術、縫紉和手作拼貼當作課外活動。沒錯，在我們的潛意識裡有著說不出口的默契，我和麥特總是想著或許，只是或許，下一個希杰嘗試的「傳統男生活動」可能會重設他的性別開關，讓他對「男生事物」更有興趣，提供機會讓他可以真正和男生建立連結。我們不敢抱有任何奢望，但總是有那麼一絲可能性。

「噢——媽媽，我看起來像個足球員！」希杰說。他站在我的衣櫃鏡子前來回轉腰，看著他大了兩號的發亮黑色運動短褲隨著動作在膝下像裙子一樣搖擺。

「因為你就是足球員呀。」我興致高昂地說。

「真的嗎?!」

「真的！」

「為什麼我的衣服是綠色的？我不喜歡綠色。我喜歡粉紅色，還有紫色，」希杰說，眼睛離不開鏡子裡的自己。

「因為你的隊伍叫綠龍呀！」我盡量表現出興奮不已的樣子，希望可以感染他。

我們去了第一場比賽，這也是美國青少年足球組織（AYSO）未滿五歲組別的第一次練習。

希杰見到了五位隊友和他的教練。他們全都蹦蹦跳跳的，好像喝了紅牛（Red Bull）和山露汽水（Mountain Dew）而太過亢奮一樣。一個叫諾蘭的小男孩接近希杰，他怯生生地站在查斯身邊。

「來擊掌！」諾蘭很有氣勢地吼著。

希杰露出微笑，和他擊掌。希杰都用被動的方式擊掌，也就是把手掌打開伸出去，讓另一個人來做「擊掌」的動作。

「來擊掌！」諾蘭再次吼著。他真是精力旺盛；這時我很慶幸我的孩子們需要時間才會熱起來。

希杰再一次微笑並伸出手掌。

「現在我要給你一個用力的擊掌！」諾蘭吼著。

「不要！」希杰尖叫，把手掌縮回胸口。

「希杰不跟人家『用力擊掌』的。」查斯用警告的口吻對諾蘭說，對方馬上轉身，跑去找其他人「用力擊掌」。

三十分鐘的練習時間對希杰來說一轉眼就過了，我們走向比賽場地。在走的過程中，他看見了。我看見了。我也看見他看見了，知道該來的還是會來。他指著一個穿粉紅色AYSO制服的小女孩，高聲說：「為什麼她可以穿粉紅色的，我就不行？」

「因為你被選進綠色的隊。他們沒有粉紅色的隊給男生。有時候你就是得接受，不能鬧脾氣。」我說。我常常對兩個兒子說這句話，有時候也必須對自己說。希杰既不悅又困惑，對他的制服顏色不滿到了極點，但還是繼續走向場地。

如果你看過這個年紀的孩子踢足球，就會知道是什麼情景。球在一群小朋友中間，他們在場上來回移動，有時跑出場外，在一團混亂和一陣亂踢之後還是一事無成。他們會把球踢往最近的球門，敵我不分。

希杰跟著隊伍移動並待在外圍，假裝很雀躍的樣子，好像真的想踢到球，但我幾乎可以聽見他用念力對著球說：「拜託別過來，拜託別過來。」

中場休息時間，距離下半場比賽開始還有十五分鐘，孩子們已經累垮了，全身汗臭黏膩，沾滿早晨的濕草。希杰和他的球迷們一起喝了水、吃了柳丁。他的上衣下襬因為激烈的足球動作而掉出短褲外，他用手絞著它。

「媽媽，妳可以幫我在這裡把衣服打一個結嗎？我覺得這樣比較好。」他說，意思是要我在他右邊髖骨上的球衣打個結。

「是妳教他這麼做的嗎？」麥特給我一個質疑的眼神。

「才不是，我才沒有教他把衣服下襬打結。你曾看過我這樣過嗎？我自從一九八〇年代晚期、一九九〇年代早期以後就從沒這樣做過了，那是我還會在頭髮上夾香蕉夾的年代。」我為自己辯解。

「那他是哪裡學來的？」麥特問。

「我哪知道！」我說，轉向希杰。

「不行，寶貝，我們不能在你的球衣前面打結。」我說。

「那可以在後面打結嗎？」希杰問，向我示範該怎麼打。

麥特對著我翻白眼。

「不行，寶貝，我們把衣服重新紮進去就好。」

中場休息時間結束，我們無法繼續爭論衣服怎樣比較好看，是要重新紮好、在前面打結還是在後面打結。

希杰繼續跟著大家跑，待在周圍，雙臂直直往下，手腕呈九十度角。此時另一名球員踢了球，彈到希杰的小腿前方。他看著我們微笑。酒窩陷得深深的，很是驕傲。

「踢得好啊，希杰！」我們全都站在邊線外歡呼。

在回家的路上，希杰詳述那顆球如何反彈到他小腿，差點射門成功，我心裡則想著他的運動衫差一點違反AYSO男子聯盟標準，變成獨一無二的打結創作。

隔年又來到報名足球隊的時間，希杰委婉地拒絕了。

「不用了，謝謝。要跑太多步，又沒有粉紅色的隊給男生。」

過了足球季之後，希杰打了棒球，我以為這可能會引發他的興趣。希杰的身體裡流著棒球的血液。他的外曾祖父在一九三〇年代入選芝加哥白襪隊。他的外祖父去過拉丁美洲打泛美運動會（Pan American Games）。他的祖父花了將近三時年的時間指導即將打職棒的青少年。麥特上大學時拒絕了很有機會拿到的棒球獎學金，改打橄欖球。就連我年輕時都曾在一個叫「甜蜜毒藥」的快速壘球隊裡擔任不錯的游擊手。

但舊事重演，麥可打樂樂棒球總是被三振，而希杰比我們家任何一個人都還要像麥可。

在我們小時候，購物袋奶奶每個週末都會坐在看台上，頂著法拉・佛西的髮型、穿著葛蘿莉亞・凡德貝特牛仔褲[16]，眼淚在她巨大太陽眼鏡的後方流下（提醒你，她這身打扮是因為那是一九八〇年代早期的事了），因為她的寶貝兒子打樂樂棒球被三振，而其他球員都輕而易舉地把靜止的球從打擊區內調整好的球座上擊出。

麥可一點也不在意。他喜歡在外野摘雛菊，為蜜蜂跳踢踏舞。他完全不管球賽進行到哪裡。隨著局數往後拖延，他忙著重演《小安妮》（*Annie*）精彩的那兩幕並唱著所有他記得的歌曲。這邊一點、那邊一點地加油添醋，增加戲劇效果。

偶爾他會抓著下體、跳來跳去地喊叫，聲音大到鄰近場地的觀眾都聽得見：「媽咪——我要尿尿——！」

希杰大半輩子都在看查斯打樂樂棒球。他很喜歡去棒球場，和其他球員的兄弟姊妹玩耍，並去小吃部買冰沙吃。

16　編註：法拉・佛西（Farrah Fawcett, 1947-2009）為美國演員、性感偶像，她的大波浪捲髮型成為經典，暱稱為「法拉頭」。葛蘿莉亞・凡德貝特（Gloria Vanderbilt, 1924-）為美國演員、時裝設計師，曾自創時尚品牌，高腰、緊身剪裁的牛仔褲為其品牌經典款式。

「我什麼時候可以打棒球？」某天我們去棒球場時他問。足球課剛結束，所以我馬上幫他報名，讓他在短短幾星期後可以開打。

孩子們在球場上集合。希杰的帽子掉了下來，他戴回去並看向我。

「媽媽，我的帽子看起來還可以嗎？」他在球場另一邊大喊。

「很好，寶貝。」

「我看起來還像草莓樂園嗎？」

「很像，寶貝。」

其他媽媽望向我。

「腳打開，往下蹲，擺好『棒球預備』姿勢。」他的教練這麼指導。

顯然希杰的腳打不開，他的膝蓋黏在一起。他用這樣的姿勢蹲下時，小屁股會往外翹。他黏在一起的膝蓋從一側轉到另一側，在他試圖把二手的手套降到地面時，完全擋住自己的動作。一個滾地球從他身邊滾過去。

「媽呀！」他驚呼。

「天呀！」他吸了一口氣，追著球跑。

希杰打樂樂棒球就和漢尼拔・萊克特[17]試圖在地方的大型教堂由衷地佈道一樣自然。希杰因為堅持到底而贏得我們的恭喜和稱讚，但到了六個星期的球季尾聲，他決定再也不要報名樂樂棒球。沒關係，我們會過些日子再讓他重新考慮。

17 編註：漢尼拔・萊克特（Hannibal Lecter）是美國作家湯瑪士・哈里斯（Thomas Harris）所創作的小說《沉默的羔羊》、《人魔》中的主角，是個有食人癖好的連環殺手。

26 我想當女生

希杰自從兩歲半以來就讓我們處在一個不斷學習、延伸和成長的狀態。四歲的他是ＬＧＢＴＱ族群年紀最小的成員之一。這麼說相當大膽，不是因為有人會爭論一定有年紀更小的成員，而是因為某些人看不慣我把自己的兒子歸類到那個族群。無論如何，雖然不一定永遠都是如此，但我認為希杰現在屬於ＬＧＢＴＱ族群。由於這個族群顯然高度重視生理性別、社會性別和性向議題，可以為我們家提供最多資源和支持。

我哥哥出櫃後，我成為異性戀的ＬＧＢＴＱ之友，也知道跨性別者和變性者把代表他們的「Ｔ」字母放進「ＬＧＢＴＱ」裡，但我總是忽視「ＬＧＢＴＱ」裡的「Ｔ」，因為它不適用於我或我的家人。這麼做真的很好笑，去忽視某個你覺得和你扯不上邊的東西，但突然之間，有一天它變得與你切身相關，你會但願過去這麼多年來沒有對它視而不見，但願曾經多關注一點、多自我教育，因為現在你很需要這些資訊。

那年秋天，我們家經歷了特別難熬的幾個星期，因為希杰不斷表示他長大後想要變成女生，而且大多是對麥特說。

「他有這樣跟你說嗎？」麥特問我。

「沒有。」

「他為什麼這樣對我說？」麥特問。

「我不知道。」

我幫不了我丈夫太多，但我總覺得希杰在測試麥特。或許希杰覺得我真的不管怎樣都會愛他，我也每天都這麼告訴他。或許他沒有從麥特那裡感受到這樣無條件的愛。麥特無條件地愛他，但可能希杰需要感受到更多。我如此向麥特解釋，讓他知道我也只能猜測。

如果你的寶貝兒子說他長大後想當女生，差不多就像孩子們說他們長大後想當獸醫、太空人、老師和醫生那樣自然，你會如何回應他？

我們質疑自己的教養方式。我們是不是對於性別太過鬆散和隨意流動，讓希杰對萬物的自然法則產生混淆？因為不可否認，多數男孩都不會在長大後變成女生。我們是不是讓希杰覺得這好像是可以隨意選擇的事？還是混淆的人其實是我們，而希杰正在把我們導正？我們的兒子是不是那些極少數應該在長大後變性成女生的男孩之一？你該如何和一個不到五歲的孩子釐清這件事？

在那個時期的某天早晨，我正在幫準備去上學的希杰梳他紅褐色的頭髮。

「媽媽，妳會把我的頭髮綁成長辮子嗎？」他問。

「呃，不會喔——」我說，被冷不防地嚇了一跳。他當時的頭髮是「男生頭」，我能做的只是去梳它，希望能把他剛睡醒的亂髮梳平。

「媽咪——妳要說『會』呀，因為我想要長辮子。」他堅持。

「呃——好吧——」我邊說邊在腦中懷疑這段互動，我究竟身處現實，還是幻想？

稍晚，我們走在去學校的路上。

「媽媽，我穿的是牛仔裙嗎？」他問，牽著我的手，蹦蹦跳跳地走。

「不是，你穿的是牛仔褲。」我據實說。

「**不對**！我想要穿牛仔裙！快說我穿的是牛仔裙！」

「好啦，好啦，你穿的是牛仔裙。」我很快地順著他回答，怕他在上學前鬧脾氣。我開始覺得自己被困在某種詭異的平行宇宙裡，我不知道我們在玩什麼遊戲，又會得到什麼結果。

「妳喜歡我的牛仔裙嗎？」他害羞地問，臉上帶著甜美的笑容，收著下巴，透過睫毛往上望著我。

「喜歡，」我說。

我帶他進教室，然後回到自己的車上，眼淚開始滾落臉龐。我想要打給麥特，但又不想讓他不開心。像這樣的情況發生時，我覺得我必須去消化理解和控制情緒，再慢慢告訴他。我想要打給我最好的朋友，但又感到尷尬。她會怎麼說？又有什麼好說的呢？為什麼我的寶貝兒子不想好好當個小男生就好了？我擦乾眼淚，深吸一口氣，決定不要去健身房，到星巴克買一杯全脂焦糖瑪奇朵，然後坐在沙發上看電視看一整個早上。

那天晚上，我們趕孩子們上床睡覺。查斯在被窩裡看書，我和麥特則試著哄希杰爬到他的上鋪。他一邊攀著梯子，一邊直直看著麥特的眼睛。

「爸爸，你猜我長大後想要當什麼？」

「什麼，小子？」

「當女生，」希杰微笑著說。他跟麥特對看了半晌才爬上梯子，鑽到樂佩公主和愛麗絲夢遊仙境填充玩偶中間。

「開什麼鬼玩笑？」麥特關上希杰的門之後悄聲對我說。我搖搖頭表示「不是開玩笑」，命令一大早那些眼淚不要再度從臉頰上流下。

麥特去上大夜班，我鑽進被窩，希望明天會是新的一天——而我的寶貝兒子不會再想變成女生。

接下來幾天，希杰穿著想像中的女生衣服去學校，每天早上我也幫他綁想像中的辮子。他一次又一次地告訴我們，長大後要當女生。

「我想要當女生。」他夢幻地說，彷彿在說「我想要陷入愛河」或「我想要坐在雲朵上聽豎琴，一邊吃著棉花糖。」

這件事迅速從令人不安變成令人驚慌。他是對的嗎？他在告訴我們一件十分嚴肅又千真萬確的事嗎？他的想像力和我們的教養方式告訴他任何事都有可能，他可以自由自在地做自己，我們應該感到驕傲嗎？他是在測試界線，期待我們把它往後推，或需要我們這麼做嗎？我和麥特那幾天都漸漸覺得自己快抓狂了。我們失去睡眠、失去眼淚，好像也快失去兒子、失去理智了。

我打電話向哥哥哭訴。麥可不知道該說些什麼。這時我就知道事態嚴重了。他和我一樣，總是有話可以說；雖然不一定中聽，但隨時可以派上用場。但這次不一樣。我哭得更用力了。我想我哥哥可能也會哭，所以趕緊掛上電話。

「為什麼我兒子不能好好當個性別不一致者和同性戀？如果他變性，誰還會愛他？」我不斷啜泣，恐懼襲來。

好笑的是，對孩子的期望竟然會隨著不同狀況而產生如此大的轉變。我在懷第二胎時，希望寶寶是個女孩，因為我已經有一個兒子。後來我生下男孩，但他的行為舉止比較像女生，我一開始希望他可以更像男生一點。我祈禱他不會變成同性戀，因為他會在人生中面對不必要的困難，就像我一路看著我哥哥承受的那種痛苦。接著我接受他是性別不一致者和女性化男孩的事實，開始衷心希望他不會變成跨性別者。我開啟了一段討價還價的過程：他可以是同性戀，只要別變成跨性別者就好。這一切不是為了我，而是為了他；重點是他，不是我。大多時候是如此。

我哥哥消化了一段時間後回電給我。我們談到希杰快要變成小小LGBTQ成員。

「妳知道的，寶貝，比這個糟的事情多的是。」我哥哥由衷地說。

他一語驚醒夢中人，讓我看得更透徹。我覺得自己有點蠢。比起成為同性戀或跨性別者，糟糕的事情多的是。從我哥哥宣布他是LGBTQ一員的那一天起，我就一直很喜歡這個族群，但我卻言行不一。

麥可說得對，比成為LGBTQ糟的事情多的是。雖然有些父母不會想要我兒子這樣的小孩，但世界上一定有父母會毫不遲疑地與我交換處境。

差不多在那個時候，兒子們就讀的小學有個家庭失去了罹患腦癌的十二歲女兒。不到一年前，她被診斷出腦中有兩顆無法手術移除的腫瘤。他們的孩子命在旦夕，他們深知這一點，卻只能眼睜睜看著一切發生。我的孩子並未垂死，他只是與眾不同。我哀悼的是自己期望落空，而不是他失去性命。我的孩子還快樂地健在。

不過話說回來，如果你的兒子告訴你，他長大後想要當女生，你該如何回應？什麼是對的答案？我們猜想希杰可能不曉得男孩長大會變男人，而女孩長大會變女人，他可能需要一些教育和釐清。我們可以告訴他，男孩長大不會變成女生，但因為我們認識跨性別人士，所以這麼說感覺不太對。如果他真的是跨性別者，我們不想在他心中抹除變性這個選項。跨性別人士被告知一輩子不能變性的那種絕望——不能出現在我們兒子身上。

然而，我們又擔心若是對他說他可以變成女生，或長成女生，會讓他肆無忌憚地戲耍性別。我們可能會讓他太早選擇變性，在滿腦子幻想之下一時興起做出巨大的人生決定，而非醫療和生理所需，因為希杰曾說：「我只是覺得當女生好像比較好玩。」我們不斷質疑自己身為父母所設下的限制究竟是太緊或太鬆。

我覺得腦袋和心臟都快爆炸了。我們需要幫助。我不斷想起那個讀了我某幾篇部落格文章之後，曾經數次聯絡我的執照臨床社工。她經常用電子郵件回覆我寫的內容，或在文章最後留下的評論。她感覺是個真誠而聰明的人，給的建議都一語道破。她叫達琳，她的辦公室在聖地牙哥，距離我們家開車一個半小時，以前總是覺得太遠。希杰開始說他長大想當女生時，我們便決定就算要開車到另一個州也在所不惜，只要能夠幫助他，去到另一個郡根本不算什麼。

我在網路上進行了廣泛的研究（瘋狂追蹤）來瞭解達琳，看她是否真材實料。沒錯，她很有料。她擁有心理學學士學位和社工碩士學位。她是美國社工人員協會（National Association of Social Workers）和世界跨性別人士健康專業協會（World Professional Association for Transgender Health）的成員。她在兒童治療方面很有經驗，針對希杰這個年紀的孩子會運用遊戲和藝術療法。她同時協助父母學習教養技巧來解決孩子的特殊需求。她的網站聲稱「她的正向教養技巧協助改善親子關係，並協助**你**從教養過程中得到更多快樂。」我們的確需要從教養過程中得到更多快樂，這一點無庸置疑。

自二〇〇六年以來，她一直在幫助被認定為跨性別者的人士。她和這樣的客戶共事的主要目的是——支持他們對於身分認同和性別轉換所做出的決定，並幫助他們找回自信，對自己的選擇產生信心。她對性別認同議題有透徹的瞭解，相信大部分尋求性別治療且可能進行性別轉換的人可以藉由探索內在力量和資源來獲益，並改善任何過程中出現的不適症狀。她對跨性別青少年很有經驗，協助過跨性別和性別不一致的兒童及他們的家屬。

你知道要找一個好的兒童治療師有多難嗎？而且還要讓你和你的孩子都能夠信任，更別說是真正協助過性別不一致兒童而且開車就可以見到的，真是可遇不可求。

在進行了中情局等級的背景調查後，我打給達琳，在電話上談了一下。我向她解釋目前的狀況。還好她一直都有在追蹤我的部落格文章，我不必說明太多希杰和我們家的背景，因為她都讀過了。她向我說明會以什麼方式處理。

「雖然我會是希杰的治療師，但大部分的工作會是提供妳和麥特必要的工具來成為希杰需要的父母，讓你們用一致、統一的態度面對他。」她說。

這正是我們需要的。需要幫助的是我們，而不是希杰。我們約了她最近有空的週末時段，載著全家四個人加上來訪的科羅拉多爺爺奶奶，開了三小時來回的車程，去赴一小時的約。

達琳棒呆了，既可愛、時髦、貼心又神采奕奕。如果她不是我兒子的治療師，我們之間沒有醫病關係，我想我們可以約出去聚會，度過開心的時光。我們可以邊做指甲，邊看八卦雜誌，然後偷偷溜到星巴克合吃一份甜點。或是一起出外享用晚餐，各自說：「來一杯葡萄酒也不錯。」然後那一杯葡萄酒會變成兩杯半，最後我們會跑去諾斯壯百貨（Nordstrom）試用香水，因為整間店只有我們兩個懂的笑點而不受控地笑得花枝亂顫。搞不好我們還會一起去逛農夫市集。

不過可惜的是，在現實生活中，我一個月只會帶著希杰去見她一次。我們第一次會面的前半個小時只有達琳、麥特和我這幾個大人。整整三十分鐘我幾乎都在哭泣。麥特沒說太多話，因為怕自己也會哭出來。我們可以聽見科羅拉多爺爺奶奶在外面陪孩子們玩的聲音。

我很擔心我的眼淚讓我看起來比實際上心煩意亂得多。我哭的確是因為受傷和害怕，但也是因為我第一次發現我們真正可以對人敞開心扉，而且這個人完全理解我們的處境，可以給我們一些答案和策略，來成為我們特殊兒子所需要的父母。意識到這一點讓我激動不已。我正在跟一個確實可以幫助我們的人談話。

達琳認為希杰沒有從我們身上得到一致的回應，我們必須改善這一點。我們肯定了他很可能不時在測試我們，而一致性對大家都有好處。我不禁想，這一切應該源自於他性別不一致的第一年，那年我們都在激烈的討價還價和妥協中度過；他可以擁有娃娃，但只能在家玩。他可以把娃娃帶到車上，但不能帶進店裡；他可以把娃娃帶進店裡，但不能帶到查斯的學校。我們做了這麼多微調，讓希杰無所適從。在他渴望預測父母的反應時，我們卻讓他不斷猜測。

達琳重複問兩個問題來緩解我們的憂慮。我開始在睡夢中聽見她問：「你們在害怕什麼？」以及「接下來會發生什麼事？」

「你們在害怕什麼？」

「他會被嘲笑。」

「接下來會發生什麼事？」

「我們會想辦法解決。」

「你們在害怕什麼？」

「他會變成跨性別者。」

「接下來會發生什麼事？」

「我們會想辦法解決。」

她幫助我們對兒子、生活和未來感到自在。希杰馬上對她產生好感更是大大加分。達琳的辦公室擺滿玩具，而且所有的娃娃都不分性別；全身只穿白色尿布的嬰兒，沒有頭髮或明顯特徵的假人模特兒，以及不完全是男性或女性的瘋狂超級英雄。

在第一次會面時，希杰幾乎把每一個娃娃都拿起來，問說它是男生還是女生。

「你覺得呢？」達琳反問。

他會說出自己的結論。從一開始，他顯然就極度專注在要把性別搞清楚。我向達琳解釋，任何東西他都會問是男生用的還是女生用的：牙膏、衛生紙、肥皂、水。達琳為我們示範如何用一個問題去回答希杰的問題，這不僅減輕我們的壓力，也將決定權交還給他。

「媽咪，妳在幫我穿牛仔裙嗎？」

「我不知道耶，是這樣嗎？」

「是啊。」

「那就是囉。」

我們不必給他答案，因為他可以給我們答案。這樣輕鬆多了。最後他已經不再問那麼多問題，因為他知道答案都在他的心中。

除了實用的教養訣竅之外，達琳總是很樂意和我們討論如何養育跨性別孩子的核心問題。一開始性別不一致並在後期被認定為跨性別者的孩子可以服用荷爾蒙阻斷劑延緩青春期，給他們多一點時間決定之後要經歷哪一種青春期。一旦青春期延緩了，也爭取到更多時間，絕大多數的病人都會決定繼續轉換性別，並使用荷爾蒙藥物讓身體經歷異性的青春期，以符合他們腦袋所認定的性別。

希杰離青春期還很遠。他喜歡他的陰莖，身體是男孩。我們還要經過很長一段時間才會知道未來是什麼模樣，或是這段旅程會走向什麼結局。十年、二十年之後，我會是一對兄弟的母親，還是一對兄妹的母親？我不知道。

與此同時，達琳一直支持和幫助我們為希杰和全家人做出最好的決定。希杰的生活裡沒有痛苦或憂傷，我們希望每一天都能維持這個樣子。

我們順利和達琳建立穩固的關係，此時我哥哥介紹了一個朋友給我，她叫卡莉，是動過變性手術的女性。

我在洛杉磯銀湖社區的一間小咖啡店和卡莉見面。起初我以為我會很緊張，但到了當天，我既迫不及待又興奮。我有數不清的問題想問她。如果要為這次見面冠上一個標題，那會是「你想問但不敢問變性者的十萬個為什麼」。

直到看見靜如止水的卡莉，我才發覺到自己來赴這個約有多興沖沖。她就像一杯葡萄酒，剛剛好讓你靜下心來，但又不會害你掃興。我一輩子都不可能像她這麼女人。她咬了一口餅乾後會擦拭嘴角；她交叉腳踝坐著，透過貓眼眼鏡的鏡片看著我。她的針織披肩、珠串耳環、白色金髮和完美紅唇都散發出一股古典氣質。她深富同情和關懷、姿態秀麗又整齊得體。

卡莉出生時是男兒身，也這樣被扶養長大。問題是，她的靈魂完全是女性。她在田納西州納什維爾長大，父親是牧師，母親是教會琴師。她在希杰這個年紀時想成為「飛天修女」

（Flying Nun）。她會吹著蒲公英，許願自己變成女孩。對卡莉來說，變成女孩的重點不在於打扮得花枝招展，而是外界用何種方式對待妳。從她有記憶以來就一直想被當成女性對待。

她高中的考試成績是畢業班上的前百分之一，但她的父母並不鼓勵她繼續讀大學。軍隊募兵時她應召入伍，並選擇了一個她所能想到最女性化的職務：護理。退伍後，她回到田納西州，開啟了轉換成女性的過程。她告訴我她是變性者，我問她跨性別者（transgender）和變性者（transsexual）有何不同。

「對我來說，跨性別女性覺得自己的本質是女性，只不過自出生以來就被貼上男性標籤，並被父母當成男孩養育。變性女性則是採取所有可能的步驟來讓身心一致的跨性別女性，通常包括醫療、社會和法律行動，」她解釋，「當然幾乎每個人對這些文字都有不同見解，但對我來說這麼解釋才正確。」

除了她青少年時期的感受以外，我最感興趣的是性別轉換的過程。我希望卡莉完全坦白，而她也如實吐露。她談到不安全的黑市變性手術，也談到貧窮、弱勢的變性女孩在家裡得不到愛和支持，轉而在危險的地方尋求愛和支持。這些女孩試圖從一輩子的自我厭惡、祕密和羞恥之中療癒自己。

「我在變性時，男變女的變性族群中沒有人可以教我怎麼當女孩，就像青春期的十三歲女孩在探索自我，但卻是在第二性徵完整發展又能吸毒喝酒的情況下，真的很危險。」她說，為我描述黑暗面。

她強調，如果希杰是跨性別者，千萬別讓他經歷男性青春期。

「我真希望我能早點變性，就不會長得這麼高，又有一副寬大的肩膀。外貌是我最大的障礙。」她說。我看著她，知道她說的是對的。我身高五呎九[18]，從高中以來就鶴立雞群，但卡莉讓我覺得自己很嬌小。

她談到轉換性別的花費，我趕緊把數字全部寫下來。

「光是變性手術就要花至少一萬五千美元，一般來說保險不會給付。這還不包含荷爾蒙阻斷劑、荷爾蒙藥物、治療、女性化手術，噢，還有新行頭。」

我停下動作，抬頭看她。她對著我微笑，我也回以微笑。新行頭可不便宜。我寫了下來。

「永遠都不容易、永遠都不完美、永遠都不會結束，但會愈來愈容易、愈來愈好、愈來愈稀鬆平常。」這是變性過程給她的感想。

「假設希杰是跨性別者，我該如何幫助他？妳希望父母當初為妳做什麼？」我問。

「我非常清楚一個人在幼年就得面對掙扎是什麼感受，還有我的父母如果支持我，會讓我的人生多麼不同。」她停下來想了一下說，「養育一個有自信的孩子，讓他知道他是被愛的，可以從家庭中得到愛，不必再去其他地方尋找。養育一個不會走入危險關係的孩子。」

我們繼續談了更多關於她父母的事，他們到現在還是用「他」來稱呼她，雖然身體上和法律上她都已經是女性。他們的親子關係觸礁，令我悲痛。

「他們不想花力氣認清真正的我，即使他們是全世界最應該花力氣這麼做的人。」她說。

的確如此，所有父母都應該努力這麼做，無論他們的孩子面對何種的掙扎，無論如何。

我問卡莉有沒有交往的對象。她說她剛進入一段新的關係。我對她的男友很感興趣，因為我常常想知道誰會愛我的兒子，尤其是他如果變成女兒。有任何我幫得上忙的地方，我們都可以一起解決，但我無法幫他談戀愛；我無法幫他愛上某人，而且讓對方也愛上他。如果他因為與眾不同，而只能得到家庭給他的大愛怎麼辦呢？卡莉承認，像她這樣的女人要談戀

18 編註：約一百七十五公分。

愛不容易。

後來我得知卡莉在變性過程中談過一段戀愛。當時她是秀場女郎，對方是軍人。那是海枯石爛的真愛。在一九九九年七月四日，卡莉獲選為田納西州年度娛樂工作者，她的男友在睡夢中慘遭兩名美國陸軍同僚活活毆打至死。他們因為他愛卡莉而痛毆他，因為他們覺得這是一段「男同志」的關係；他們的心眼小到無法理解這並不是同性戀。卡莉的男友喜歡女人，受女性吸引，而卡莉是女人，幾乎就是徹底的女兒身了，而他們是一對男女情侶。這個醒目的例子讓我們看見人們對於生理性別、社會性別和性向可以多麼無知，而那些無知的人可以因困惑和恐懼而被仇恨淹沒。我這輩子最害怕的就是這種人，因為他們真的會因為我兒子與眾不同而傷害他。

我在卡莉的網站上看到她描述童年的一句話，特別觸動我：「我只是一個安靜、敏感的人，會寫詩，或走進森林裡拉奏小提琴。我稱不上優雅，但也不怎麼男孩子氣。我覺得我什麼也不是。我忙著把一切隱藏起來，而顯得一片空白。」

兩個晚上之後，我夢見一個沒有臉的孩子，一身軍服外面套著一件粉紅色裙子，在一座森林裡遊蕩而迷路。突然有那麼一瞬間，他的臉變得清晰，我認出那是希杰。我尖叫著醒來。我不希望我的孩子感覺自己什麼也不是。他們可以是ＬＧＢＴＱ的Ｇ或Ｔ，想要成為哪一個英文字母縮寫都無所謂，但不要是一片空白。

27 萬聖節

隨著那一年的萬聖節即將到來，我開始感到害怕，因為我知道四歲兒子會想要扮成《綠野仙蹤》的桃樂絲、《愛麗絲夢遊仙境》的愛麗絲、米妮、《藍色小精靈》的小美人或樂佩公主。他已經把這些掛在嘴邊好幾個月。想像一下：萬聖節是一整年當中唯一一天可以讓你裝扮成任何你想要的樣子，顯然它是希杰最愛的節日。他不可能像去年一樣妥協，穿上聚酯纖維骷髏裝，搭配臉部彩繪。

「要不要扮男生版本的《綠野仙蹤》桃樂絲？」我哥哥問，「我可以訂做藍白色的格紋皮革短褲，搭配紅色的高筒帆布鞋，我會在上面貼目眩神迷的紅色水鑽。」

「這樣最好是有比較低調啦，講得好像這會比我兒子在公開場合穿女生衣服還不吸引人注意。」在互相道別之前，我對著電話挖苦他。我那有創意的哥哥只是想幫忙。

我記得在一九八四年，麥可說服七歲的我在萬聖節扮成蒂娜．透納；剛和丈夫艾克離婚後的那個蒂娜．透納；發行《私人舞者》專輯的那個蒂娜．透納；改頭換面準備重拾名氣和性魅力的那個蒂娜・透納。我當時只有二年級，而且還是我們這個比較窮的洛杉磯社區裡最白的女孩。19

不知為何，我母親讓我哥哥全權決定我該穿什麼。可能是因為她和他一樣熱愛蒂娜・透納。我母親每個週末都會開著她的棕色福斯廂型車載我們到市區晃晃，我們在車上都會跟著唱片大唱〈私人舞者〉和〈與愛何干〉。

我的蒂娜・透納萬聖節裝扮包含牛仔短裙、緊身的白色小背心和牛仔外套。我哥哥找不到我可以穿的迷你尺寸高跟鞋，所以我被迫穿上只有玩變裝遊戲時會用的硬梆梆塑膠低細跟鞋。出門要糖果穿這種鞋子既不舒服又不安全，但好像沒人在乎這一點。我哥哥吹了兩顆橘色氣球，塞到我的上衣前方。我必須承認，我喜歡有胸部，那是整套服裝當中我最喜歡的部分，而且比之後我真正發育出來的胸部豐滿多了。我頭上戴著成人尺寸的淺褐色刺蝟頭假髮。就跟我母親和我哥哥在萬聖節替我戴上的多數巨大假髮一樣，我的臉完全淹沒在假髮中，只剩大大的褐色眼睛往外瞧。

萬聖節那天傍晚，太陽還沒下山，我哥哥和我母親就讓我站在我家前面的草皮上擺姿勢，整個社區的人都看見了，還一邊拍照和大笑。我一開始全身僵硬。

「妳要學得更像蒂娜・透納啊！」我哥哥對著我喊，指導我拍照。

「唱一下〈與愛何干〉。」他嚷著說，和我母親兩人開始大笑。

「別笑我！」我堅持。

「我們不是在笑妳，親愛的，我們是在跟妳一起笑。」我母親忍著笑意說道。

這根本不可能是真的，因為我很明顯沒有在笑。

萬聖節在我的孩子們會表達意見之前簡單多了，我可以幫他們挑服裝。我很確定萬聖節對家裡有想要穿「男生服裝」的兒子來說也是很簡單的節日。

如果希杰是獨生子，我們可能會讓他盛裝打扮成女孩，大鬧萬聖夜。教會的豐收嘉年華？輕鬆解決！社區中心的不給糖就搗蛋之夜？小菜一碟！購物商場的南瓜派對？驚豔全場！

---

19 編註：蒂娜・透納（Tina Turner, 1939—）為美國著名女歌手，原和丈夫艾克・透納組成演場組合而走紅，後卻因艾克毒癮和暴力相向深陷痛苦，一九七八年離婚，並在一九八四年發行《私人舞者》（*Private Dancer*）專輯，其中〈與愛何干〉（"What's Love Got to Do with It?"）一曲登上美國單曲榜第一名，成為她的東山再起之作。因為蒂娜具有非裔、美國原住民血統，膚色較深，當時又已屆四十五歲，和年幼的作者落差頗大。

但希杰不是獨生子。希杰穿「女裝」可能不會被取笑，但查斯會。其他孩子可能不會知道盛裝之下的希杰是男生，但查斯知道。我常常同時為兩個兒子感到心碎。

某天查斯心情鬱悶，我試著向他解釋，萬聖節是可以打扮成任何樣子的一天，家裡每個人都可以自由選擇裝扮。

「那我選擇不要扮裝。」查斯就事論事地說。

「那你可能得不到任何糖果。」我警告。

「沒關係，我就留在家裡邊發邊吃糖果。」他的語氣帶點苦澀，迴避我的視線。

「你是真的不想扮裝嗎？如果真是如此，那沒關係。還是你是不想跟穿女生服裝的希杰出去？」

「是希杰。」

和我猜的一樣。從很多方面來看，擁有一個性別不一致的弟弟迫使查斯不得不做出一些原本連想都不用去想的選擇。他必須面對多數三年級生不會面對到的問題，特別是在萬聖節。

更糟糕的是，我問了希杰的梅爾老師會如何在班上慶祝萬聖節。她應驗了我最壞的猜測：學前班的學生要扮裝去上學。很好。太棒了。這是希杰和哥哥第一年上同一間學校，也是希杰第一次有機會穿著萬聖節裝去上學。我們討論過穿兩套裝扮，但希杰討厭這個提議而拒絕了。

我和麥可又進行了一次腦力激盪。希杰可以扮成提姆・波頓（Tim Burton）版的瘋狂帽客，有狂亂的長髮、大大的帽子、妝容、華麗的棉絨外套和領巾狀領帶，或是《神鬼奇航》的傑克船長，有長長的辮子、超濃眼線、珠寶首飾和寬鬆上衣。

「還有哪個強尼・戴普演過的角色可以考慮嗎？」我問。

「愛德華剪刀手。」

「我不能在他手上裝刀片。再說，這樣要怎麼抓糖果？」

我給了希杰幾個選項：瘋狂帽客、傑克船長、吻合唱團（KISS）的一個成員以及亞當・藍伯特[20]。

「不要。」他皺起鼻子說。

20 編註：亞當・藍伯特（Adam Lambert, 1982-）曾參加選秀節目美國偶像（*American Idol*）第八季而走紅，《時代》雜誌稱他為美國第一個公開出櫃的流行歌手。

「那男性版本的《綠野仙蹤》桃樂絲呢？」

「什麼是『半本』？」

「算了，當我沒說。」

我帶希杰到戲服店挑選他的萬聖節裝扮。我們趁週間的中午自己去，好把全部精力都放在眼前的任務上，不必去應付討厭的旁觀者。

那天，他真的很想要扮成首席芭蕾舞者（但「頭上不要綁包包頭，媽咪！」）或是啦啦隊員。我和麥特已經有共識，無論希杰決定扮成什麼，都要戴上假髮。這樣我們比較有安全感，好像可以用假髮來隱藏（我的意思是「保護」）我們的孩子。一頂假髮就像一副盔甲。

我們逛了八條走道：男孩區、女孩區和中性區。希杰對所有「男孩」裝扮全無興趣，只有考慮了一下特小號的耶穌裝，畢竟它附有裙子和長髮。希杰高聲對我說耶穌的涼鞋好醜，我告訴他批評耶穌或祂穿的鞋子很不禮貌，而且那個年代也沒有太多選擇。

接著他看見心目中的理想裝扮，結束挑選衣服這一回合，已經沒有回頭路了。他提過這套裝扮好幾次了。那是美泰兒公司出的精靈高中系列玩具之一：科學怪女。她十五歲，是科學怪人的女兒，不但超級時髦，根據網站上的介紹還很喜歡買「可怕又可愛得要死的衣服」。

兩個小學女生也在看精靈高中的服裝，直到她們目睹希杰試穿科學怪女裝。一旦她們看到希杰穿著洋裝旋轉，眼神便無法移開。我從不知道小朋友的眼睛可以張得那麼大。

十月三十一日的早晨，我一醒來就看見希杰在我的床邊跳上跳下。

「我可以穿萬聖節裝上學！我可以穿萬聖節裝上學！我可以變成科學怪女！」

我已經跟梅爾老師預告過我兒子會穿「女裝」去學校。她很感激我這麼做，並在萬聖節前幾天開始讀相關的書給全班聽，告訴他們萬聖節是個可以讓人裝扮成任何樣子的節日。她把自己對於幻想和角色扮演的想法融入進去，說明大家都可以在萬聖節扮成想要的樣子而不被取笑。

我們跟查斯說了希杰決定在萬聖節穿什麼，以及他會在當天穿那身打扮去上學。查斯是個很棒的人，他很快就接受了這件事。他同意任何人都可以在萬聖節變成他們想要的樣子。這也幫助他把更多的注意力放在自己挑選的老派黑幫裝扮上，包括細條紋西裝、紳士帽、假雪茄和仿機關槍。再說，他看得出來穿上科學怪女裝的希杰有多開心，便知道這是對的決定。他真的是世界上最棒的哥哥。

到了大日子的早晨，我們開車去學校，在「接送區」讓查斯下車，因為他酷到不能跟我們一起走，即使我們性別不一致已經夠酷了。我停好車之後，希杰從椅子上跳下來，把他的假髮拿給我，我幫他戴到小腦袋瓜上。
「我們走吧。」我說。
「我們閃人。」他模仿麥可舅舅說。
我們開始走向教室。這一刻真的要來了，我心想。我兒子第一次穿褲襪、裙子和化妝去學校。小朋友們和家長都到了。似乎沒有人注意到希杰。我抬頭挺胸，希杰也是。結果一名小小的金髮女超人出現，指著希杰。
「希杰扮成女生！」她對著一群孩子說。沒有人和她一樣覺得好玩。顯然那一天她又如此宣告了好幾次。
「你會覺得受傷嗎？」放學後麥特問希杰。
「不會啊，為什麼會？」希杰說。
麥特默默無語。中午放學後，梅爾老師讓我們在教室幫希杰換回「校服」，如此一來希杰就不用穿著女裝招搖經過正在吃午餐的哥哥和他的數百位同學。
幾個小時後，我們前往我最好的朋友在海邊的家，參加親子萬聖節派對和不給糖就搗蛋的活動。到了黃昏，我兒子已經拿掉假髮，脖子以上像男孩，脖子以下像女孩，挨家挨戶的搜集糖果（他總是很快忘記糖果這回事，我趁他不注意時偷偷塞進自己嘴裡，因為我缺乏意志力把它們丟掉，或是以每磅一美元的價格賣給街上那間牙醫）。

「我很好奇大家會不會想：『老天，這個小女孩真是其貌不揚！』」希杰去敲門累積糖果戰利品時，我對麥特說。

「我本來不會這麼想的，真謝謝妳讓我注意到這一點。」麥特冷冷地回答。

一股自在感油然而生，無論有沒有戴假髮，我們都在離家三十哩的地方，可以比較自由地做自己。

28 排擠

十一月的一個早晨，我正在幫希杰挑選上學的衣服，他突然嚴肅起來。

「媽咪，今天我們去學校的時候，妳可以跟琪琪說我不想要每次都當爸比嗎？偶爾我也想當媽咪。」

「什麼？」我一臉疑惑地問。

「我們下課玩扮家家酒時，她總是要我當爸比，但偶爾我也想當媽咪。」

我盯著希杰，一連串思緒跑過腦中。

這小女孩膽敢對我兒子說他不能成為媽咪！……好吧，此刻她是對的；在現實中，他的確不可能成為媽咪……不過，讓希杰當一下媽咪有什麼關係？琪琪真是個愛指使人的小鬼！……或許希杰需要認知到他必須當爸比，因為他是男生，男生就會是爸比……或許希杰可以當主要照顧者「爸比」，而「爸爸」在時髦的廣告公司或新潮的設計公司做朝九晚五的工作；又或許相對於希杰扮演的「爸比」，這個「爸爸」會是律師或醫生。

我想起我小時候認識一個小男孩叫亞倫。他有一頭又直又細的金髮，瀏海總是跑進眼睛裡。他戴著眼鏡，在那個年紀算是高個子。我們是同一所小學的低年級學生，我總是能靠自己的說服力把他引到教室的角落，假裝有「房子」在那裡，有小廚房、搖籃和橄欖綠的轉盤電話，連著長長螺旋線的那一種。

事情就是在這裡發生的。我說服他在其他男生沒注意到時當爸比，也就是會和我們女生玩扮家家酒的男性代表。最後，我們有了一個傳統的核心家庭，我是媽咪，亞倫是爸比。有時我們會擺姿勢，假裝在西爾斯百貨（Sears）的照相館拍全家福。他坐在凳子上，我站在他身後，兩隻手擺在他兩邊的肩上，他懷裡抱著我們的寶寶。我還同時扮演西爾斯相館攝影師的角色。那幅景象依然在我的腦海中。

一個幸福的大家庭。可憐的亞倫。可憐的希杰。他在學校有四到五個固定一起玩的女生朋友。下課時，他們喜歡玩扮家家酒，而希杰總是被推去當爸比。對大部分的人來說，這顯然是他唯一的選擇，除非他想當寶寶，但他個性倔強到不可能願意。

我和希杰走向教室，他哭了起來，他在兩年輝煌的學校生涯中從來沒有這樣過。他很沉默，但確實在流著淚。

「怎麼了？」我問，蹲下來到他的高度。

「妳會去跟琪琪說嗎？」

「我會和梅爾老師談談，然後幫你，好嗎？」我說，「我一定會幫你。」

他的同學們魚貫進入教室，我們待在外頭。梅爾老師看得出來希杰剛哭過。

「我們今天早上不太平順，妳有空可以談談嗎？」

「沒問題。」她說。

我向梅爾老師解釋了狀況。我解釋說孩子們下課玩扮家家酒時，我兒子偶爾想要當媽咪，而不是爸比，但班上的女生不讓他這麼做。我表示我瞭解雙方的立場。

「我不知道該怎麼處理這個狀況，我以前從來沒有遇過。」我向她坦承。

「我也是。」她對我說，我們默默不語地站著。

「我會寫電子郵件給他的治療師，問問她的意見。」我說。我一直很願意接納建議，而她的建議通常是最好的。

「好的，如果她有什麼建議再告訴我，」梅爾老師說，「今天我會先觀察情況。」

「謝謝妳。」

希杰看著我們的眼神閃著希望，今天他可能可以當媽咪。

我寫信給達琳，她馬上證明為什麼我們這麼喜愛她。我不知道她怎麼會如此聰明，但我為這件事感到高興。

她說我們應該退一步，把眼光放遠：「希杰的朋友們不讓他做某件事，他因此難過到掉淚。」她叫我鼓勵希杰用自己的話去向朋友表達感受，告訴他們這些行為讓他很受傷，請對方不要再這麼做。

夠簡單吧？我們在家裡練習了幾次。

「我不想一直當爸比，我有時候也想當媽咪。每次都要我當爸比不公平。」希杰表示要這樣跟他的女生朋友說。

隔天我去接希杰放學。

「怎麼樣？」我問他。

「琪琪說不行。我不能當媽咪，我永遠只能當爸比。」

我一邊聽，一邊觀察。他看起來沒有那麼難過了。下一步是讓梅爾老師和女生們談談考慮他人感受和意見的重要性。這不只關乎性別，更關乎同理心。

同理心的道理經常可以讓每個人都受用。我想過要用臉書搜尋亞倫，向他道歉，因為我們在玩扮家家酒時，我沒問過他是不是想當媽咪而非爸比，可惜我不記得他姓什麼了。但或許這樣最好。

幾天後，希杰臉上掛著勝利的笑容走出教室。

「我今天當了媽咪！」他帶點害羞地宣布。

「太酷了！我真替你高興！」我說。

「是啊，現在我們家有兩個媽咪和兩個姊妹。」他說。

「聽起來是個很好玩的家庭。」

「是最棒的那種。」他邊說邊爬上車。

好一陣子就這麼相安無事，接著琪琪卻真的開始惹惱我了。她決定不讓希杰和她那一群朋友玩，因為他是男生。男生都很噁心，包括希杰。

我看見五歲的琪琪去上學時穿 Seven Jeans 或 Juicy Couture 品牌的昂貴絲絨運動套裝。她有最高級的 Ugg 靴子和 True Religion 上衣。平價的Ｈ＆Ｍ可配不上她。我從不知道穿５Ｔ尺寸的小女孩也可以這麼壞。

更糟的是，希杰一心只想要得到她的注意力和接納。他硬要買「原宿」品牌的鞋子，因為琪琪很愛「原宿女孩」（Harajuku Girls）以及關‧史蒂芬妮（Gwen Stefani）。他不能穿豬小姐（Miss Piggy）的襪子去學校，因為琪琪會笑他。我想不到孩子在這麼小的年紀就會開始做這種荒唐事。

我制定策略，擬訂計畫。我決定親近敵人。我的人生可以沒有琪琪，但希杰覺得不行。如果希杰想和琪琪做朋友，我會試著幫他實現。我寫了電子郵件給琪琪的媽媽，邀琪琪在下星期二和希杰一起出去玩。

那天早上希杰興高采烈。他即將要和學前班最受歡迎的女孩共進午餐。我去接他們放學，他們尖叫笑鬧著爬上我的車。我帶他們去吃麥當勞，這麼做可以討好琪琪。他們拿到快樂兒童餐和附贈的芭比玩具之後便坐下來吃。我們閒聊了一下。

「琪琪，和希杰一起玩是不是很開心呀？」我問。她點點頭並對他微笑。

「他真的很好玩。他在家裡有最酷的玩具、全身打扮行頭，還有手工藝品。」我說，試圖讓我兒子在她眼中變得更酷。

「妳會因為希杰是男生就不想跟他玩嗎？」

「不會。」她說，低頭看著食物。

「對，那樣就不酷了。」我說，把目光轉向別處。

希杰對我微笑。

「想要回家大玩特玩嗎？」我問。

「好耶！」琪琪和希杰齊聲歡呼。

我早就有備而來，琪琪不可能玩得不開心。我們做了很多手工藝。我們坐著動手做，笑聲不斷。我拚命恭維她。我們一起打扮。我拍下照片，琪琪還要我傳給她媽媽看。我們玩得超開心！

「琪琪今天在學校一整天都對我好好，因為她知道我們有遊戲聚會，」我們送琪琪回家後，希杰開心的說，「我覺得她現在會開始喜歡我了，讓其他女生跟我一起玩。」

「希望如此，寶貝。我們真的玩得很開心。」我抱著最大的期望。忙了整個下午，一定會有好結果，對吧？

並沒有。隔天琪琪還是和平常一樣高傲，希杰很沮喪。幾個星期之後，我和希杰再度邀了琪琪放學後來玩。全新的一天，但結果還是一樣。我的計畫沒用，這讓我很惱怒。遊戲聚會沒有讓琪琪對我兒子比較好。麥特提醒我我的行為有多荒唐，但我就是控制不了自己。

第二次遊戲聚會過後不久，希杰班上最友善的一位媽媽走過來，問我琪琪有沒有欺負過希杰。「有！」我大聲說，還嚇到她懷裡的嬰兒。這位媽媽的女兒蘿倫在開學那幾個星期就是希杰那一群女生朋友的其中一個，但現在琪琪逼她們把砲口對著他。

「噢，很好，我真高興她不是只有對我女兒態度惡劣，」她鬆一口氣說，「我甚至還邀她來家裡玩，但她非常自以為是。她告訴蘿倫她不喜歡她的打扮。」

「我也邀過她來家裡玩。」我難為情地坦承。

「有用嗎？」

「沒有。」我承認失敗，全世界都看到我舉起白旗，包括五歲小孩。

蘿倫的媽媽和我決定別管琪琪了。我們開始幾乎每個星期放學後都去公園一起玩，讓孩子們可以建立友誼，結果相當順利。希杰和蘿倫很快成為最好的朋友，而覺得自己受冷落的琪琪變得想跟他們一起玩，當然兩人也讓她加入了，因為他們是好孩子。

我試著讓希杰學習到琪琪點醒我的教訓：不可能每個人都會喜歡你，有些人會讓你失望，有些人受的教育就是去歧視別人，有些人外表美麗，但內心醜陋。當這一切發生在希杰身上，他的心胸仍足夠寬大，能夠去接納那些穿著迷你名牌牛仔褲爬回來找他的人。身為他的母親，我感到很自豪。

29 聖誕節

那年吃感恩節晚餐時，我們圍在桌前，給家裡每個人機會說出感謝的話。

「我感謝我的家人。」麥特對我們說。

「我感謝我們有家和食物，因為有些小朋友沒有這些東西。」查斯說。

「我也最感謝我的家人。」我對著兒子們微笑說。

「我感謝我的假髮。」希杰說，他雙手交叉，頭低低地坐在桌前。他嘟著嘴，因為我不再讓他戴萬聖節那頂科學怪女假髮吃飯，因為某次晚餐他弄得假髮上沾滿多到不行的田園沙拉醬。

「還有其他的嗎？」麥特問。

「我感謝馬桶讓我不必大便在地板上。」希杰說，查斯捧腹大笑。

「我感謝停車標誌讓車子不會相撞，所以我們不會死掉。」希杰說，查斯笑得更大聲了。

「我感謝美國勃起。」希杰說。麥特直盯著我瞧。

「他的意思是『國旗』。」我趕緊解釋。

「我們還是快點開動吧。」麥特一邊說，一邊切他的火雞肉。

幾天後，到了該布置聖誕節裝飾的時候。麥特在閣樓把一箱箱的裝飾品傳下來給查斯和我。每傳一個箱子，希杰就會問裡面是什麼，查斯便會讀出箱子上的標籤來回答。有兩個寫著「天使」的箱子傳了下來，希杰差點尿在他的粉紅睡衣上。

「我愛天使！」

「好，希杰，但我們必須把所有聖誕裝飾品都搬下來才能打開箱子。」我壓過他的尖叫聲重複說。

他跳來跳去大喊：「我愛天使！」麥特則是在華氏百度21的閣樓大喊：「這根本熱到不像聖誕節啊！」那天南加州有熱浪來襲，麥特又得爬到屋子裡最熱的地方，搬下十箱重物好讓我們慶祝冬季節日。這肯定不是他一年當中最愛做的家務。

21　編註：約攝氏三十八度。

希杰終於如願以償打開那兩個寫著「天使」的箱子。他習慣性地發出尖叫，接著臉上閃過一絲失望。我不怪他，那些破壞他大好心情的天使也不是我的最愛，但曾幾何時，在我還很迷懷舊時尚風格並認為瑞秋・艾許威爾22是全世界最有才華的設計師時，是很喜歡這些天使的。

「我們什麼時候要幫它們上色？」他指的是那些被塗成白色、經磨粗加工的天使。

「我們沒有要幫它們上色。」我說。

「但它們只有白色啊。」他指出，無法理解為什麼空白的畫布上要留白。

「對，天使就是白的。」

「好無聊。」

麥特衝進來，把天使擺在和過去八年聖誕節同樣的位置。他顯然想要趕快完成裝飾工作，才能去看電視在播的橄欖球賽。麥可舅舅坐在沙發上看精彩電視台23完全無濟於事。

「不！」希杰大吼，「不要兩個天使都擺那邊。一個要在這裡，一個要在那裡。」

他誇張地比畫著，把東西移來移去，然後往後站，好好瞧瞧自己的大作。他就像是在工作間裡的迷你提姆・岡恩24。

「那兩個天使一直都擺這邊啊。」麥特指著說。

「好了，別吵架了。」我下令，每天都要來個好幾次。最後，天使終於擺好（一個擺在老地方，另一個擺在希杰指定的位置），我們打開另一個箱子。

「**是星星！**」希杰大喊，拿出要掛在聖誕樹頂端的金色星星。他用右手將它高舉過頭，昂首闊步走過客廳、廚房、飯廳和家庭房。

「我是自由女神像！」他宣布。

「希杰，請你回來這裡，把星星給我。我不希望你摔破它。」我說。或許我應該跟前幾

22　編註：瑞秋・艾許威爾（Rachel Ashwell, 1959—）為出生英國的室內家居設計師，一九八九年在加州開了一間懷舊時尚風格（shabby chic）的家飾店，多為古典、鄉村、有歲月風格、色調樸實的家居用品，商品一度大為流行，快速展店。

23　編註：精彩電視台（Bravo）的節目大多是真人實境秀、戲劇和電影，觀眾多是二十五到五十四歲的女性和LGBTQ族群。

24　編註：提姆・岡恩（Tim Gunn, 1953—）為美國知名時尚顧問。

年一樣，趁孩子們去上學時再布置的。希杰繼續拿著星星扮自由女神在屋子裡跑來跑去，我則在後頭追他。

他最後終於把星星交給我，然後趁我不注意時，拿走兩隻有珠飾和刺繡的聖誕長襪，套在自己的腳上，襪子長至他的胯下。

「我是滑冰女孩！」他說。不出所料，長襪上的玻璃珠讓他可以在廚房的瓷磚地板上滑行，好比冰上花美男強尼・威爾（Johnny Weir）。

隔天我們帶查斯和希杰去商場購物，來到有聖誕老公公的中庭。希杰開始在同一時間想把我拉走並躲到我身後。他繞著我跑，我也繞著他跑，兩個人都想要抓住對方，麥特和查斯則在旁邊饒富興味地看著。

「我不想見聖誕老公公！我想見聖誕老婆婆和馴鹿。」希杰懇求。

「好，好，我們今天不見聖誕老公公。」

「我想見聖誕老婆婆，坐在**她**的腿上，然後告訴**她**我想要什麼。」希杰堅持。

太好了，我上哪去找聖誕老婆婆讓希杰坐在她的腿上？

「聖誕老婆婆在那裡。」我說，指著聖誕老公公的攝影師，她可能塞不進一般的小精靈服裝，只好扮成聖誕老婆婆。其實如果是我，我會滿想當聖誕老婆婆的，因為大家通常會認為她能得到多一點尊敬和權威。但說實在的，誰知道商場聖誕老公公的內部組織架構是怎麼運作的？

「她看起來不像聖誕老婆婆，她不夠老。馴鹿在哪裡？」希杰交集地問。

「牠們一定是停在諾德斯特龍（Nordstrom Rack）大賣場外面。」我咕噥著說，和家人穿過傑西潘尼百貨公司（JC Penney）走回車上。

放寒假前的最後一個上課日，希杰參加了學前班的假日表演會。他興奮到不行，因為所有的小朋友，無論男生或女生，都要扮成天使，穿上他們自己用白色枕頭套做成的白色長袍，並且頭戴金冠。

表演結束後，我去找梅爾老師，告訴她希杰有多開心，因為所有小朋友都穿上一樣的裙裝。

「那是今年深思熟慮而做出來的決定。」她眨眼說。

我希望那一年聖誕老公公送梅爾老師一份大禮。

那個週末，我們一家四口去了諾氏樂園（Knott's Berry Farm）。感謝他們在感恩節到一月三十一日之間讓警消眷屬免費入場。我想讓兒子們在諾氏樂園和聖誕老公公合照。在查斯更小的時候，我認為自己很會鑑定聖誕老公公逼不逼真，所以我知道諾氏樂園的聖誕老公公是最像樣的。

我們走進他的工作坊，希杰很快意識到接下來會發生什麼事。他開始因為緊張而把手扭來扭去。他知道這是他告訴聖誕老公公他想要什麼聖誕禮物的最佳時機。距離十二月二十五日已經進入倒數階段，從他的倒數日曆逐漸減少的巧克力數量可見一斑。

查斯跳進聖誕老公公的雪橇裡和他閒聊一會。他伸出雙腿並交叉腳踝，一隻手放在雪橇一側，和聖誕老公公聊戰鬥陀螺、電動玩具和波西・傑克森（Percy Jackson）。他知道這個聖誕老公公不是真的，希杰也不會那麼快進來雪橇，所以他決定自在享受這場精彩對話。

我終於說服希杰坐在通往雪橇的階梯上。他不願意正眼瞧聖誕老公公。聖誕老公公越過雪橇和查斯把身子探過來，拍拍希杰的肩膀。

「小朋友，你想要什麼聖誕禮物？」他愉快地說道。

「媽媽，我想要什麼聖誕禮物？」希杰無助地看著我。

「迪士尼公主的東西怎麼樣？」我提議。很好笑，在那個當下，我比較關心要怎麼幫我兒子利用節日這個大好機會，而非聖誕老公公對我兒子想要女生玩具有何看法。才不過一年竟有這麼大的變化。

「好，迪士尼公主的**任何東西**。」希杰露出大大的笑容說，但他是看著我，而不是聖誕老公公。

「沒問題。」聖誕老公公保證，並試著跟希杰擊掌，但希杰忽視他。查斯為弟弟補上雙手擊掌。拍完照後我們走到旁邊，看著照片裡的查斯靠向聖誕老公公，酷到不行地露齒而笑，此外還看見希杰的頭頂，因為他坐在雪橇外的階梯上，人沒入鏡。

希杰或許沒有向聖誕老公公講清楚他想要什麼禮物，但他向我表示得很明確。他列了整整兩頁的清單，而且是單行間距。相較之下，查斯的清單僅僅半頁。查斯得到清單上的所有東西，而希杰得到他最想要的所有東西：全新的芭比、一些精靈高中娃娃、一台紫色的Razor滑板車和一條牛仔裙。

那年聖誕節幫希杰買禮物比前一年簡單多了。我們知道寶貝兒子是性別不一致者，最喜歡女生的東西。我們看過送他「男生禮物」時他臉上的失望神情，因此絕對不會再這麼做。這個聖誕節會比前幾年都要美好許多。我們在過去十二個月裡對兒子有了更多瞭解。雖然這一年的結尾和開頭大不相同，但是我們再快樂不過了。

30 一週年

新的一年到來，我的部落格也歡慶一週年。我剛開始寫部落格時，打算只寫一年，然後再評估要不要繼續寫。不過呢，到了該評估的時間，假期也過得差不多了，我覺得精疲力盡。我已經寫下了過去五十二週所有值得注意、發人深省和有趣好玩的事件，也寫下了對新聞當中LGBTQ議題的想法和反思，並在網路上列出一份流動清單，來整理我從沒想過會對我兒子說的話——像是「親愛的，你的裙子穿反了」或「寶貝，你塗了太多唇蜜」。這一切雖然累人，但從我收到的回應、評論和電子郵件來看，我也明白這麼做是有意義的。我在寫與不寫之間猶豫不決。出乎我意料之外的是，麥特強烈表示支持。

「妳不能停筆。妳繼續寫對很多人有益，也對我們有益。」家裡有個瘋狂粉絲真好。

「噢，說什麼呀，妳知道不能半途而廢得。別傻了。」我最好的朋友在我打電話找她商量時說。

其他聽我談過這件事的人都覺得我應該是瘋了才會考慮關閉部落格。我過去學到的教訓是如果大家都覺得你瘋了，你可能真的是瘋了。所以我決定繼續寫下去。

我寫部落格的第一年學到了很多。我們對兩個兒子和自己都有了更多瞭解。我們學到為了全家人的安全，可能需要遠離特定族群。我們得知道誰才是真正的盟友，無論如何都支持我們，一路陪伴我們養育性別不一致而且可能是LGBTQ的兒子。最重要的是，我們發現自己並非孤軍奮戰。我們的行事曆上滿滿都是和其他性別創意家庭的遊戲聚會。我和同樣是過來人的媽媽們建立關係，她們走得比我遠一點，兒女已經是傑出的年輕人——沒錯，過去這些性別不協調的孩子現在都成為了LGBTQ青少年。我和以前認識的一些人重新聯繫上，他們曾經面對性別認同和性向帶來的掙扎，即使在我眼前發生，我可能都渾然不覺。

我對於我丈夫是個什麼樣的父親有了全新的看法，也大為驚豔。養育一個像希杰這樣的孩子可能會讓婚姻破裂，但現在我的婚姻和我挑選一起過下半輩子的男人為我帶來前所未有的安全感和信心。我們看見大兒子開始「懂了」，他逐漸成長為一個很酷的人，心胸寬大又開闊。他知道什麼是同情、理解、包容和最重要的樂趣。他瞭解很多同齡的孩子根本不會意識到的事。從某些方面來看，他比別人早熟好幾年，但仍保有純真。

LGBTQ社群以及正在或曾經養育性別創意兒童的家庭都給了我們溫暖的懷抱。這個溫暖的懷抱很美好，給我們家的感覺。

我們瞭解到八卦有多致命，可以讓好事變壞事。我們瞭解到愛跟你講八卦的人也會在背後講你的八卦。我們瞭解到偏見會孕育更多偏見，憎恨會滋生更多憎恨，而恐懼會引起更多恐懼。我們每天在家裡仍努力抑制這種滋生過程，教導兒子們要包容，即使不會有任何回報。

我不再收到仇恨郵件。我本來以為隨著時間過去會收到愈來愈多，但事實正好相反。我想這些人發覺我不會逃避退縮；他們是對的。我想這些人從每一篇文章後面的評論看得出來我有廣大的支持；他們是對的。我想這些人即使只讀一篇貼文，都會感覺得到我愛我的孩子，並試著用最好、最健康也最有愛的方式教養孩子；他們依然是對的。

我當部落客的第一年能固定每星期發表兩篇文章很不錯了，畢竟我有工作、兩個活潑的孩子、丈夫、朋友、嗜好、生活，還沉迷社群媒體、實境節目和八卦雜誌（依照優先順序排列）。雖然有時很疲乏，但在部落格成立的一週年，我發表了第一百篇文章，也很清楚我有繼續再寫一年的動力。

31 舞蹈課

我希望兩個兒子一季能至少從事一種運動。對查斯來說，那並非難事，但對希杰而言，含蓄點說，這令他感到有些為難。我希望他們從事運動有幾個理由：強身、保健、團隊合作，還可以學到新東西。我覺得這對希杰很重要，因為我看到我哥哥在我父母幫他報名的傳統男性運動中總是覺得自己「不夠強悍」或「不夠像個男生」。他在打棒球、橄欖球和練空手道時覺得既彆扭又丟臉，所以從此不再參與任何運動。年紀大了之後，他為此感到後悔，但願自己嘗試各種體育活動直到找到對的那一個。他鼓勵我別讓希杰放棄運動。希杰沒興趣重拾棒球或足球生涯，他表示天氣太冷不適合上游泳課（因為在橘郡嚴寒的冬天，溫度有時候會降到華氏七十度[25]以下），體操又無聊透頂。我告訴他必須挑一種課程動動身子。

25　編註：約攝氏二十一度。

「你接下來想要嘗試什麼運動？」我問。

「跳舞！」

我有預感我兒子成為舞者的那一天要來臨了。

「嗨，我想問一下星期六早上的芭蕾踢躂舞混合班還有沒有名額。」我在附近的南橘郡青少年健身房對著櫃台小姐說。它是倉庫改建的，這個空間讓孩子可以學踢足球、游泳、跳啦啦隊、玩體操、空中絲帶操、跑酷、上學前班、辦慶生會，以及任何讓老闆生意興隆和滿足橘郡媽咪黨需求的活動，她們總是駕駛著全黑凱迪拉克凱雷德（Escalade）在外面整齊停成一排。

「妳女兒幾歲？」櫃台小姐一邊問，一邊掃視電腦螢幕。

「我沒有女兒。」我說完後盯著她看。她過了一陣子才會意過來我有個想要跳舞的兒子。

「噢，真抱歉。我們沒有男生的芭蕾踢躂舞混合班。」她嘟出下唇、頭歪向一邊，語氣同情地回答我。

這就是我的命。

「好吧，那星期六的班還有名額嗎？」我問。

「有的，他想跟女生一起上嗎？」

「他會很樂意。」我說。

事實上，那一班還有名額給希杰。他高興得要命。

我們去連鎖鞋店 Payless ShoeSource 買踢躂舞鞋。希杰控制不了自己。當他看到那些亮晶晶的漆皮鞋可以發出很大聲響，上面還有大大的黑色蝴蝶結，他快興奮到連自己都不好意思了。他把鞋子拿起來撫摸好一段時間，才想到要套到腳上試穿。

「那些是女生穿的踢躂舞鞋，男生的長這樣。」抹了太多髮膠讓頭髮硬梆梆的銷售小姐說，她彎腰拿男生的踢躂舞鞋給我們看的同時也露出股溝。男生的鞋子並不閃亮，是死氣沉沉的黑色搭配無趣的綁帶，上面沒有那種瑪麗珍式的雕花。

「我想要女生的。」希杰很快對我說，眼神帶著擔憂。

「我知道。」我忽視銷售小姐的反應。我們知道自己對於鞋子的喜好，會自己處理，非常謝謝妳。

接下來那個星期六，我被一個不熟悉的聲音吵醒。那不是家裡的警鈴，不是電動玩具，不是鬧鐘，也不是我的手機。我趕緊披上睡袍，跑下樓梯，吃力的把乾澀的眼睛睜開、睡亂的頭髮撥開。那個聲音愈來愈大，當時根本還沒早上七點。

「媽咪！早安！猜猜今天是什麼日子?!我今天要開始上舞蹈課了！」希杰說，他穿著踢踺舞鞋在廚房瓷磚上大跳特跳，連踢踺舞大師葛里哥萊・海恩斯（Gregory Hines）都要甘拜下風。我煮了咖啡，煩惱著要怎麼撐過這兩個小時。

終於到了要換衣服的時間，我一直很害怕這一刻到來。

「我的舞衣在哪裡？」希杰問，彷彿我空閒時間都在忙著做珠片萊卡和蟬翼紗衣。

「穿運動短褲和T恤就好了。」我說。

「不行！我需要芭蕾舞裙！」

當然了。

最後他穿上一整套的服裝：精靈高中科學怪女萬聖節裝的綠色緊身褲，上面有假的疤痕和縫線；藍色的耐吉運動短褲；他扮裝行頭裡的紫色芭蕾舞裙；紫色T恤和上面有骷髏的黑色襪子。他看著鏡中的自己覺得相當完美，就像是住在他靈魂裡的舞者。

我們穿過停車場、健身房，來到二樓的舞蹈教室，顯然不是每個人都認為希杰看起來跟他想的一樣完美。

我們見到他的老師，瑞秋小姐。有時候你第一眼就可以看得出來一個人貼心、親切又善良，瑞秋小姐就是那樣的人。她有舞者的曼妙身軀，鼻子上佈滿點點雀斑，像小星星一樣。

她的笑容看起來很真誠。

我向她介紹希杰，告訴她我們需要借芭蕾舞鞋。她帶我們去失物招領處。

「我可以穿那些鞋子嗎?!」希杰微笑著說。

「對。」

「**全部嗎?!**」他尖叫看著失物招領處那一桶上百隻的粉紅色芭蕾舞鞋。

「不是，傻瓜，兩隻而已。你只有兩隻腳。」

「啊啊啊，天哪——」他恨不得自己是隻蜈蚣。

我把希杰帶回瑞秋小姐的班上，陪著他走進門。一個小女孩指著他。

「妳們看那個男生！」她大笑，叫其他人一起看。一群小小芭蕾舞伶笑成一團。

希杰忸怩地在墊子上找了一個地方，準備伸展。我向瑞秋小姐解釋希杰是性別不一致者，她露出了然於心的微笑。我想那件芭蕾舞裙應該已經透露出希杰不是一般的男孩。

我走到等待區，家長可以在那裡坐著看他們的小小舞者。我在找位子時，迎上好幾雙盯著我的眼睛。他們看著新來的媽媽帶著兒子來上女生舞蹈課，這堂課上從未出現過男生，而且這個男生還穿著芭蕾舞裙和粉紅色的芭蕾舞鞋。

我很討厭當新來的媽媽。我自己在舞蹈教室外的長凳上坐下來，透過單面鏡看著兒子變身為舞者。

一對母女匆匆忙忙跑過來，把袋子丟在我身旁。她們遲到了。那位母親著急地幫女兒脫掉發光運動鞋，換上芭蕾舞鞋。小女孩扶著長凳維持身體平衡時，看到了希杰。

「妳看那個新來的女生！為什麼她的頭髮這麼短？」她大聲問。

母親抬頭看。

「我不知道，親愛的。有些女生就是喜歡把頭髮剪得跟男生一樣短。」她回答。

「那是我兒子。」我默默對著那位母親說。她的臉脹成各種紅色，趕著女兒進教室，再也沒有回到我旁邊的位置。沒關係，我已經習慣人們對我避之唯恐不及。很多人看見小男孩玩「女生玩具」、穿「女生衣服」或做「女性化」的事就會有這種反應。人都會避開讓自己不舒服或尷尬的事，而我們讓他們有這種感覺。

不過我當時不在乎這些，我的眼光離不開希杰。我從未見過他如此快樂而專注，他終於成為一名舞者了。為了我甜美的性別不一致男孩，我的心又再次融化。

孩子們在休息時間簡單換了雙鞋，從芭蕾舞者變身成踢躂舞者。課程再度開始後，有位媽媽別無選擇只能坐在我身旁，我決定要主動開啟話題。

「妳女兒幾歲？」我問她時把她嚇著了。

「她五歲。那妳的……小……兒子幾歲了？」她邊問邊慌張地緊握她的星巴克杯，好安撫自己。當一個男孩穿著芭蕾舞裙和舞鞋、上一堂全是女生的舞蹈課，還算是個男孩嗎？

「他下個月就五歲了。」我微笑說道。顯然沒其他話題可以聊了。我身後有位媽媽點了點我的肩膀。

「我覺得妳的兒子在學舞蹈非常棒，我在上課的女兒還有一個雙胞胎哥哥，我甚至從來沒想過要問問他想不想試試看跳舞。」她說。

「謝謝。」我真誠地微笑。

一個成人進階芭蕾舞班在隔壁開始上課。我欣賞著成年芭蕾舞伶的優雅舞姿。一名男子姍姍來遲。他放下袋子，脫到只剩貼身的黑色緊身褲和深V領緊身上衣。他在扶手杆找了一個位置。我看著他的動作，他跳得比在場所有女人都還要好。

下課前，希杰班上的每個人都拿到一張凱蒂貓在跳芭蕾舞的著色紙，當作他們努力上課的獎賞。瑞秋小姐問我希杰是否會喜歡這獎品，我向她保證這再適合他不過了。

希杰和我留下來多看了幾分鐘隔壁的成人班上課。他欣喜若狂。

「你有沒有看見那個男生跳舞？」我問，彎身到他的高度，指著那名男子。

「哇——」他慢慢的說。沒錯，他看見他了。「媽咪，他跳得比女生好耶，我也想要那樣。」

「你可以的。」我說。

我載希杰回家的路上，問他喜不喜歡舞蹈課。

「我愛死了！」

下一堂課好不容易到來，希杰和我比賽誰先跑到瑞秋小姐那。他穿著緊身褲，身負重任，像個另類的超級英雄。

「瑞秋老師，我今天一樣會穿裙子上課，可以請妳叫女生們不要取笑我嗎？」他清楚表達出預先想好的台詞，我簡直不敢相信那是從他口中說出來的話。

「噢，親愛的，當然沒問題。」瑞秋小姐露出慈愛又關心的表情說。

我什麼話也說不出來，如鯁在喉。我不曉得他打算向瑞秋小姐提出這個要求。麥特走上樓梯，看著希杰的一些動作。

開始上課了，希杰在木頭地板上走蟹步。

「我們要讓他練習在走蟹步時把屁股抬起來。」麥特輕聲說。如果希杰有在打樂樂棒球，麥特一樣會在心裡做類似的筆記，想辦法幫助他進步。我好愛這個男人對希杰看重的事物這麼有熱情和感興趣——不管那件事是否「符合性別傳統」。我應該更常告訴他，能夠用愛養育女性化兒子的爸爸是真男人。他證明了鐵漢也有柔情的一天。

「跳芭蕾舞的男生叫『芭蕾舞男』嗎？」麥特打斷我的思緒。我笑了出來。

我和麥特輪流下樓到主場地看查斯練跑酷。我們不敢留希杰一個人在樓上，也怕其他家長趁我們不在大講閒話。我們知道不必去在意那些，但有時候還是會在意。我們永遠都有進步空間。

課程進入尾聲，即將要發著色紙。瑞秋小姐給了大家兩個選擇：海綿寶寶和茉莉公主。兩個選擇，有選擇是好的。希杰直接選了茉莉公主。瑞秋小姐對著我微笑，她後來表示因為班上有男生，才覺得應該要提供「男生」的著色紙選項，更棒的是，她原本從沒想過其中一個女生可能會想要「男生」的著色紙。她轉身走掉，我看見她衣服背面印的字。

「無論去哪，都要隨著心走。」

我抓起希杰的小手、他的芭蕾舞裙和踢躂舞鞋離開，隨著我們的心走。

32 生日禮物

希杰想要在五歲生日時辦一場派對，盛大的派對。自從他在迪士尼樂園度過四歲生日後，就一直在計畫下一次的慶生會，他要在比近親家人還多的觀眾面前當一天的明星。一如往常，世界是他的舞台，他想要當主角，並在後台休息室裡裝滿他最愛的東西：有頭髮可以梳、有檸檬冰茶可以喝，還有麥芽牛奶球可以吃巧克力吃個過癮。

我和麥特一樣為了賓客名單傷透腦筋。如果邀請全班同學和他們的家人來，反而會讓我們自己在情感上受到傷害，那我們就不會這麼做。我們必須相信要在孩子生日時讓他開心，而不是要討他班上的每個孩子歡心。我們就算在乎別人的感受，也不至於讓自己的兒子暴露在不友善的環境中。

我們問希杰想邀請誰來參加派對。他點名了幾個從小認識的朋友、鄰居小孩和四個班上的女同學。我們和這份名單上的多數人都彼此熟識。他們大多可以預知希杰會把派對弄得浮誇華麗。他可能會穿女裝。他在學校的女生玩伴的家人們可能會感到詫異，並做出一些反應。我們要能夠坦然接受。不喜歡我們，你可以離開，但如果你要離開，請安靜地走。

希杰要求在附近一個室內充氣派對空間辦慶生會。那裡說穿了就是一個滿滿都是跳跳屋的倉庫。我喜歡這個跳跳屋的點子，因為它通常都是中性的。我們可以自備吃蛋糕的盤子和紙巾，於是我們去了派對城一趟。生日派對用品分成藍色和粉紅色走道。

「去找我的走道吧。」希杰說，刻意走向粉紅色走道。他邁開大步，誇張地擺動雙臂，意味著他是認真的。我們面臨艱難的抉擇：凱蒂貓、奇妙仙子、迪士尼公主們、小美人魚。每一個都經過仔細考量。《藍色小精靈》的小美人衝上亞軍，但最後由精靈高中勝出。

查斯想要繼續在店裡逛逛，看看他三個月後的生日派對要選什麼主題。我們陪著查斯來到藍色走道，我指了幾個選項給希杰參考。

「無敵風火輪怎麼樣？」我說。

「討厭——才不要——」他邊走邊跳地說。

「星際大戰呢？」

「好噁喔。」他說，當場停下腳步，給我一個厭惡的眼神。

「那迪亞哥26呢？」我笑著問。

「都不要！」他雙手叉腰後說。

「媽，妳明知道他不想辦男生的派對。」查斯責怪我。

「我只是想讓他知道有什麼選項。」我回答。

「別這樣，這樣很壞耶。」查斯告訴我。我對著大兒子微笑，他現在愈來愈保護性別不一致的弟弟。

幾天後，我去跳跳屋倉庫繳派對的費用，順便場勘。一切看起來都是中性的，就算人多也很安全。

「你們會根據性別去做事嗎？」我在準備離開時問了經理。「我的意思是，你們會不會為特定性別做什麼事，或根據性別用不同的方式對待小壽星？有沒有只為男生或女生做的安排？」

有時候我把自己都搞糊塗了。

對方給了我一個奇怪的眼神，她思索了很久很久之後說：「應該沒有。」

「太好了，因為我家小男生喜歡女生的東西，我不希望派對有任何地方用性別來區分。」我告知經理，希望她可以在我們的檔案裡註明這一點。後來我在想，她搞不好會寫：

「**警告**：這媽媽瘋了！」

我才不在乎跳跳屋倉庫的小姐怎麼想。我學會要去問那些問題；我必須事先問，而且要在希杰或查斯聽得到的距離外問，特別是為了希杰的生日。我不希望性別議題毀了他開心的大日子。

在希杰生日前一天下午的兩點三十五分，學校鐘聲響起，代表查斯又度過了一個上學日。他跳進車裡，我滿身是汗的三年級寶貝兒子。

「我需要買東西。可以帶我去達吉特嗎？」他說。

「我也是，我也需要買東西！我想要去達吉特。我愛達吉特！」希杰在後座喊著。

「你想去達吉特買什麼東西？」我問查斯，忽視希杰。

「我還沒有幫希杰買生日禮物，明天就是他生日了。」他說。

嫌我事情還不夠多就對了。我已經去了雜貨店、玩具店、五金行和派對用品店。我還得趕回家做杯子蛋糕、包禮物和準備隔天希杰在班上開派對要用的東西。距離盛大慶生會只剩

26 編註：迪亞哥（Diego）是美國兒童動畫《愛探險的朵拉》（*Dora the Explorer*）中，主角朵拉的表哥。

四天，我甚至連待做事項都還沒寫下來呢。

但我還是答應帶他去達吉特，因為他這麼有心想要送希杰禮物。我本來已經幫他準備好禮物要讓他送給弟弟，打算那天晚上拿給他看。不過，我欣賞他願意花心思，我欣賞他願意主動付出。

幾個小時後，希杰忙著在自己房間裡玩。他的娃娃們起了爭執，你一言、我一語地說：「哇塞！」和「好嗎，女朋友？」它們對彼此說的話愈犀利和大聲，表示希杰對外界發生什麼事愈渾然不覺，所以我知道他不會注意到我們出門。

「你錢帶了嗎？」我問查斯，但我不是認真的。

「帶了。」他出乎我意料地說。

「你哪來的錢？」我問，畢竟他不久前才花光了僅存的二十塊美元在線上遊戲上。

「這週末我幫爸整理院子，他付我十塊美元，我想用這筆錢。我要花八塊買禮物、兩塊買卡片。」

我的心已融化，他竟連預算都列好了。

到了達吉特，他筆直前往玩具部門，來到粉紅色走道的精靈高中區。他衡量他的選項和預算，精打細算。最後，他決定買五塊美元的精靈高中時尚素描本。

「再來是卡片。」他說。

在我們走去賀卡區的路上，他先是看著素描本封面的精靈高中鬼娃，再看著我。

「如果收銀小姐問，我會跟她說是買給妹妹的。」他深思熟慮地說，彷彿在客氣地警告我別在達吉特員工面前糾正他。

「好，」我說，很難過八歲兒子在做如此真心誠意的事，卻要去擔心收銀小姐會怎麼想或說什麼。這對我和麥特來說已經習以為常，麻木無感。但對他而言，在這個深植於傳統性別規範的世界中，還是有許多事情需要考量。

「啊，這裡有女生卡片。我要找能放出音樂的，他一定會很愛。」他仔細查看架子上的卡片說。

我們身旁也在找卡片的女士聽到他使用男生的代名詞，很快地瞥了我們一眼。我現在已經十分擅長忽視別人的眼光。

經過整整五分鐘閱讀和聆聽每一張打開就會唱歌的卡片之後，查斯找到了最完美的選擇。

「就是它了！」他說，驕傲地把卡片交給我。

上面的圖片是一隻貓用後腳站起來在閃光球底下的彩色舞池跳舞。

封面文字：今天是你歡樂慶祝的日子……
內頁文字：希望你的生日和你一樣精彩萬分！
歌曲：紅粉佳人（Pink）的〈大家來尬舞〉（“Get the Party Started”）

結果收銀小姐根本不在乎這個禮物是要給誰的，所以查斯準備好的回答沒有派上用場。

那天晚上他親自包裝禮物，並在卡片裡小心翼翼地寫上名字。他把信封黏緊，「以防萬一」。

隔天晚上希杰打開禮物後愛不釋手。

「希杰，我就知道你會最喜歡我的禮物。」查斯在睡前和弟弟一起刷牙時對他說。

「因為你知道我喜歡女生的東西嗎？」希杰問，亮晶晶的粉紅色牙膏流到下巴。

「沒錯，」查斯吐出嘴裡的藍色牙膏說。

那天深夜我經過他的房間，可以聽見紅粉佳人在唱〈大家來尬舞〉。希杰把卡片帶到床上……整晚不斷打開又闔上，尬舞到半夜。

希杰五歲慶生會的大日子終於到來。我們把派對用品放到車上，前往跳跳屋倉庫。我們抵達的時間剛好可以讓查斯和希杰觀看跳跳屋如何搖身一變，平坦的塑膠布被充氣完之後，成為高聳的可笑建築物。麥可舅舅站在兩個外甥身旁，和他們一樣覺得好玩，整個過程看得目瞪口呆。

「我可以換洋裝了嗎？」希杰問。

「還不行，寶貝，洋裝會妨礙你玩跳跳屋，而且可能會撕破布料。」我一邊說，一邊擺出要給家長喝的咖啡，心想來點貝禮詩奶酒搭配咖啡實在不是什麼壞主意。

由於玩完跳跳屋之後的點心時間要用的盤子和紙巾都是精靈高中的，希杰希望能在派對上穿著他的科學怪女萬聖節裝。可是基於幾個理由，我們希望他穿著南瓜色 polo 衫和工作褲的時間愈長愈好。首先，他的科學怪女裝已經被穿得破破爛爛，而且很難修補（問奶奶就知道了）。如果在派對上不小心破了大洞，我們不確定希杰會出現什麼反應，也不想冒這個險。另一個拖時間的理由是我們會見到一些不認識的同學家人，無法預測他們看見穿裙子的壽星男孩會有什麼反應。如果至少能先打過照面，我和麥特會比較自在。

希杰得到充氣王冠和權杖。在兒童安全宣導影片播放時，他拿著權杖敲打查斯。播放完畢後，小朋友們和麥可舅舅像是奔牛節的公牛一樣衝向跳跳屋，發出震耳欲聾的尖叫聲。

「媽咪，現在可以穿洋裝了嗎？」過了十五分鐘後，希杰問。

「我等一下就去拿，寶貝。」我說。

他問第三次時，我才把包包裡的洋裝拿給他。他從廁所出來時穿著洋裝和工作褲，並把polo衫交給我。我沒有環顧四周去看陌生人的反應，逕自跟著希杰進入跳跳屋，和他一起跳。他笑著看自己上下飄動的裙擺，也笑著看我跳。我則笑著看他度過最美好的一天。

很快來到了吃點心和蛋糕的時間。希杰坐在上位，身旁是一個叫莫莉的小女孩。她五歲，是希杰最要好的同學之一，兩人因為都很喜歡樂佩公主和所有粉紅色和紫色的東西而結為至交。莫莉有一頭濃密的棕色捲髮，臉上永遠掛著笑容。她圓滾滾的快樂眼睛總是充滿活力、尋找樂趣。她很貼心，如果朋友受傷或難過，她一定第一個發現，她會安慰所有人。她讓我想起小時候我奶奶蒐集的水滴娃娃（Precious Moments）小雕像。

我看到她坐在壽星隔壁的座位卻一臉憂愁，不禁停下腳步。她露出我不曾看過的煩惱神情，用手托著下巴，嘟著嘴。小朋友們全都坐在桌前，等待杯子蛋糕上桌。我靠近一點偷聽。

「對於要送你的禮物，我覺得很對不起。」我聽到她說。

「為什麼？」希杰問，他只放了一半的注意力在她身上。

「我真的覺得好害羞。」她繼續說。「害羞」就是丟臉的意思，看起來這件事已經困擾姊妹淘許久。

「我媽咪在我上學時買了你的禮物，可是她不知道你喜歡女生玩具。我以為她知道。」莫莉失望地搖搖頭說。

「妳媽咪以為我喜歡男生玩具？我的天啊！」希杰說，他發現他們在講的是他期待了三百六十四天要拆的生日禮物，馬上把注意力全都放在莫莉身上。

「我以前就跟她講過你喜歡女生的東西，可是她還是買了海綿寶寶的書和《玩具總動員》的拼圖。我好害羞。」莫莉解釋道。禮物都還沒開始拆，她就直接告訴希杰她送了什麼生日禮物。就在此時，杯子蛋糕送到了每個孩子面前。

希杰因為杯子蛋糕而被引開注意力。感謝老天，因為誰知道他得知會收到海綿寶寶的書和《玩具總動員》的拼圖之後會怎麼回答她。他和所有同齡孩子一樣，有時候會搞不懂什麼是禮儀、規矩、考慮他人感受和待人親切。要他講出「噢，沒關係，莫莉，心意最重要」這種話的機率趨近於零。我瞭解我的兒子，他有點自戀。

舉例來說，他去年的聖誕襪裡有個戰鬥陀螺。他看見之後惱怒地說：「聖誕老公公幹嘛給我戰鬥陀螺？」然後馬上把它往房間另一頭的聖誕樹丟。麥可舅舅躲在他裝了烈蛋酒的馬克杯後面偷笑，我則走過去把戰鬥陀螺撿起來，拿給希杰，向他解釋那是粉紅色的戰鬥陀螺，或許聖誕老公公是為了讓他可以跟哥哥和鄰居小孩一起玩才給他的。這樣解釋完，希杰才考慮原諒聖誕老公公。

在過去兩年半的性別不一致歲月裡，送禮物給希杰一直是個令人頭痛的問題，因為希杰喜歡那些專門主打女孩市場的玩具，但有時候別人並不知道這一點，或是覺得送他「女生玩具」很不自在。隨著年紀漸增，他愈來愈討厭以前他可以接受的「中性玩具」。

雖然我們試著教希杰有禮地收下他不想要的禮物，但他拆開不喜歡的禮物時，還是無法裝出開心和感激的樣子。他會大發脾氣。如果他不喜歡什麼東西，一定會表現出來。經過那次聖誕節的戰鬥陀螺事件後，只要他拆開「男生玩具」，我們都會閃得很快。

在慶生會之前，有個媽媽問我應該買什麼生日禮物給希杰，我已經回答得很熟練。

「任何妳會買給五歲女孩的東西都可以。」我老實回答。現在被問到要買什麼禮物給他，我比以前更坦然承認他性別不一致。我不在乎別人怎麼想，我必須在乎兒子收到什麼禮物會開心，如果他夠幸運能收到禮物。

「妳說真的？」她問。

「對，如果妳覺得送這個不自在，他也喜歡手工藝或美勞。」

三天後，她的孩子在慶生會上送了希杰中性的手工藝材料包，安全過關，沒有人需要閃開。至於莫莉送他的書和拼圖呢？《玩具總動員》的拼圖有大大的翠絲（Jessie）和紫色的熊抱哥（Lotso Bear），可以融入他的世界。海綿寶寶的書則是轉送給查斯。

33 醫療資源

希杰五歲時，我們家有了新成員。她叫克蘿伊，是希杰的隱形朋友。他堅持她不是幻想出來的。幻想是捏造的，不是真的。隱形代表她是真的，但你看不見她，除非你是希杰。她剛來的時候是七歲，兩個星期後變成了青少女。

她有一頭長長的金髮，直到某一天變成褐髮。她通常穿牛仔裙配高跟鞋。聽說她會塗「很多」口紅，連去學校都是如此。如果連希杰都會被她塗的大量口紅嚇到，我也只能想像那是什麼模樣。我擔心她在遊戲場上聲名狼藉。

我發現希杰在替灰姑娘著色，平常他都會好好的塗在線裡，這次卻在嘴唇區塊亂畫一通。灰姑娘看起來像是塗了一層厚厚的 MAC 危險女士（Lady Danger）紅色唇膏去城裡見白馬王子。希杰神氣十足地給我看他的大作。

「哇，灰姑娘今天的口紅好瘋狂！」我說。

「對呀，克蘿伊都是塗成這樣。」他說得跟真的一樣。

隔天他替凱蒂貓著色。

「噢，希杰，你畫得真好。我喜歡她的裝扮，很潮。」我看了他向我展示的成品說。

「克蘿伊今天就是穿這樣。」他指凱蒂貓的裝扮。

「我以為克蘿伊都穿牛仔裙和高跟鞋。」我疑惑地說。

「今天她決定混搭。」他回答，走到冰箱把大作掛在上面。

克蘿伊七歲時，我們開車出去她會坐在希杰和查斯之間的車底板上。兩個星期後，她變成青少女，開始抓著希杰那一側車門外的門把搭車。她在門邊拍動亂飄，努力抓緊門把。有時候她會飛走，希杰會大喊：「糟糕囉！」

某一天我們不知道要在車上聽什麼歌，我便問希杰，克蘿伊最愛的歌手是誰。

「惡女凱莎，跟我一樣。我們都愛惡女凱莎。」

我想要知道克蘿伊的名字怎麼拼，於是問了希杰。我給他「C」的選項和「克蘿伊・卡黛珊」（Khloe Kardashian）的選項。結果是「C」，這樣和希杰才有一樣的縮寫。

「你確定要跟大你那麼多歲的朋友一起玩嗎？」某天我們兩人——不，是三人——單獨在車子裡時我問他。

「對呀，她說她會對我很溫柔，因為她知道我比她小。」他回答，彷彿他們兩個已經討論過年齡差距的問題。我兒子的隱形朋友是個輕佻的青少女。我會好好盯著她，如果我辨得到的話。她進入我們的生活過了幾個月後，我很高興看到（這是比喻，非字面意義）她離開。她沒有盛大退場，只是突然有一天就這麼消失了。

希杰去做第五年的健康檢查時，我向他的小兒科醫師提到克蘿伊的存在。她表示幻想的朋友在童年很常見，不必大驚小怪。不過，她建議我密切注意這段關係是否透露出希杰的恐懼、焦慮或者對周遭世界的認知。

自從去年做完檢查後，我們已經一年沒見到希杰的小兒科醫師，當時她轉介我們去看精神科醫師，對方告知我們希杰沒有性偏差。我告訴她診斷結果，她向我道了歉。

「我在看診之前有先瀏覽過他的檔案，不知道他在性別上的行為依然令人擔憂，還是已經隨著年齡增長而消失。」小兒科醫師說。

「噢，正好相反，是隨著年齡增長而變本加厲。」我說。希杰穿著醫院的袍子和精靈高中及膝襪在房間裡轉來轉去。

我告訴她過去一年的狀況，還有新治療師的事。我說明希杰確定是性別不一致者。我當然在看診前做了研究，並列出一張我希望達成的目標清單。

我把清單拿給小兒科醫師看，她雖然沒有立即的解答，但陪著我們一起想辦法。

「對不起，我知道我們有點難伺候。」我向她道歉。我總是為我們一家人如此難伺候而道歉，我無法想像在此時此刻好伺候是什麼感覺。

「別說傻話！希杰是我的病人，我必須盡力在各方面照顧他。這是我的工作，」她向我保證，「我當醫生當到現在從來沒有遇過性別不一致的病人，但我會好好研究並找到答案，才能成為更好的醫生來幫助希杰和其他跟他一樣的病人。」

我想知道達琳的費用能不能核退給我們，因為我們相信凱薩醫療（Kaiser Permanente，我們的健康保險公司）無法根據我們的特殊需求提供相應的服務和專業協助。小兒科醫師盡力幫我們實現，但凱薩醫療在距離我們一小時車程的橘郡貧民區（對，這裡還是有貧民區）找到了一名治療師願意見我們。我客氣地拒絕了。我們不想把達琳換掉，但如果凱薩醫療能支付她的費用當然很好。

我想知道若未來我們真心認為希杰是跨性別者，有哪條路可以走。我想知道下一步是什麼。我們的小兒科醫師隔天回覆了具體細節。我們將必須進行評估，並且和那位貧民區的治療師定期會面。接著我們會被轉介給凱薩醫療在南加州區的小兒內分泌專科醫師主任。我問到他的名字並記了下來。內分泌科醫師是專治荷爾蒙及其他病症的醫師，他會和我們一起為希杰制定一套治療計畫。其中很有可能會包含在青春期開始時使用荷爾蒙阻斷劑，延緩青春期並為我們爭取多一點的時間，再做更重大的決定。什麼更重大的決定？注射異性荷爾蒙讓希杰經歷女性青春期。這也是內分泌科醫師會處理的範圍。

我想要知道希杰有沒有可能是雙性人，這個醫學名詞之前被稱為陰陽人（hermaphroditism）。希杰在醫學上具有兩種性別的特徵嗎？這解釋得通嗎？購物袋奶奶建議我們搞清楚。達琳認為我們應該確認看看，如果這麼做會讓我們好過一點，以便排除另一個可能性和解釋。不過，她實在不認為希杰是雙性人。達琳這次又說對了。在生理上，希杰是完完全全、徹徹底底的男生。

差不多在那個時間點，安德森・庫柏在他的日間脫口秀中談了跨性別兒童的議題，請來幾名專家。其中一名是凱薩醫療的內分泌科醫師露易絲・葛林斯潘（Louise Greenspan）。凱薩醫療有醫生是跨性別兒童專家？我打算跟她聊聊，幾個月後機會來了。我跟她通上電話，可以盡情問她問題。我就像是一個身處在跨性別、荷爾蒙糖果店的孩子。

「多數人會在大約三歲的時候意識到性別以及身體特徵的不同，」葛林斯潘說明，「這時他們會開始瞭解生理性別和社會性別之間的差異，選擇自己的性別偏好。」

「我們家兒子就是這樣，」我肯定地說，「他在快三歲時意識到性別差異，然後選擇了女生那一邊。他現在五歲，被認定是男孩，但性別偏好完全是女孩。」

我告訴她希杰從來不曾要求轉換社會性別。

「社會性別的轉換會因家庭和教育背景而有所不同。這通常會在七、八歲到十歲之間發生，」她說，「聽起來你們家擁有最理想的家庭支持系統，依你們的情況來看，下一個因素是學校適不適合做轉換。在學校轉換社會性別安全嗎？學校會支持轉換的過程嗎？」

「我不知道，但如果他需要的就是轉換社會性別，那麼這就會是我們的首要之務。如果他目前的學校不支持，我會找別間可以支持的學校。」我說，然後問了她有關荷爾蒙阻斷劑的事。

「這個選項最好在青春期前期討論。女性青春期發生得較早，大概到了八歲就要開始注意青春期的徵兆。至於男性，青春期的徵兆最早出現在九歲。荷爾蒙阻斷劑是延緩青春期的安全做法，有些病人改變心意並決定經歷原本生理性別的青春期。荷爾蒙是不可逆的。使用荷爾蒙阻斷劑和荷爾蒙補充療法的跨性別兒童跟『正常』的同儕相比，通常會處於青春期發展較遲緩的那一端。可以做變性手術的最早年齡是十八歲，凱薩醫療有在為病人執行這樣的手術。」

我問了她凱薩醫療針對跨性別病人的醫療程序。

「凱薩醫療擁有跨性別病人治療的理想模式。我們的網絡中有治療師和醫學專業人員，他們基本上都是真正的同行。在我這一區（北加州）有十一位內分泌科醫師可以在變性過程中提供協助，有四位真的對此毫無偏見。這種模式展現了整合性健康照護的妙處。」葛林斯潘醫師說。

我們又談了一陣子。

「妳知道的，跨性別兒童的自殺率最高。有些醫療人員只求『不傷害病人』，但這不一定是治療這些兒童的最佳方式，什麼都不做可能會造成更多傷害。同時，千萬別替孩子貼標籤。妳必須站在他的身後，不要逼迫或引導他們，而是要給予支持。」我們在結束通話前她補充道。

所有專家告訴我的話都大同小異。支持是關鍵，不要替孩子引導方向，而是要跟隨他們的帶領。將近一年前，我和麥特第一次真正意識到希杰可能是跨性別者，現在情感上比較能接受，但在教養的這條路上還是原地踏步。我們對於未來沒有答案，但如果答案是肯定的、希杰確實是跨性別者，我們的兒子注定是個女兒，那麼我們知道接下來該走什麼路。

34 霸凌

正當希杰快五歲，比以往都還要更大方活躍地展現性別不一致時，查斯正在經歷他八年半的人生中最黑暗的時期。他幾乎每天都被班上的惡霸取笑和騷擾，對方看過希杰的性別不一致行為，因此散播謠言說希杰和查斯是同性戀，並且在和查斯說話或談到查斯時使用「同性戀」這個字眼來侮辱他。

我記得我第一次聽到「同性戀」這個詞是在升四年級的暑假，當時我參加了我哥哥擔任輔導員的教會夏令營。在某個星期五，一個原本對我還算友善、叫傑羅姆的男生在操場上朝我走過來，後面跟了一小群小朋友。我正頭下腳上吊在單槓上，自顧自地唱著歌。

「妳哥哥是同性戀！」傑羅姆對我說。

我馬上翻身落地。

「什麼？」我問，他的語調聽起來不是在開玩笑。

「妳哥哥是同性戀！」他看著我的眼睛，又說了一次。他身後則有十幾雙眼睛盯著我。

「他才不是！」雖然大惑不解，我還是鼓起所有勇氣反駁。「同性戀」到底是什麼意思？我感覺得出來不是什麼好東西。傑羅姆整天都不放過我，一直說我哥哥是同性戀，其他小朋友在旁附和。

一天活動結束的鐘聲響起，所有人都走到停車場。我看見傑羅姆和他那一群四年級跟班。他們逼近我。我忍住眼淚，在他們圍住我之前轉身，並看見其中最弱小的一員，那是一名叫坎蒂絲的嬌小金髮女孩。傑羅姆再次堅持我哥哥是同性戀。「他才不是，」我咬牙切齒地說。我握緊拳頭，閉上眼睛，朝坎蒂絲的臉揮過去。我的拳頭擦過她的左肩，一時重心不穩讓我踉蹌。坎蒂絲開始大哭，那些眼淚應該是受到驚嚇或害怕才流出來的，因為我根本不可能弄痛她。她跑去告我的狀。

我做了什麼事？我直直奔向麥可的車，等他載我回家，但另一名輔導員把我攔住。坎蒂絲縮在她身後，我紅了眼眶。我一定會被踢出教會夏令營，我可能要去坐牢，我絕對會下地獄。

那位輔導員要我們兩個坐下來，問我為什麼要打坎蒂絲。

「他們取笑我，」我說。她問我對方說了什麼，但我不想告訴她，我不需要多一個人認為我哥哥是同性戀，不管那是什麼意思。坎蒂絲也沉默不語。我們被迫向對方道歉之後被匆匆趕回家。

在回家的路上，我反省自己第一次差點犯罪和暴力相向的過程。我不能讓爸媽發現那一天我有什麼不對勁。我祈禱那位輔導員不要打電話來我家。我和上帝以及宇宙討價還價。如果爸媽沒發現，我會當個乖寶寶；我會自動自發去刷牙；我會整理房間；我會為全家人做早餐，為他們端到床上；我會對坎蒂絲甚至傑羅姆很好。我有整個週末可以彌補，然後把這件醜事忘掉。

另一件我必須在週末做的事，就是搞清楚「同性戀」是什麼意思。我不能問爸爸、媽媽或哥哥，我深知這一點。我知道它是個不好的字眼，我不希望他們問我是從哪裡聽來的。

我想不起來最後是誰告訴我答案，但當對方告訴我，同性戀就是兩個男生相愛，成為男朋友還會舌吻時，我記得我心裡想：「那我哥哥絕對不是同性戀！他交過女朋友！我看過他親女生！他還跟女生去舞會！」

別人竟然會這樣看他，這讓我有點作嘔。我哥哥做了什麼讓他們這麼想？傑羅姆不是最後一個因為我哥哥假定或確定的性向而取笑或霸凌我的人。雖然我不喜歡這樣，但我一直以來都知道哥哥的情況比我更慘；我知道他比我更常被取笑、被講得更難聽，所以我從未抱怨過。

多年後，在我哥哥出櫃的那一晚，我想起了傑羅姆和坎蒂絲。所有霸凌過我的人都是對的。真該死，他們對我的瞭解比我自己還要多。我真像個蠢蛋，那些壞人比我還聰明。

操場事件過了二十幾年後，查斯開始被霸凌。一年級時，史蒂芬總是沒來由地取笑查斯。有時你就是不喜歡某個人，而史蒂芬就是不喜歡查斯。到了一年級的尾聲，史蒂芬開始動手動腳，他下課時把查斯推倒在柏油地上。過完一年級，我們很慶幸可以擺脫史蒂芬。

查斯升上二年級不久的某天早晨，我和希杰陪查斯走到柏油地，學生在那裡依照教室號碼排隊，上課鐘聲一響，前頭的老師就會帶他們進教室。我們來早了，老師還沒到，於是便站著等，試圖讓腦子清醒。我們不是習慣早起的人。

史蒂芬走過來盯著我們看，看了又看，看了又看，最後露出奸笑跑走。到底有什麼好看的，我們看起來很好笑嗎？我很快掃視過一遍。我們都換掉了睡衣，穿著外出服，拉鍊都有拉上，鼻屎都有清乾淨。打勾、打勾、再打勾。我們完全可以見人。接著我看見希杰手裡拿著比他的體型稍大的愛麗絲夢遊仙境填充玩偶。我的核對清單還沒檢查完！女生玩具沒有全部留在車上，不能打勾。那個七歲小鬼一定是在笑這個。

五個半小時後，我開車去接查斯下課。他爬上車時垂頭喪氣，看起來有事令他心煩意亂。

「怎麼了？」我問。

「史蒂芬今天在學校一直找我麻煩。」他低聲說。

「**什麼**？我也要聽！」希杰在後座吵鬧。他什麼事都要參一腳。

「怎麼了？」我問。

「我等一下再告訴妳。」他說，大拇指往後座比，表示不想讓弟弟聽見。

「**什麼**？告訴我啦！」希杰著急地說，試著傾身往前，但被安全帶和汽車座椅困住。我可以理解為什麼查斯想要等到回家再說。

從希杰身邊溜走之後，查斯告訴我史蒂芬看到希杰拿著愛麗絲玩偶，便跑過去對他說：「你弟弟喜歡娃娃，你弟弟是同性戀！」幾個孩子在旁邊也聽見了。

「他弟弟是同性戀，超噁的——！」史蒂芬說。他指著查斯並往後跑，聽見的孩子也開始大笑並後退，從查斯身旁跑走。連續好幾天在午休和下課時間都沒有人要跟他玩，因為史蒂芬散播謠言說他弟弟是同性戀，而且這個「gay」不是另一個「快樂」的意思[27]。

27　編註：英文的「gay」一詞有兩個意思：「同性戀」和「快樂的」。

「我很遺憾發生這種事，親愛的。史蒂芬真是個混蛋。」我安慰兒子。

「『同性戀』是什麼意思？」他問我。

我趁這個機會向二年級的兒子解釋何謂同性戀。我告訴他，意思是男生喜歡男生或女生喜歡女生，並且想和對方過一輩子，而不是男生喜歡女生或女生喜歡男生。

「這樣好奇怪。」他說。

「是奇怪，還是不一樣？」我問。

「也不是怪啦，只是跟你和爸爸不一樣。」他想了想說。

「沒錯，」我說，看著他思考的樣子，不知道他會不會想起麥可和他的男友。

我們從來沒有告訴過查斯麥可是同性戀，因為我們認為如果麥可是異性戀、和女人發生性行為，我們絕對不會特別去提這件事。我們認為只要隨著時間過去，讓查斯自然理解就行了，但沒有如我們所願。之後到了某個時刻要再坐下來特地向他解釋就變得很不自然。可是我又不希望他覺得自己被欺騙，因為當初我哥哥向我出櫃時給了我這種感覺。

查斯四歲時，有一次麥可來訪，查斯問他他的老婆在哪裡。

「我沒有老婆。」麥可回答。

「為什麼沒有？」查斯問。

「因為我不想要。」麥可回答。

「我也不想要。」查斯說，在奔馳的車子裡望向窗外。

我們應該趁當時告訴查斯舅舅是同性戀嗎？這件事不管什麼時候都難以啟齒。

「所以同性戀就像是愛上你最好的朋友，和他們住在一起，然後不想愛上其他人或是跟其他人住在一起。」我解釋完同性戀的意思之後查斯說，他正試著用他比較能夠理解的方式表達。

「對，」我說，因為如果把性愛的部分去掉，的確是如此。

「我想跟我的朋友賈克斯變成同性戀。」他接著說，讓我一陣慌張。

「好，但這件事你先別告訴賈克斯或任何人，」我趕緊說，「因為你可能會改變心意，而且現在你還小，不能搬出去，談這個太早。」

「也是，妳說得對。」真是好險。

二年級的整個學年，史蒂芬都在騷擾和霸凌查斯。他們不在同一班，但因為是同年級，所以還是會在下課和午休時遇見。查斯決定要去和史蒂芬談談。

「你為什麼這麼不喜歡我？」查斯問他。

「我不知道，就是不喜歡。」史蒂芬說。好吧，至少他很誠實。

「你覺得我們可以和好當朋友嗎？」查斯提議。

「可以試試看。」史蒂芬說。

查斯對於這個新開始感到很開心，但只維持了幾個星期就完全心碎。史蒂芬很快故態復萌，告訴同學查斯和他弟弟都是同性戀，還有希杰喜歡女生的東西。過完二年級，我們再度慶幸可以擺脫史蒂芬。

升上三年級的前一天，我們擠進車子裡，去小學進行夏末返校，因為班級分配表要貼出來了。曬黑的小朋友光著腳、頂著剛剪的頭髮四處亂竄，家長則瀏覽班級名冊，看看明天開始的這個學年會由哪個老師來教他們的孩子。我掃過三年級的名單，看見查斯會在萊莉老師的班上。她的風評好壞參半，但希杰的性別不一致告訴我們在多數情況下，不要去管流言蜚語，要有自己的想法。如果因為這樣而被別人說「我早就告訴過你了」，那我也認了。

我細讀萊莉老師班上的名冊，看看查斯最好的朋友賈克斯是否和他同班。我的食指沿著一個個姓名一路往下，結果好死不死，就這樣滑到史蒂芬的名字。我的食指移到嘴唇上，雙頰滾燙。史蒂芬竟然和查斯同班，該死。

「媽，我的老師是誰?!」查斯問，從後面撞向我。

「是萊莉老師！」我表現出父母應有的興奮模樣來鼓舞孩子，好讓他期待明天開學。

「酷！」查斯說，主要是因為他覺得任何東西都很酷，而非對萊莉老師很瞭解的緣故。我們開車回家，我打給正在上班的麥特，告訴他查斯會和史蒂芬同班。

「那也只好靜觀其變了，或許今年的情況會有所不同。」麥特要我放心。

我們和萊莉老師談過，告知她查斯和史蒂芬之間的過節。我們也讓她知道這些霸凌行為主要是由我們小兒子的性別不一致所引起的。她傾聽、謝謝我們告知她，並保證會讓他們分別坐在教室的兩端，隨時注意他們的狀況。

在三年級的第一個月，查斯每天都忍受著史蒂芬對他冷嘲熱諷，以及一次嚴重的霸凌。我向學校回報這件事，他們只是要我放心，並表示「已經在處理」。史蒂芬繼續在教室外嘲笑和霸凌查斯，經常使用仇恨言論和中傷手段來惡意詆毀ＬＧＢＴＱ族群。他不斷質疑我兩個兒子的性別表現和未來性向。

再下個月，查斯上體育課時跌倒，牛仔褲裂開，膝蓋流血。體育課是當天最後一堂課，查斯比平常慢了五分鐘上我的車。我看到他一拐一拐地走過來，史蒂芬在後面說：「噢，可憐的小寶貝，弄傷腳啦？腿斷了沒，愛哭鬼？還不趕快回家找媽咪？」

「我的心理壓力一直在不斷累積，我快要爆炸了。」查斯一進到我車上的安全範圍，話說完便開始大哭。我聽到後感到十分無助。

我開車時把頭轉向左邊，不想讓他看見我眼中的淚水。回到家後，我寄了電子郵件給萊莉老師和惠特克校長，提醒她們史蒂芬過去兩年半的霸凌行為，並詳細列出新學年六十天以來發生的事件。我提醒萊莉老師，並第一次讓惠特克校長知道，史蒂芬欺負查斯是因為他有個性別不一致的弟弟。我請她們兩位與我聯繫。惠特克校長直接無視我，萊莉老師倒是回覆了郵件，說她會「處理」史蒂芬的問題，但她不「認為這個情況比其他三年級學生會有的相處問題更嚴重」，不斷重複提及這是「這個年紀常有的嘲笑行為」。我再次請惠特克校長與我聯繫，但毫無音訊。

在感恩節和聖誕節假期，我們帶查斯去看治療師，他專屬的治療師，因為顯然我們家每個人都需要自己的治療師。史蒂芬的霸凌已經影響到查斯的睡眠、食慾、焦慮程度和他對希杰的感覺。查斯經常嚴重胃痛。他提出要求，希望能轉學到其他學校。他開始追蹤史蒂芬被處罰的日期，找出了一個模式：查斯知道如果他告發史蒂芬，霸凌會停下來，他大概有一到一個半星期是「安全」的。接著侮辱會更常出現和變本加厲，史蒂芬總是叫查斯「愛哭鬼」。

自從希杰在我的臥室撿起芭比娃娃的那一刻起，我們一直擔心他會遭到霸凌和嘲笑。可是我們萬萬沒想到，查斯同樣會因為弟弟的性別不一致而蒙受欺凌。我們沒預料到這是我們必須先解決的霸凌問題。我們措手不及，但或許應該早有預期。

在二月的某一天，我去學前班接希杰下課，路上經過查斯他們三年級學生的午餐區。查斯把我叫住，揮揮手向我打招呼。我也對他揮揮手，露出微笑。我兒子真貼心。

就因為那次揮手打招呼，史蒂芬連續好幾天都在散播謠言，說我還在餵查斯母奶。史蒂芬最近的霸凌手段讓麥特、查斯和我十分窘迫。難堪不已的查斯哀求我們別告訴萊莉老師或惠特克校長這件事。我們答應了，但事後萬分懊悔。

那個月又過了一陣子，史蒂芬在一群同儕面前說查斯是同性戀，因為查斯在遊戲場上的叫聲太高亢。其中一名男孩告訴校園督導員，史蒂芬那一節下課便被罰坐在長凳上。查斯放學後哭著回家，我們費了一番唇舌才說服他隔天去上學。

我寫了電子郵件給萊莉老師、惠特克校長以及布恩副校長。我附上了九月以來我寄給學校的所有郵件。紀錄都在那裡。

萊莉老師說，她已經知道史蒂芬會叫查斯同性戀的狀況。她表示史蒂芬已經承受到「立即後果」，助理校長也已經「和他談過」。她又再次告訴我，這兩個孩子在教室裡沒有任何互動，由於史蒂芬在教室外和遠離成人看管的地方欺負查斯，所以很難避免霸凌並瞭解實情。惠特克校長和布恩副校長則是從來沒有任何回音。

我和麥特跟查斯一樣無助又絕望，但不能對他顯露這一點。我們每天都很努力確保查斯感到安全和被愛，無論如何都會遏止、正視霸凌行為並保護他。我們必須做出行動，但是該怎麼做呢？

35 採取行動

「我想殺死自己，這樣所有恐懼和焦慮就會離開我的身體，然後我想再重新活一次。」查斯在二月底如此告訴購物袋奶奶。

對於霸凌，我們已經忍無可忍。我記得我的PFLAG分會有個媽媽是本地大學霸凌專題的研究助理。我一聯絡她，她馬上回電給我。

我告訴她史蒂芬霸凌查斯的完整始末。她擁有豐富的資訊。她解釋說罰史蒂芬坐在長凳上或承受其他立即後果都只是處罰，無法教他尊重多元性以改變他的行動和校園文化。她說我們家的法定權利被侵害了。我怎麼都不知道這些？她用電子郵件寄給我大量資源，要我繼續把查斯在學校發生的每一件事情記錄下來。接著她幫我們安排跟她和她的教授老闆。

凱莉爾是加州州立大學富勒頓分校（California State University, Fullerton）的女性與性別研究助理教授。和她共進早午餐時，我們正處於驚慌狀態。如果情況無法盡快好轉，我們不曉得查斯會做出什麼事；我們家正深陷危機。每天晚上吃飯時，我們都會問查斯一天最棒和最糟的部分是什麼，而史蒂芬往往是最糟的部分。史蒂芬也是我一天最糟的部分，我只是從沒告訴過查斯。

凱莉爾是個反霸凌英雄。她在保護女兒時得到了披肩和超能力。她就讀高中的女兒對戲劇很有興趣，但班上製作的音樂劇《吉屋出租》（*Rent*）因為情節「高中生不宜」而被取消，讓她很難過。凱莉爾的女兒表達了失望之情後，學校三名頂尖運動員在學校的臉書上貼了一段影片，鉅細靡遺地描述他們要如何強暴和殺害她。他們也用恐同言論攻擊另一名學生。

學校行政單位對這起事件可說是毫無作為，因此凱莉爾去了會付諸行動的美國公民自由聯盟（American Civil Liberties Union, ACLU）。它對學校提出訴訟並獲得勝利，或說在這種情況下可以獲得的勝利。

凱莉爾後來開設了名為「瞭解和處理霸凌問題」的推廣教育課程，目的是教導教育工作者和校方更正確的處理有關性別認同、性別表現、性傾向和他人假定性傾向的霸凌問題。這是加州州立大學富勒頓分校第一個提供給教育專業人士的職業發展課程。

凱爾莉很快成為我們的擁護者，並分派工作給我們。我們這輩子從沒這麼感激過一份待做事項清單。根據她的建議，我開始研究教育部的教育法修正案第九條（Title IX）和南加州美國公民自由聯盟的賽斯沃許學生權利計畫（Seth Walsh Students' Rights Project）。

我花了七天的時間才找到我們學區的官方反霸凌政策。我可以找到它對於百日咳疫苗的立場，以及最近有哪些運動場噴灑了殺蟲劑，但就是找不到資訊告訴我，如果我兒子因為史蒂芬讓每個人相信他是吸母奶的同性戀愛哭鬼而害怕上學，學區會怎麼處理。

我去學校辦公室要求他們給我一份反霸凌政策的文本。兩名辦事員一臉茫然地看著我。他們經過一番討論後，建議我去看學校網站，而非學區網站。

「學校網站只有學校的行為政策和紀律計畫，沒有反霸凌政策。」我說。

「老天，這樣我就不清楚了。」其中一名辦事員告訴我。

我回家之後撥了電話給學區辦公室，要求他們給我一份學區的反霸凌／騷擾政策文本。我被轉到人力資源和員工關係部門，然後被掛了電話。我又撥了一次。

「你好，我想知道誰是這個學區的教育法修正案第九條代表。」被轉到第三個人的時候我說。

我得到的答案是：「我們沒有這樣的人。」

「你們依法應該要有。」我回答。

「是嗎？」

「是的，我還需要一份學區的反霸凌／騷擾政策文本，但是還沒有得到回應。」我說。「教育法修正案第九條」、「反霸凌／騷擾政策」和「依法」等字眼應該讓這位小姐產生一點警覺性。

「你要我幫你轉給員工關係部門嗎？」她困惑地問。

「嚴重紀律問題和極端霸凌要轉給哪一個部門？」我問。

「稍等一下，」她說，把我轉給另一個小姐，對方記下我的聯絡資訊，保證會回電給我。

我依照凱莉爾的指示，到南加州美國公民自由聯盟的網站找賽斯沃許計畫的資訊，這個計畫改變了一切。知道自己沒瘋而且擁有權利很令人安慰。

賽斯沃許計畫創立的目的是「遏止加州學校的非法霸凌和騷擾行為，成立學校社群，以增進對全體學生的安全與尊重。二〇一〇年九月，十三歲的中學生賽斯・沃許自殺，成為本計畫發起的主因……賽斯自從六年級出櫃之後，便因性傾向和拒絕順從傳統性別刻板印象而遭受嚴重的言語騷擾。」

南加州美國公民自由聯盟網站的賽斯沃許計畫頁面中有一份清單，詳列出加州認定——或他人假定——的ＬＧＢＴＱ學生所享有的權利。

「根據加州教育法（California Education Code），學校必須保護學生不受各種偏見傷害，包括基於性傾向或性別認同的騷擾。這表示不管你是ＬＧＢＴＱ人士、別人認為你是ＬＧＢＴＱ人士或擁有ＬＧＢＴＱ的親朋好友，都不應該因此遭受騷擾……學校行政單位不該忽視反ＬＧＢＴＱ的騷擾或歧視。」

我打電話到賽斯沃許學生權利計畫熱線並留了訊息。一位相當親切的年輕人迅速回電，並且很有耐心地聽我講完史蒂芬和查斯之間冗長的故事。他很肯定地說學校和學區違反了州法律，包括加州教育法。此外，查斯的公民權也受到侵害。他表示可以幫我們寄信給學校和學區，並告知我需要填寫一份美國公民自由聯盟和教育部的統一申訴程序歧視／騷擾申訴通報表，交給學區。他明確告訴我這張表格可以在哪裡下載，並表示美國公民自由聯盟可以配合我們介入。

我和麥特談這件事。我們都很慶幸可以合理合法地迫使現狀改變，讓查斯永遠擺脫史蒂芬。我們決定目標是讓史蒂芬轉到其他班級，我們也決定在沒有美國公民自由聯盟的介入下，先試著跟學校和學區共同處理。如果嘗試了之後仍毫無斬獲，再立刻聯絡美國公民自由聯盟。我們做這個決定是因為害怕被報復。如果我們不搬家，未來還有十三個學年會在這個學區，最好能過得順順利利。我們希望再給學校和學區一次把事情做對的機會。

我熬夜到三更半夜才填完統一申訴程序歧視／騷擾申訴通報表和一份學區給我的附加表格。我在填寫的時候，麥特一直在我身後看我打字。

「辛苦你了，媽媽。」他說。不管我選擇哪一條路，他都陪著我走過每一步。

填完之後，我把表格寄給凱莉爾讓她檢查，接著打電話給學校辦公室預約和布恩副校長會面的時間。

「妳可以寫電子郵件給他。」辦事員在電話上告訴我。

「我想預約和他親自會面的時間。」我說。

「稍等一下，」她對我說。我可以聽見她跟另一名辦事員說話。「邦妮，有人想預約時間和布恩先生會面。要怎麼約？對方好像是家長。」

「我們再回電給你，」她回到電話上對我說，「我們不知道該怎麼預約。」

「妳們有他的行事曆嗎？」我問。

「沒有耶，」她說。我心想：「這些人在商場上絕對會被生吞活剝。」我只需要一個星期就能讓學校或學區辦公室的運作步上軌道。我可以教他們怎麼看其他人的行事曆、安排會議、把相關文件張貼在適當的地方、轉接電話以及用電子郵件傳檔案。我一定會讓他們驚嘆不已。

隔天布恩先生回了我電話，約了我和麥特幾天後會面。我沒有告訴他凱莉爾會和我們一起過去。我想過要事先告知他，但事實上我覺得我沒有義務先讓他有心理準備面對像凱莉爾這麼有魄力的人。我要殺他個措手不及。

我熟讀了一九七二年的教育法修正案第九條。我求知若渴地閱讀二〇一〇年由美國教育部發出、公民權助理部長簽署的教育法修正案第九條信函。

> 霸凌助長恐懼和輕蔑的風氣，可能嚴重損害其受害者的生理和心理健康，對學習產生負面影響，因而削弱學生充分發揮潛能的能力。採取反霸凌政策反映出學校重視它們為全體學生維護安全學習環境的重要責任……有些歸於學校反霸凌政策之下的學生不當行為亦可能引發一或多條由教育部公民權辦公室實施的聯邦反歧視法之下責任……學區可能違反這些公民權法規以及教育部實施細則，若基於種族、膚色、原國籍、性別或殘疾的同儕騷擾嚴重到足以構成敵意環境，且此種騷擾被鼓勵、容忍、沒有被適當處理或被學校員工忽視……學校有責任解決已知或合理應知之騷擾事件。

有一整個段落都在談性別騷擾。教育法修正案第九條「禁止性別騷擾，包括基於性別或性別刻板印象之語言、非語言或肢體攻擊、恐嚇或敵意。因此，若學生因表現出其性別假定的刻板印象特徵，或不符合男性和女性刻板印象觀念而被騷擾，便可能構成性別歧視。教育法修正案第九條亦禁止對所有學生性騷擾和性別騷擾，無論騷擾者或受害者實際或他人假定的性傾向或性別認同為何。」

> 教育法修正案第九條保護所有學生不受性別歧視，包括女同性戀、男同性戀、雙性戀和跨性別（LGBT）學生……這些騷擾包含反LGBTQ言論或部分基於受害者實際或他人假定性傾向之事實，並不能免除學校在教育法修正案第九條之下調查和補救重疊性騷擾或性別騷擾之義務……學校有義務採取立即且有效行動以消除敵視環境。

到了三月第一個星期的尾聲，放學鈴響之後，史蒂芬和查斯背起教室外的書包，史蒂芬站在查斯面前，擋住他的去路。史蒂芬經常對他使用這一招。查斯推了史蒂芬。這是查斯第一次對史蒂芬動手。

「別鬧了，史蒂芬，我受夠了你霸凌我！」他對折磨他的人說。

「幹嘛，你要哭了嗎？愛哭鬼！」史蒂芬譏諷。

「你有看見我哭嗎？」查斯問。

「有！」史蒂芬撒謊。

「拿你的背包滾開啦。」查斯說完後繞過史蒂芬，來到我的車上，再度陷入低潮。回家後，查斯躲在餐桌底下，無論我們怎麼勸說都不願出來。他表示受夠了萊莉老師、惠特克校長和布恩副校長束手旁觀，在學校保護不了他，更無法讓史蒂芬別再煩他。

我坐到地板上跟查斯談談，向他保證這次真的會有重大改變。

隔天早上，我和麥特在學校前方的旗竿和凱莉爾碰面。我們打從心底謝謝她陪同，並一起走向布恩副校長的辦公室。

他一臉困惑又不知所措。我為此感到有點大快人心。我把我們的問題做成一份檔案拿給他看，並讓他知道我也做了一份要呈給學區，等一下會面完就會立刻送到學區的教育法修正案第九條代表那裡。

我把資料拿出來，向布恩副校長說明有哪些內容，我列舉每一個重大霸凌事件，詳述日復一日的騷擾，並強調學校行政單位從未回應我們的溝通要求。我重申這是一種不當行為模式，而非只是幾個零星事件。我說明我們請求過查斯的老師、校長和副校長改善學校風氣並實施反霸凌措施，幫助我們確保孩子在學校感到安全，但這些請求皆被校長和副校長忽視和

（或）置之不理。我主張學校行政單位沒有適當處理史蒂芬對查斯的持續騷擾，特別是在史蒂芬的行為基於——查斯和他弟弟的他人假定性傾向和性別認同的情形下。

凱莉爾接著代表我們告知布恩副校長，學校和學區因此違反了加州教育部為了遏止對受保護群體的不法歧視而制定的政策與程序。她表示經過研究之後，她發現學校沒有遵守州和聯邦教育法（像是教育法修正案第九條），並給了布恩副校長幾個詳細的可行措施來重塑校園文化，有鑑於圍繞史蒂芬和查斯發生的事件，以及已經存在於校園的恐同語言。

她正式建議學校依循自己的紀律或行為管理政策，盡快將史蒂芬停學至少一天，這件事在第一起事件被回報時就該做了，如此才能把關鍵訊息傳達給查斯和其他目睹恐同霸凌的學生，讓他們知道行政單位會依據州和聯邦法保護學生擁有安全學習環境的權利。

她替我們表示——希望史蒂芬能永遠被排除在查斯的班級之外。要經年累月每天經歷查斯這種生理壓力，對任何年齡或年級的孩子來說都是無法接受的，也直接違反了加州安全學校法。

她要求學校遵守教育法修正案第九條，在學校網站上張貼學校的「統一申訴表」；為了遵守加州教育法修正案第九條和安全學校法，他們也必須知道誰是學區的教育法修正案第九條代表，並將這個資訊放在學校網站上。學校職員也應該要知道這個重要的資源人士是誰，如何聯絡他（她）。為了遵守加州教育法修正案第九條和安全學校法，學校也應該以全體學生都能容易瞭解的形式在校園各處清楚張貼學校的反騷擾或反霸凌政策。

接下來，凱莉爾把重點放在史蒂芬和他的需求上。沒錯，這個孩子也有需求；我們第一次跟凱莉爾見面時，她就協助我們認清這一點。學校和學區在對查斯和我們一家人造成傷害的同時，也在對史蒂芬和他的家人造成傷害。如果史蒂芬在一、二、三年級就表現出這種態度，上了國高中會做出什麼樣的行為？我們不能讓偏見孕育更多偏見。我們不能因為史蒂芬討厭我們就討厭他。他也需要幫助。

所以我們馬上答應讓凱莉爾要求學校提供或轉介諮商服務給史蒂芬和他的家人，因為我們注意到他那些與年齡不符的言語和行徑在在顯示出他是高風險兒童。她提供布恩副校長一些研究資料闡明霸凌行為是成人暴力的預兆。

這場會面慢慢接近尾聲，布恩副校長送我們出辦公室，他看起來比一小時前我們進辦公室時更加困惑又不知所措。我和麥特跟凱莉爾一起走去停車場，再次由衷誠摯地向她道謝。

我們的正式申訴由學區代表惠特克女士審核和調查；我還是不懂怎麼有人可以承接自己被申訴的案件。我們和惠特克女士見面，瞭解她或學區的正式調查結果。簡而言之，史蒂芬對於自己的霸凌行為幾乎是一概承認。我們詫異不已，因為學校行政單位和學區沒有坦承任何錯誤。在這起事件中，成年人承擔的過錯比一個孩子還少，真是可悲。

史蒂芬立即被轉出查斯的班級，他們永遠都不會再被排到同一班。他也被禁止和查斯有任何接觸，學校所有教職員都知情並確保史蒂芬遠離查斯。我和麥特認為這是一場勝利，凱莉爾也這麼想。最重要的是，查斯也是如此。他終於能夠安心上學了，我們很高興可以永遠擺脫史蒂芬。

36 畢業

終於到了學期的最後一週。南橘郡的媽咪黨火力全開，每天都有一個主題、一場派對和一股驚慌，讓我總是覺得好像忘了什麼重要細節。她們穿著 Lululemon 瑜珈褲在校園到處亂竄，手裡拿著不銹鋼行動保溫馬克杯，裡面裝滿她們週末在有機超市 Trader Joe's 買的有機咖啡，想必還順便大肆採購了各種用品，準備用在班上的冰淇淋聚會、桌遊聯誼、披薩派對、海灘巾烤肉趴、爆米花電影午間狂歡以及泡泡惜別儀式。我則穿著會把贅肉擠出來的工作褲，喝著被我微波加熱到燒焦的隔夜咖啡，舒舒服服地待在自己骯髒的車子上看著她們所有人。

我記得以前讀書時，學校只有一個慶祝活動，叫做最後鐘響，代表夏天來臨。那道的鈴聲就是官方派對，只維持五秒鐘。

我花了不下七天的時間滿足媽咪黨的要求，試著跟上兩個兒子和多日來的各種主題和派對，讓自己看起來不要像是個毫無頭緒、漠不關心又置身事外的媽媽。我必須承認，兒子班上的志工媽媽有天寄來電子郵件，提醒我們隔天有一場派對，還需要「多位家長提供會噴汁的濕潤配料」，我收到的當下簡直笑瘋了。

什麼鬼東西？我在心裡把這封信歸檔到「志工媽媽慘敗」和「我這裡有你要的濕潤配料」兩個標題之間。我很感激在忙亂的一星期當中還能有一丁點歡樂。

我雖然被期末各種慶祝活動弄得暈頭轉向，但只要給希杰一個主題，他還是會接受。學校最後一週上課讓他連續五天都有事忙。星期一是希杰班上的海盜日。

「希杰，你今天想穿成海盜去上學嗎？」我問。

「不要，那樣不好玩。」他一臉失望地說。

幾個小時後我去接他下課，他看起來並沒有那麼悶悶不樂，還戴著自己在課堂上做的帥氣海盜帽。他特別為骷髏加上了彩虹假髮和紫色牙齒。

另一天是運動日。

「你運動日想穿什麼？你可以穿你的棒球制服、足球制服或是……」

「我想穿成啦啦隊員！」希杰打斷我。「我已經有制服了，你知道，就是粉紅色亮晶晶的那一件？」

噢，我知道他在說哪一件：他幾個月前騎腳踏車手肘脫臼之後我買給他的。它小了兩號、裂開又滿是髒汙，購物袋奶奶運用縫紉巧手修補了幾次，但對於一件十五美元的仿緞連衣裙，也只能這樣了。

「寶貝，那件制服太小了又破破爛爛，不適合穿去學校。」我老實說，因為它簡直是一團破布。

「好吧——那只好穿棒球制服，」他意興闌珊地說，「睡衣日是哪一天？」

「星期五。」

「那天是**我的**大日子。我要穿我的小美人魚睡衣去上學。」他宣告。

我看著麥特。我們真的要讓兒子穿女生睡衣去學校嗎？考量到他沒有男生睡衣，我們的選項很有限，否則就是我只好再去購物——雖然我是不在意多一個可以去購物的理由啦。

「你覺得讓他穿女生睡衣去學校可以嗎？」後來那天晚上我趁兒子們不在身旁時問麥特。

「沒差啦，學期都快結束了。」他說。

「也是。」

這個學年我們因為性別議題吃了很多苦頭，現在只想趕快過完這最後幾天，來到安全的暑假。

我寫電子郵件給希杰的老師梅爾太太，事先告知她希杰星期五會穿我們最近在迪士尼商店特價時買的三件式華麗小美人魚睡衣去上學。它的褲子有魚鱗尾設計，白色上衣印著愛麗兒，還有可選擇搭配的蛋糕裙，但希杰從來不覺得那裙子是個選項，而是必備配件。

她隔天中午前給了我回覆，說只要希杰感到舒服，要穿什麼都沒問題。

我去學校接希杰下課。他穿著棒球制服坐在安全座椅上。

「媽咪，今天梅爾老師說我可以在睡衣日穿小美人魚睡衣去學校。她說我可穿任何我覺得舒服的衣服，她會叫其他小朋友不要笑我。她說別人不管怎麼樣都會喜歡我。」他說。

「梅爾老師說得對，她是個好老師。」

「那我明天可以穿小美人魚睡衣去學校嗎？」

「不行，因為明天是瘋狂髮型日。」

「什麼？！！我**超愛**瘋狂髮型日！！！！」

「這就奇怪了——你以前又沒有參加過瘋狂髮型日。」我說，一邊開車，一邊對著後照鏡裡的希杰微笑。

「我知道，但我知道我會很愛。」

終於到了星期五的睡衣日。希杰讓我幫他洗了他最愛的小美人魚睡衣。他穿上後，噴了一點我的維多利亞祕密身體噴霧在身上。他已經準備萬全。

接著我們抵達學校，但他不想下車。

「如果有人看見我怎麼辦？」他擔心地問。

「他們會看見你美得冒泡的小美人魚睡衣，」我說，「如果你想換衣服，我這裡有一套你哥哥的舊睡衣可以穿。」

「不用了，沒關係。」

他安靜地坐著，往窗外望了一兩分鐘。我看得出來他正在鼓起勇氣。他小小的胸口深吸了一口氣，然後打開車門。他做出了自己的決定，我跟在他後面一起走到教室。每一步我都支持著他。

我們引來了一些側目，我必須實話實說。接著他的朋友伊莎貝拉走向他。

「希杰，你穿小美人魚睡衣超——漂亮的。」她帶著微笑、用讚嘆的語氣說。

「謝謝，」希杰害羞的說。這是他一天的亮點。

梅爾老師把穿著睡衣的小朋友帶進教室，讓他們坐下來。她解釋今天是睡衣日，每個人都穿著自己覺得舒服的衣服，而大家覺得舒服的衣服都不一樣，這沒有關係。她提醒他們在睡衣日或任何日子取笑別人都是不對的。希杰那一天引來很多側目，也得到了一些讚美，但沒有人取笑他。

希杰要從學前班畢業了，你想像得到的所有盛況和狀況全部伴隨著由來已久的成長儀式一次出現，象徵學前班（候補名單和學費比買車的費用還要高）的結束和小學的開始。

希杰這個學年最後幾天的主題精彩到華特・迪士尼都要五體投地。最終的高潮是夏威夷主題的畢業典禮，由畢業生演唱組曲，一個一個上台領畢業證書，還有烤肉自助餐會，提供了至少三種不同種類的沙拉。

希杰知道畢業典禮有主題之後，馬上積極計畫要穿什麼。他在他的扮裝櫃子裡翻找我去年夏天去夏威夷幫他帶回來的草裙。他找不到。可能是因為它已經變成一團糾結的雜草，而且至少有一塊口香糖黏在裡面，所以被丟到垃圾桶了。可能啦。

「可是我**必須**在夏威夷畢業典禮穿草裙啊，我**必須**看起來像扶桑花女孩。」希杰告訴我。

我因此再次寫電子郵件給梅爾老師，讓她知道我兒子至少會穿上某些扶桑花女孩的衣物參加畢業典禮。我們將會轟轟烈烈地離開學前班。

我讓他找了兩天早就不在的草裙，一方面是讓他有事做，另一方面是我絕對不會承認我把裙子丟了。

梅爾老師回覆了「嗨我兒子想穿裙子參加畢業典禮」郵件。她讓我知道班上有幾個女生打算穿草裙參加畢業典禮，希杰想要的話也可以。

我們出發去派對城買新的草裙來替代可能遺失、可能不見、可能被丟掉的那一件。碰巧的是，工人們正在架設三個夏威夷派對用品的走道，它們到萬聖節改裝前都會一直在那裡。

希杰精挑細選。什麼顏色的草裙都有：彩虹色、粉紅色、橘色、綠色、棕色、自然色、藍色和黃色。我看見彩虹色的裙子，知道希杰一定會挑那一件，但我只是站在旁邊讓他自己做決定。他一直猶豫不決、遲疑不定。

「我以為你一定會選彩虹色那一件。」我說。

「我應該會選藍色的。」他幾經思量後說。

我驚訝得說不出話。希杰從來沒有選過任何藍色的東西。我怕他挑藍色是因為要在所有同學和他們的家人面前穿裙子，他覺得穿男生的顏色比較安全。

「寶貝，要不要穿草裙全由你決定，那是你的選擇。你可以挑選任何你喜歡的顏色。」我提醒他。

「我想要藍色的。我喜歡藍色的。」

「你確定？買了就買了喔，不可以再換。」我說。

「我確定，我要藍色的草裙。」

「好吧，我們去結帳。」

我們回家後，他立刻換上草裙，一整晚都小心翼翼地在屋子裡移動，深怕裙襬糾結在一起。晚上睡覺前，他把隔天畢業典禮要穿的衣服擺出來。淺藍和奶油色相間格子襯衫、卡其短褲、褐色涼鞋、藍色草裙、彩虹花環和兩個手腕上要戴的一藍一紅假花。他特別在頭髮上噴了免沖洗護髮乳，相信這個帶有莓果香的噴霧會讓頭髮更快速的變長變漂亮，到了九月要上幼稚園時也才能達成「跟女生一樣長」的任務。他早早便上床，但直到十一點才入睡。明天他就是畢業生了。

隔天早上，我們走進教室，希杰笑容滿面。他是唯一穿草裙的畢業生，班上那些說要穿草裙的女生一個也沒穿。我擔心希杰不想特立獨行，會想把裙子脫掉。但正好相反，他成為唯一一個穿草裙的人反而讓姊妹淘有點羨慕，也讓他感覺更神氣。對他而言，他是畢業典禮上最閃亮的一顆星。

「我喜歡你的草裙，希杰，」莫莉說，「我媽媽都不讓我穿。你媽媽讓你穿真幸運。」

「我知道，」希杰說。

我看著希杰上台，感到無比自豪。

「看看那個穿裙子的小男生！」我後方一個女人說，然後我聽見一些笑聲。

對，那是我兒子，穿著裙子站在台上用〈她將來訪山中〉（"She'll Be Coming 'Round the Mountain"）的曲子唱「我明年要上幼稚園」。別人要笑、要指指點點就隨他們去。我今天不會理他們。

畢業典禮結束後，我排隊拿自助午餐，梅爾老師朝我走過來。

「我只是想告訴妳，今年我的班上有希杰真好。」她說。

「我的天啊，妳在開玩笑嗎？我才要謝謝妳教得這麼棒。我知道我們很難搞，你也從來沒遇過像希杰這樣的學生，但還是以開放的態度和心胸教導他，我們別無所求。」我滔滔不絕。

「我真的很喜歡班上有希杰。他讓我學到新的東西，我很愛學新的東西。我看見他在情感上、社交上和學業上都有大幅成長。我非常以他為傲。希望他明年上幼稚園之後，有空能來看我。」她說。

「那當然，」我回答。

距離幼稚園開學還有八十七天，我不知道希杰的老師會是什麼樣的人。我希望她能夠像梅爾老師或之前的琪娜老師那樣對待他。我也不知道希杰上了幼稚園之後會變成什麼樣子。

我們剛開始去見達琳時，我曾一度想過希杰有滿高的機率會在那個夏天轉換社會性別，過著女孩子的生活，然後以女學生的身分進幼稚園。他把頭髮留長，定期做手腳美甲，經常戴夾式耳環，而且每天擦唇蜜，但同時還是繼續認同自己的男兒身——只是他只喜歡女生的東西，希望被當成女生對待。

我們之後會上小學，進入更多未知領域，但無論如何……我們都會愛這個兒子。

結語

希杰以男生的身分進了幼稚園，這個性別不一致的小男孩讓我們在期望、同理和進化方面都學會重大的課題。

他教會我們凡事不一定都會照著你的期望走。你假定你的兒子會想當男性，喜歡傳統上屬於男生的東西，並且長大後在生理上和情感上受女性吸引。有時並非如此。期望成真讓人安心，但如果孩子在三歲、四歲或五歲時讓你期望破滅，你會開始質疑它們為什麼存在。你試著不帶任何期望向前進，不要在身邊的人執著於老舊、舒服的期望時感到疲憊不堪。

希杰讓我們知道我們最想從他人身上得到同理心。我們很清楚大部分的人不完全瞭解社會性別、生理性別和性向之間的差別；我們只求他們用開放的心胸和態度來想像一下我們一家每天必須面臨的狀況。我們希望大家稍微思考：「如果我有一個這樣的孩子，我會怎麼做？」我們很樂意讓遇到的人和我們一樣，學會少一點批判、多一點設身處地，己所不欲，勿施於人。

希杰碰觸到第一個芭比娃娃時激起了我們家的進化。這個進化過程很緩慢，有時感覺不出來正在前進，有時感覺我們正在抵抗它。但它確實發生了，家裡的每一個成員都和三年前截然不同。我們的多世代家庭對於最小成員的性別不一致不是一直都能妥善處理。目前我們的接受程度不一，但是做為個人和整個家庭都相安無事。我們知道彼此的立場，即使不一定站在同一邊。

希杰也教會我們去質疑。

性別不一致的孩子一直都存在嗎？為什麼到現在才有人談論這個議題？

男生可以塗指甲油和穿裙子嗎？社會如何去畫這條界線？畫這條界線是社會的責任嗎？一旦畫了界線，可以消除嗎？只能前進，不能後退嗎？

自由探索性別的孩子應該自動被歸類為LGBTQ族群嗎？這可以解釋他們的行為嗎？他們的行為需要被解釋嗎？只要解釋得通，就能讓一些人對他們的行為感到比較自在嗎？他們除了自己以外，有欠任何人一個解釋，或有義務讓別人感到自在嗎？

比長一輩的人在更小的年紀被認定為下一代LGBTQ族群有好處嗎？對於一個尚未進入青春期、甚至是尚未上幼稚園的孩子，去考慮他的性向合適嗎？

我可能永遠得不到這些問題的答案，我只有和性別與性向一樣流動的想法。我寫下這些書頁讓大家一窺我們的生活，希望他人以開放和同理的胸懷去觀察並尊重這一個世代的孩子，他們有幸能在童年質疑性別表現和性向，而不受到過時社會規範的侷限。

但願提高意識能帶來改變和接納。我一開始並沒有想要當個倡議者，我只是希望大家一窺我們的生活之後，能對LGBTQ孩子改觀。他們會發現我們並不奇怪、有害或可怕，我們只是不一樣。如果世界上每一個人都是一樣或「正常」的，那有多無聊。希杰這樣的人為世界帶來色彩。

在我們要求別人發揮同理心的同時，我們一家人也努力給予回報。我們每天都用心教導兒子憎恨會滋生更多憎恨、恐懼會引起更多恐懼、偏見會孕育更多偏見的道理。如果不身體力行，我們教導兒子的課題就只是裝模作樣。

教養難乎其難。我和麥特以前偶爾會停下來，想像兩個兒子都符合傳統性別規範的生活會是什麼樣子。如果他們的行為舉止都像男孩，也很高興當個男孩，生活不知道有多容易。在希杰更小的時候，我們曾覺得順應性別角色占絕對優勢，要不是他如此與眾不同，我們的人生會簡單許多。

有時我們和希杰相處會太過於把焦點放在性別上，以至於挫敗到想要尖叫。有時我們很難把性別拋諸腦後。有時希杰會問他正在用的牙膏、衛生紙和洗手乳是給女生還是給男生用的。就算拿全世界來換，我們也不願失去這些經歷和性別不一致的兒子，而我們對自己很失望，因為過去這種話不是常常能說得出口。

擁有一個性別不一致的兒子是我們極大的福氣。人在順心時很容易覺得自己備受祝福，但在事情不盡人意、異於常態、艱難無比時，一樣能夠心存感恩嗎？答案是肯定的。希杰讓我們學會這一點。

我們會怎麼告訴希杰和查斯有關部落格和書的事呢？簡而言之：毫不保留。他們已經知道兩者的存在，也知道我把我們家的故事寫出來，幫助其他有性別不一致孩子的家庭。我寫下每字每句時都把他們放在心上，希望有一天他們能珍惜這些文字。除此之外，我還有其他很酷的東西要給他們看，像是數以百計的電子郵件、信件和紙條，來自支持者、生命被我們改變的人，甚至還有原本放棄了性別不一致的孩子，但現在又開始支持他們的家長。

我的孩子會知道我在寫作時投入了多少對他們的愛、用心和思量。他們會知道我所做的一切是為了對的理由。

我遇過其他人——特別是保守的流言蜚語——質疑我的動機和決定。他們通常會問，如果我被人發現我就是部落格上那個「希杰的媽」會怎麼做。他們問我會不會故意不讓年紀漸增的兒子們知道這件事。

我總是請那些人先去讀我的部落格再來問這些問題。因為你只要讀過我寫的文章，就會再清楚不過地看見我無條件愛著孩子、支持他們獨特的需求、盡力做好家長的角色，以及渴望這個世界變得更加包容。

參考資料

⓯心碎的故事

我引用的〈你的孩子可能是同性戀嗎？〉（“Could Your Child Be Gay?”）文章來自 Parenting.com 網站，由史蒂芬妮・多爾戈夫（Stephanie Dolgoff）撰寫，網址為 http://www.parenting.com/article/could-your-child-be-gay?。在本節最後，我也簡短引用了〈「娘娘腔」男孩實驗：為何與性別相關之案例需要科學家謙遜以待〉（“The ‘Sissy Boy’ Experiment: Why Gender-Related Cases Call for Scientists’ Humility”）文章，來自 Time.com 網站，於二〇一一年六月八日刊登，由瑪亞・薩拉維茲（Maia Szalavitz）撰寫，網址為 http://healthland.time.com/2011/06/08/the-sissy-boy-experiment-why-gender-related-cases-call-for-scientists-humility/#ixzz2DvptwwmV。

⓴給老公

我參考的書籍為《先天與後天性別》（*Gender Born, Gender Made*），戴安・艾倫賽夫特博士（Diane Ehrensaft）著，二〇一一年由實驗出版社（The Experiment）出版。

㉔尋求解答

我提到在網路上研究霸凌和 LGBTQ 青年時找到的資訊，引用了男女同志與非同志教育網絡（Gay, Lesbian and Straight Education Network）二〇一一年的全國校園風氣調查（National School Climate Survey）以及《學校裡的心理學》（*Psychology in the Schools*）二〇〇六年由 Carol Goodenow、Laura Szalacha 和 Kim Westheimer 撰寫的〈學校支持團體、其他校園因素與性少數青少年的安全〉（“School Support Groups, Other School Factors, and the Safety of Sexual Minority Adolescents”）報告數據。我也參考了以下組織的網站：南加州美國公民自由聯盟（American Civil Liberties Union of Southern California）、崔佛生命線（The Trevor Project）、賽斯沃許基金會（Seth Walsh Foundation）、人權戰線（Human Rights Campaign）、一切會好轉計畫（It Gets Better）、同志親友團（Parents and Friends of Lesbians and Gays）、男女同志與非同志教育網絡（Gay, Lesbian and Straight Education Network）以及

stop bullying.gov。

至於兄弟排行效應，我引用了〈從子宮追溯男孩成為同性戀的可能性：研究重新檢視兄弟排行令人費解的角色〉（“Boy’s Odds of Being Gay Traced to Womb; Study Looks Anew at Puzzling Role of Brothers’ Birth Order”），文章來自 SFGate.com 網站，於二〇〇六年六月十七日刊登，由 Sabin Russell 撰寫，網址為 http://www.sfgate.com/news/article/Boy-s-odds-of-being-gay-traced-to-womb-Study-2494005.php。

㉟ 採取行動

我引用了〈賽斯沃許學生權利計畫〉（“Seth Walsh Students’ Rights Project”）和〈LGBTQ 學生，你得知道自己的權利：你有權做自己〉（“LGBTQ Students, Know Your Rights: You Have the Right to Be Yourself”）資料，由南加州美國公民自由聯盟（American Civil Liberties Union of Southern California）提供，網址為 www.aclu-sc.org，以及一封有關霸凌和一九七二年教育法修正案第九條（Title IX of the Education Amendments of 1972）的公開信，日期為二〇一〇年十月二十六日，由美國教育部公民權助理部長 Russlynn Ali 撰寫。

致謝

謝謝你，麥特，我的冒險夥伴和世界上最棒的伴侶，你讓我做自己，也讓我在必要時放下家庭去寫作。你無盡的支持、耐心、善良和愛意令人感到不可思議。我何其幸運能擁有你、愛你、也被你愛著，直到永遠。

謝謝妳，Alison Schwartz（原「國際創意管理公司 ICM」）發掘我，在賣書的過程中堅定地握著我的手，並且到了妳要去追夢時，把我交給國際創意管理公司優秀的 Kari Stuart。謝謝妳，Kari，做為我的朋友、擁護者、姊妹淘和支持者，總是相信我和這本書的潛力。

謝謝你們，Jenna Ciongoli 和皇冠／蘭登書屋（Crown/Random House），看見這本書出版的必要性並信任我的文筆。謝謝你們和我一樣希望它大獲成功，不斷要求我寫得更深入、誠摯、真實和濃烈，到達一個我不知道還能不能繼續推進的極致。在某種程度上，這六個月來有大半時間你們是我的免費治療師。

謝謝妳，Domenica Alioto 在心愛寶貝 Gus 出現時對我關照有加。

謝謝你，哥哥，你忠於自己的生活方式，讓我從中學習。謝謝你持續給我支持、建議、歡笑、教育、愛與誠實。我自有記憶以來就愛著你，以後也都永遠不會改變。

謝謝爸媽給了我這麼棒的人生，並讓我把自己的故事寫出來。謝謝你們在我寫作時誠實以對並給予支持，謝謝我們一起和獨自流下的淚水以及你們對家庭所做的一切。我很感激也愛你們。謝謝你們讓我成為這樣的女人和母親，謝謝你們對兩個孫子無盡的愛。

謝謝L＆L讓我有地方可以寫作、穿著睡衣待一整天、煮我的飯、調我的飲料、拼我的拼圖和聽我的音樂。謝謝你們將我視如己出、養育了一個讓我愛上的好男人，並且當這麼棒的祖父母。

謝謝我一輩子的閨蜜，KK（KK，這就像是我站起來領奧斯卡獎，在你之前感謝了其他人，但其實要先感謝你。）謝謝你，親愛的，為我和兒子們的人生帶來強大又無條件的愛。我們拉古納（Laguna）見，記得帶貓和盒裝葡萄酒過來。

謝謝一群很棒的朋友，你們常常聽到我用「寫書」這個藉口來解釋為什麼忘記生日、取消聚會和不回電話。我們必須把失去的時光補回來，第一輪由我請客。Nicki，我欠你最多。

謝謝所有願意接受採訪、參與和（或）在這本書裡被提及的人。如果你的名字出現在書裡，我要謝謝你對我們一家人產生了正面影響力。（如果我把你寫得很負面，而你希望我把你寫得好一點，那麼或許你當初的態度也應該要好一些。）

謝謝妳，達琳，妳改變了我們教養的方式，也成為了我們的一份子。謝謝你，Lisa，讓我一邊保有白天的工作，一邊追求我的熱情。

謝謝尼爾和大衛這麼歡迎我們一家人。謝謝你們為這本書撰寫序言並給予支持。我欠你們人情，只是不知道這個人情有沒有辦法還給你們。

最後也最重要的，謝謝我部落格忠實又投入的讀者。要是沒有你們，我不會有這個部落格、這本書、信心或希望。你們全都改變了我的人生。

洛莉謹上

附錄一：《家有彩虹男孩》閱讀指南

❶ 你何時第一次知道生理性別、社會性別和性向之間存在顯著差異？是什麼促使你去瞭解這些差異？

❷ 你認為一個孩子的性別表達和性向是先天還是後天的？

❸ 為什麼男性有女性特質經常被認為是弱點？而女性有男性特質則經常被認為是優勢？

❹ 如果你有女兒，你會讓她穿運動衫去學校嗎？如果你有兒子，你會讓他穿洋裝去學校嗎？為什麼會或為什麼不會？如果兩個問題的答案不同，是否存在雙重標準？

❺ 如果你在意別人會怎麼想或說，還能夠發揮自己最好的教養能力嗎？

❻ 社群或社會怎麼影響我們養育孩子以及希望他們從眾的心態？為什麼我們希望孩子從眾？好讓其他人不會講閒話、臆測和批判？為了不讓他們受到騷擾和霸凌？強迫孩子從眾真的是在保護他／她嗎？

❼如果你的孩子將會成為LGBTQ成員，你會希望在他／她三歲時知道嗎？還是六歲？十歲？十三歲？十六歲？二十歲？二十三歲？幾歲知道才是「對的年紀」？

❽你認為一個LGBTQ孩子有可能永遠不必「出櫃」，和多數孩子當異性戀一樣開放地當個同性戀嗎？

❾如果有人告訴你，當和你的孩子共處一室時，你應該一直表現得像是有個LGBTQ人士在場，這樣比較安全，因為你永遠說不準孩子未來的性向，你會做何感想？

❿如果你認識的人有LGBTQ孩子，你會為他們感到難過嗎？還是感到開心？嫉妒？為什麼？

⓫你會教導孩子同理心，就如同教導其他人生課題和技能一樣嗎？如果你的孩子看見一個男孩在大庭廣眾之下穿裙子，他／她會怎麼說？你現在能做什麼來為類似的狀況做準備？

⓬如果你的孩子是LGBTQ人士，家人會有什麼反應？有沒有哪些家人會較能接受？如果有家人不支持你的孩子，你會怎麼做？

⓭你認為宗教在社會對於性別和性向規範的強化當中扮演什麼樣的角色？

⓮如果孕期超音波檢查可以發現寶寶是不是LGBTQ人士，你認為父母會想要知道嗎？知道的好處是什麼？壞處又是什麼？父母可能會做出的美好反應為何？糟糕反應為何？

⓯在性別光譜上，愈往左愈男性化、愈往右愈女性化，你認為自己在光譜上的什麼位置？每天都一樣嗎？每週？每月？每年？你曾經操演過不同的性別表現嗎？感覺如何？

附錄二：每個性別不一致的孩子都想告訴你的十二件事

❶大部分的人出生時，生理性別（根據生殖器判斷為男性或女性）和社會性別（根據腦袋判斷為男性或女性）通常是完全一致的。可是我並非如此，接受吧，我生來就是這個模樣。

❷如果你很困惑，看不出來我是男生還是女生，請把我單純當一個人對待。

❸有時我會注意到我的性別不一致讓你感到不自在。我不是故意的，我正試著讓自己感到自在。

❹我的性別不一致是我表達自我、忠於自我的方式，天生如心跳和血流。我讓你用你的方式表達性別，不受干擾，希望你也能讓我這麼做。

❺如果你認為、表示或覺得某些顏色、衣服和（或）玩具「專屬於女生」或「專屬於男生」，那是很可笑的。顏色、玩具和衣服是給每個人的，即使特定產品可能只主打某一個生理性別或社會性別的市場。過去的舊觀念像是「娃娃只能給女生玩」是

沒有邏輯存在的，我認為它們純屬胡說八道。

❻我現在性別不一致不代表我長大後會變成LGBTQ人士。這是一個有力的預測指標，但我寧願你把我看作是一個小孩，而非某個恐同的未成年笑話梗。

❼別人因為我性別不一致而指指點點和嘲笑會讓我心靈很受傷。我不奇怪，我只是不一樣。我不需要人家指出我的不同，尤其是那些年紀大到應該懂事的人。

❽我不要求你教導我身邊每個人什麼是生理性別、社會性別和性向，但如果你可以讓他們學會同理、良善和接納，我會十分感激。己所不欲，勿施於人——就是這麼簡單。

❾我不屬於任何一種類別或框架。我可能不容易解釋或理解，但如果你用開放的心胸和態度接近我，我敢保證我會改變你的思考方式。如果你的心胸和態度是封閉的，會令我哀傷。

❿像我這樣的孩子最有可能成為憂鬱、成癮和霸凌的受害者、從事不安全的性行為以及自殺。請別因為我與眾不同就讓我怨恨自己。性別不一致不應該是一件令人羞恥的事。

⓫霸凌不只學校才有，有時在家中也會出現。家應該是最能讓我感到安全和被愛的地

方。若非如此，那一定有問題，我需要幫助。

⓬如果你看見我做了什麼不符合「傳統性別規範」的事，請別怪罪我的父母或家人。給他們讚美吧！這代表他們很了不起，能夠理解我最需要的就是他們的愛與支持。他們如果強迫我表達我不太認同的社會性別或試圖「矯正」我，會對我造成危險。我需要他們告訴我，我天生就很完美。如果世界上每個人都一模一樣或「被期待」要一模一樣，那這個世界一定無聊透頂。像我這樣的人為世界帶來色彩。

附錄三：給教育工作者的小叮嚀

無論教導哪個年紀或年級，只要你在教育界工作，都會教到女同性戀、男同性戀、雙性戀、跨性別或酷兒（ＬＧＢＴＱ）以及性別不一致的孩子。

超過百分之三的人口屬於ＬＧＢＴＱ族群。這代表一個班級如果有三十名學生，至少有一名會是ＬＧＢＴＱ人士。此外，每五百人出生就有一人會出現性別多樣或跨性別認同，比兒童糖尿病還常見。

教育工作者擁有獨特的機會可以扭轉刻板印象、改善社會不公、減少霸凌並促進同理和接納。請據此準備課程和教室布置，依照學生的年齡應用如下建議：

❶ 強調班上所有成員是一個群體，每個孩子都是特別、獨特的，同時被重視和需要，可以為群體帶來不同貢獻。如果每個人都一模一樣，這個群體會很無趣。

❷ 確保教室裡的每個孩子都感到安全和融入。告訴孩子他們也應該盡量讓其他人感到

安全和融入。這不只是老師的工作，而是每個人的工作。

❸ 教孩子發揮同理心。教育者不需要提供有關社會性別、生理性別和性向的深度課程，但有責任教導孩子同理、良善和接納。孩子需要學會和各式各樣的人共事、玩耍和相處。

❹ 創造一個包容、接納的環境讓孩子識別和拒絕刻板印象。介紹他們閱讀一些有兒童和成人非典型性別角色的書籍，並在討論職業和社會人士時使用性別中立詞彙（例如說「警察」而非「警察先生」）。

❺ 向孩子解釋每個人都有自己的風格，大家可以穿自己想穿的衣服、留自己想留的髮型。每個人都能挑選自己的風格。如果你喜歡某人的風格，請告訴他。讚美應該要被分享，批評就不必了。

❻ 讓你的教室成為所有孩子都能自由學習和玩樂的空間，不受限於刻板印象。所有顏色、遊戲、活動和玩具都開放給所有人。沒有什麼東西是「只給男生」或「只給女生」的。

❼ 盡量不要用性別來幫學生分組或分隊。有些學生會因此感到不自在而分心。孩子要是分心或不自在便很難進行教學。請試試新的做法。

❽ 對學生說話時不指涉性別，改用性別中立詞彙，像是學生、朋友、學童、班級、兒童、人群、人類等等。

❾ 熟知國家和州的反霸凌與反歧視法。教導學生這些法規以及如何為自己和他人站出來、對抗霸凌和團結合作。讓孩子有能力成為盟友。

❿ 將LGBTQ和性別不一致孩子的家長視為資源和隊友，而非難伺候的負擔。你們不是敵對的雙方，應該為了孩子站在同一陣線。你同時要瞭解到霸凌不只學校才有，有時家裡也會出現。如果你看見一個孩子需要幫助，請伸出援手。

附錄四：美國LGBTQ友善資源

▼美國公民自由聯盟（American Civil Liberties Union, ACLU）

全年無休在法院、議會和社區致力於捍衛和維護美國憲法與法律擔保的個人權利和自由。

www.aclu.org

Facebook.com/aclu.nationwide

Twitter.com/aclu

▼國家兒童醫學中心性別與性向社會心理計畫（Children’s National Medical Center’s Gender and Sexuality Psychosocial Programs）

提供家長指南、推廣計畫、地方支持團體、全國郵件清單服務系統（Listserv）、夏令營和門診臨床計畫。

www.childrensnational.org/gendervariance

▶性別光譜（Gender Spectrum）

提供教育、訓練和支持，為青少年與兒童創造一個具有性別敏感度的包容環境。

www.genderspectrum.org

Facebook.com/genderspectrum

Twitter.com/genderspectrum

▶性別漫遊（Gender Odyssey）

志在細致探索性別，提供一個環境讓所有性別的人都可以分享經驗並從他人的經驗中學習。

http://www.genderodyssey.org

Facebook.com/genderodyssey

Twitter.com/genderodyssey

▶同性戀反誹謗聯盟（Gay & Lesbian Alliance Against Defamation, GLAAD）

透過鼓勵真人分享故事，讓媒體為自己呈現出來的圖文負責，以及協助草根組織有效溝通，來讓更多人聽見 LGBT 社群的聲音。

www.glaad.org

Facebook.com/glaad

Twitter.com/glaad

▶男女同志與非同志教育網絡（Gay, Lesbian and Straight Education Network, GLSEN）

為全體學生確保校園安全的主要全國教育組織。

www.glsen.org

Facebook.com/glsen

Twitter.com/glsen

▶人權戰線（Human Rights Campaign）

為女同性戀者、男同性戀者、雙性戀者和跨性別者爭取平等權利。

www.hrc.org

Facebook.com/humanrightscampaign

Twitter.com/hrc

▼一切會好轉計畫（It Gets Better）

告訴世界各地的女同性戀、男同性戀、雙性戀和跨性別青年一切將會好轉。

www.itgetsbetter.org

Facebook.com/itgetsbetterproject

Twitter.com/itgetsbetter

▼浪達法律基金會（扭轉模型工具包）（Lambda Legal [Bending the Mold Toolkit]）

致力於透過影響性訴訟、教育和公共政策宣導讓女同性戀者、男同性戀者、雙性戀者、跨性別者以及 HIV 帶原者的公民權獲得完全承認；在此領域中，這個基金會是美國歷史最悠久、規模最龐大的法律組織。

www.lambdalegal.org

Facebook.com/lambdalegal

Twitter.com/lambdalegal

▼謝巴德基金會（Matthew Shepard Foundation）

說服群眾用不同的方式思考和行動，宣導多元性的重要與價值。

www.matthewshepard.org

Facebook.com/matthew.shepard.foundation

Twitter.com/mattshepardfdn

▼同志親友團（Parents and Friends of Lesbians and Gays）

家長、親人、朋友與盟友和ＬＧＢＴＱ人士團結起來推動平權。

www.pflag.org

Facebook.com/pflag

Twitter.com/pflag

▼提倡寬容（Teaching Tolerance）

藉由減少偏見、改善團體之間的關係，以及支持全國兒童的公平對待，來促進校園對多元性的欣賞。提供免費教材給教師和其他教員。

www.tolerance.org

Facebook.com/teachingtolerance.org

Twitter.com/tolerance_org

▼跨性別青少年家庭聯盟（TransYouth Family Allies）

集結教育者、服務提供者和社群共同發展支持環境，讓性別得以被表達和尊重，藉此賦予兒童與家庭力量。

www.imatyfa.org

Facebook.com/imatyfa

Twitter.com/imatyfa

▼崔佛生命線（The Trevor Project）

為女同性戀、男同性戀、雙性戀、跨性別和迷惘的青年提供危機介入和自殺防治服務。如果你是青少年，感覺孤單、困惑或處在危機之中，請撥崔佛生命線 1-866-488-7386 尋求立即協助。

www.thetrevorproject.org

Facebook.com/thetrevorproject

Twitter.com/trevorproject

▼迎新學校（Welcoming Schools）

提供工具、課程和資源以接納家庭多元性、避免性別刻板印象及終結小學的霸凌辱罵。

www.welcomingschools.org

Facebook.com/welcomingschools

▼世界跨性別健康專業協會（World Professional Association for Transgender Health, WPATH）

致力於瞭解和治療性別認同障礙。

www.wpath.org

Twitter.com/wpath

如果你處於危機之中或需要立即協助，請撥：

▼全國預防自殺生命線（The National Suicide Prevention Lifeline）

1-800-273-TALK (8255)

▼崔佛生命線（The Trevor Project）

1-866-4-U-TREVOR (866-488-7386)

▶GLBT 全國支援中心熱線（The GLBT National Help Center Hotline）

1-888-THE-GLNH (888-843-4564)

▶GLBT 全國青少年熱線（The GLBT National Youth Talkline）

1-800-246-PRIDE (800-246-7743)

附錄五：台灣LGBTQ友善資源

▼台灣同志諮詢熱線協會

www.hotline.org.tw

www.facebook.com/TaiwanHotline

諮詢專線：(02)2392-1970、(07)281-1823（每週一四五六日 19:00-22:00）

同志父母專線：(02)2392-1970、(07)281-1823（每週二 18:00-21:00、每週四 14:00-17:00，由同志父母接聽）

▼台灣同志家庭權益促進會

lgbtfamily.org.tw

www.facebook.com/twlgbtfamily

▶台灣性別平等教育協會

www.tgeea.org.tw

www.facebook.com/tgeea.y2002

▶同志父母愛心協會

www.facebook.com/Parents.LGBT

parentsoflgbt@gmail.com

Ciel

家有彩虹男孩

探索性別認同的路上母子同行

Raising My Rainbow: Adventures in Raising a Fabulous, Gender Creative Son

作　　者—洛莉・杜倫 Lori Duron
譯　　者—洪慈敏
發 行 人—王春申
總 編 輯—李進文
編輯指導—林明昌
特約編輯—黃楷君
校　　對—王窈姿
美術設計—東喜設計 謝捲子

業務經理—陳英哲
行銷企劃—葉宜如
出版發行—臺灣商務印書館股份有限公司
23141 新北市新店區民權路 108-3 號 5 樓（同門市地址）
電話：(02)8667-3712　傳真：(02)8667-3709
讀者服務專線：0800056196
郵撥：0000165-1
E-mail：ecptw@cptw.com.tw
網路書店網址：www.cptw.com.tw
Facebook：facebook.com.tw/ecptw

局版北市業字第 993 號
初版一刷：2018 年 5 月
定價：新台幣 340 元
法律顧問—何一芃律師事務所

家有彩虹男孩：探索性別認同的路上母子同行 / 洛莉．杜倫（Lori Duron） 著. -- 初版. -- 新北市： 臺灣商務，2018.05
面； 公分

ISBN 978-957-05-3142-8(平裝)

1. 性別認同 2. 性別不一致

544.75 107006235